高职高专工学结合、课程改革规划教材
交通职业教育教学指导委员会
路桥工程专业指导委员会 组织编写

Tulixue yu Diji

# 土力学与地基

道路桥梁工程技术专业用

李 波 主 编
仇益梅 王万德 副主编
赵明华[湖南大学]
续力均[辽宁省高等级公路建设局] 主 审

人民交通出版社

## 内 容 提 要

本书是高职高专工学结合、课程改革规划教材，是在各高等职业院校积极践行和创新先进职业教育理念，深入推进“校企合作，工学结合”人才培养模式的大背景下，由交通职业教育教学指导委员会路桥工程专业指导委员会根据新的课程标准编写而成。

全书设置六个学习项目，分别是：土的工程性质测试与现场鉴别、地基沉降量的计算、地基土承载力的确定、挡土墙的设计、土质边坡的稳定性评估、软弱土地基的处理。

本书主要供高等职业教育道路桥梁工程技术专业教学使用，也可作为路桥类工程技术人员的培训教材或自学用书。

**图书在版编目(CIP)数据**

土力学与地基/李波主编. --北京：人民交通出版社，2011.6

ISBN 978-7-114-09159-9

I. ①土… II. ①李… III. ①土力学—高等职业教育—教材②地基—基础(工程)—高等职业教育—教材 IV. ①TU4

中国版本图书馆 CIP 数据核字(2011)第 100135 号

高职高专工学结合、课程改革规划教材

**书　　名：土力学与地基**
**著 作 者：**李　波
**责任编辑：**任雪莲
**出版发行：**人民交通出版社
**地　　址：**(100011) 北京市朝阳区安定门外外馆斜街 3 号
**网　　址：**http://www.ccpress.com.cn
**销售电话：**(010) 59757973
**总 经 销：**人民交通出版社发行部
**经　　销：**各地新华书店
**印　　刷：**北京市密东印刷有限公司
**开　　本：**787 × 1092　1/16
**印　　张：**10.5
**字　　数：**248 千
**版　　次：**2011 年 6 月　第 1 版
**印　　次：**2013 年 5 月　第 3 次印刷
**书　　号：**ISBN 978-7-114-09159-9
**印　　数：**6001 – 9000 册
**定　　价：**26.00 元
(有印刷、装订质量问题的图书由本社负责调换

# 交通职业教育教学指导委员会
# 路桥工程专业指导委员会

主　任:柴金义

副主任:金仲秋　夏连学

委　员:(按姓氏笔画排序)

王　彤　王进思　刘创明　刘孟林

孙元桃　孙新军　吴堂林　张洪滨

张美珍　李全文　陈宏志　周传林

周志坚　俞高明　徐国平　梁金江

彭富强　谢远光　戴新忠

秘　书:伍必庆

# 序

为深入贯彻落实教育部《关于全面提高高等职业教育教学质量的若干意见》及全国普通高等学校教学工作会议的有关精神，积极推行与生产劳动和社会实践相结合的学习模式，把工学结合作为高等职业教育人才培养模式改革的重要切入点，带动教学内容和教学方法改革。交通职业教育教学指导委员会路桥工程专业指导委员会在完成《道路桥梁工程技术专业教学标准和课程标准研究》的基础上，按照职业岗位(群)的任职要求，构建了突出职业能力培养的"教学标准"和"课程标准"，并据此组织全国20多所交通高职高专院校道路桥梁工程技术专业的教师编写了14门课程的工学结合、课程改革规划教材。专业"教学标准"和"课程标准"是全国道路桥梁工程技术专业多年建设成果的总结和提炼。

按照2010年4月路桥工程专业指导委员会所确定的编写原则，本套教材力求体现如下特点：

**体系规范**。以工学结合、校企合作所开发的教材为切入点，在"教学标准"和"课程标准"确定的框架下，改革教学内容和教学方法，突出专业教学的针对性，选定教材的内容。

**内容先进**。用新观点、新思想审视和阐述教材内容，所选定的教材内容适应公路建设发展需要，反映公路建设的新知识、新技术、新工艺和新方法。

**知识实用**。以职业能力为本位，以应用为核心，以"必需、够用"为原则，教材紧密联系生活和生产实际，加强了教学的针对性，能与相应的职业资格标准相互衔接。

**使用灵活**。体现教学内容弹性化，教学要求层次化，教材结构模块化；有利于按需施教，因材施教。

**交通职业教育教学指导委员会**

**路桥工程专业指导委员会**

**2010年12月**

# 前　言

本书是高职高专工学结合、课程改革规划教材，是在各高等职业院校积极践行和创新先进职业教育理念，深入推进“校企合作，工学结合”人才培养模式的大背景下，由交通职业教育教学指导委员会路桥工程专业指导委员会根据新的课程标准编写而成，其目标是使学生在掌握土力学与地基基本知识、基本理论的基础上，培养学生运用国家现行有关规范、规程和标准处理实际道路工程中计算地基沉降量、确定地基承载力、设计挡土墙、分析土质坡稳定性和设计地基加固方案等实际职业能力，并为后续学习专业核心课程作前期准备，奠定良好的专业基础。

本课程以道路桥梁工程技术类专业学生的就业为导向，根据行业专家对道路工程技术类专业所涵盖的岗位(群)进行任务和职业能力分析，同时遵循高等职业院校学生的认知规律，紧密结合职业资格证书中相关考核要求，确定本课程的教学模块和课程内容。本教材内容的选择，是由学校专任教师、行业和企业专家合作共同确定课程内容，变学科型课程体系为任务引领型课程体系，紧紧围绕完成工作任务的需要，变知识学科本位为职业能力本位，从“任务与职业能力”分析出发，设置了六个学习项目，分别是：土的工程性质测试与现场鉴别、地基沉降量的计算、地基土承载力的确定、挡土墙的设计、土质边坡的稳定性评估、软弱土地基的处理。

教材中项目一、项目二、项目三由辽宁省交通高等专科学校李波老师编写，项目四、项目五由广西交通职业技术学院仇益梅老师编写，项目六由辽宁省交通高等专科学校王万德老师编写。全书由辽宁省交通高等专科学校李波统稿，由湖南大学土木工程学院赵明华教授和辽宁省高等级公路建设局续力均高级工程师审稿。

由于编者水平有限，书中难免有错误或不足之处，恳请读者批评指正。

本书主要供高等职业教育道路桥梁工程技术专业教学使用，也可作为路桥类工程技术人员的培训教材或自学用书。

编　者

2011 年 4 月

# 目　录

# 项目一　土的工程性质测试与现场鉴别

## 任务一　测试土的工程性质

### 学习目标

1. 叙述土的类型与特点；
2. 知道土的三相组成与结构、构造；
3. 熟悉土的物理指标的测试与换算；
4. 掌握黏土、砂土工程评价的方法；
5. 完成土的工程性质常规测试任务。

### 任务描述

在任务一中，首先通过学习土的形成与特点、土的三相组成、土的结构与构造、土的物理与力学性质、土的工程性质评价等基本知识来认知土的基本性质，然后通过完成土的常规工程性质的测试试验培养学生具有检测土的工程性质的能力。

### 学习引导

本任务沿着以下脉络进行学习：
1. 任务布置（介绍土的工程性质测试的内容与意义）；
2. 课堂教学（学习土的工程性质的基本知识）；
3. 分组讨论（分组完成讨论题目并做答案演示）；
4. 课后思考与总结（完成实战演练内容）；
5. 完成相关土的工程性质测试试验并填写检测报告。

## 学习相关知识

### 一、土的形成与特点

1. 土的形成

土是第四纪以来（距今大约200万年）由组成地壳岩石圈的坚硬岩石，在表生作用带中（指地表及地表以下不太深的环境条件）经风化、剥蚀、搬运、沉积作用所形成，且分布广泛的松散沉积物，故亦称第四纪沉积物。其厚度通常为数米、数十米至数百米，颗粒本身坚硬、颗粒之间联结较弱；另外土层构造复杂；土中含水率多变，所以土具有分散性、复杂性和易变性。

2. 土的成因类型

1）残积土

残积土是指岩石经风化后未被搬运而残留于原地的碎屑物质所组成的土体。主要分布于岩石出露的地表，以及经受强烈风化作用的山区、丘陵地带与剥蚀平原。残积物通常处于风化壳的上部，向下则逐渐过渡为半风化岩石，与下卧新鲜岩石无明显的界线。由于地形条件影响其厚度变化较大，见图 1-1-1。岩石遭受风化剥蚀后，仅细小颗粒被搬运走，故残留于原地的土颗粒较粗大、且未被磨圆或分选，无层理构造，孔隙大，均匀性差。

2）坡积土

坡积土是指由于重力、雨雪、流水等的冲刷剥蚀作用，使高处的岩石风化产物顺坡而下，沉积在山麓或较平缓的山坡下的沉积物，见图 1-1-2。其物质成分与下卧基岩无直接关系。因短途经历搬运，坡积土随斜坡自上而下呈现由粗到细的分选现象，这是坡积土与残积土的明显区别。坡积土层理不明显，土质极不均匀，厚度变化较大，尤其是新近堆积的坡积土经常具有垂直的孔隙，结构疏松，压缩性高。

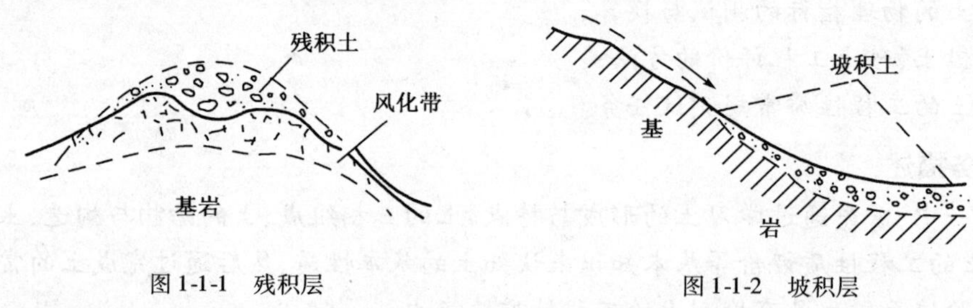


图 1-1-1　残积层　　图 1-1-2　坡积层

3）洪积土

洪积土是指由暴雨或融雪形成的暂时性山洪急流带来的碎屑物质在山沟出口处或山前倾斜平原堆积而成的扇形沉积物，亦称洪积扇（图 1-1-3，图 1-1-4）。当其逐渐扩大时，相邻山口处的洪积扇常相互连接成山前洪积平原。

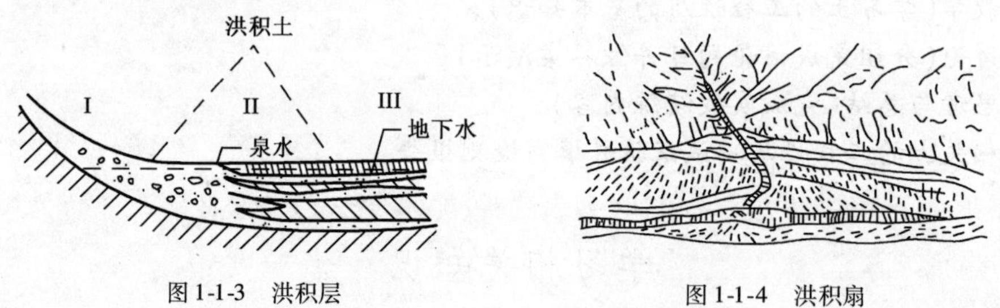


图 1-1-3　洪积层　　图 1-1-4　洪积扇

4）冲积土

冲积土是指河水的地质作用，将两岸基岩及其上部覆盖的坡积、洪积物质，剥蚀后搬运并沉积在河流平缓地带形成的沉积物。山区河谷的冲积土以卵石、砾石为主，分选性好。平原河谷冲积地貌包括河床、河漫滩、阶地、古河道及三角洲等。

## 二、土的三相组成

土是由土固体颗粒、土中水和土中气体组成的三相分散系。土的性质取决于各相的特性与其相对的百分比例及相互作用。

1. 土的固体颗粒

1）土颗粒的矿物成分与性质

土颗粒是由岩石风化的碎屑、单体矿物颗粒和有机质组成。其中粗大颗粒主要是经物理风化作用形成的碎屑或矿物颗粒，形状呈块状或粒状。黏结力小，表面所带电荷少，性质简单。细小颗粒是经化学风化作用形成的次生矿物和生成过程中混入的有机物质，形状呈片状。黏结力大，搬移路径长，性质复杂，具有很强的与水作用的能力。颗粒愈小，表面积愈大，颗粒表面所带电荷愈多，则其与水作用的能力愈强，因此性质更复杂。

2）颗粒级配

从另外一个角度看，土也可以看作是由大小不同的颗粒所组成的。土的性质与颗粒的级配特征和矿物成分有关系。

土颗粒的大小称为土的粒度，可将粒度相近、性质相似的颗粒合并为组，称为粒组，《公路土工试验规程》（JTG E40—2007）土颗粒的划分方案见表1-1-1。

**土粒组划分方案表** 表1-1-1

200 60 20 5 2 0.5 0.25 0.075 0.002(mm)

<table>
<tr><td colspan="2">巨粒组</td><td colspan="6">粗粒组</td><td colspan="2">细粒组</td></tr>
<tr><td rowspan="2">漂石<br>（块石）</td><td rowspan="2">卵石<br>（小块石）</td><td colspan="3">砾（角砾）</td><td colspan="3">砂</td><td rowspan="2">粉粒</td><td rowspan="2">黏粒</td></tr>
<tr><td>粗</td><td>中</td><td>细</td><td>粗</td><td>中</td><td>细</td></tr>
</table>

土中各粒组的百分含量称为土的粒度成分，也称作土的级配。以土中各个粒组干土的相对含量的百分比来表示，土的粒度成分是通过颗粒分析试验（筛分法和密度计法）来确定的。

筛分法适用于粒径为60～0.074mm的土，将风干的均匀土样放入标准筛（图1-1-5），标准筛的孔径依次为60mm、40mm、20mm、10mm、5mm、2mm、1mm、0.5mm、0.25mm、0.1mm，经筛析机上下振动，称出留在每个筛上的土重，求出留在每个筛上土重的相对含量。

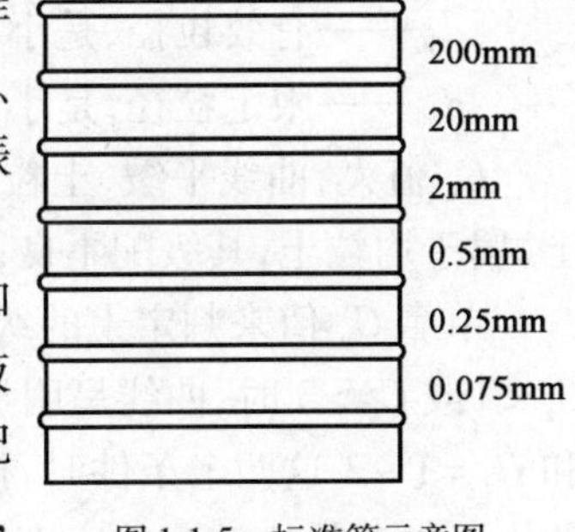


图1-1-5 标准筛示意图

密度计法适用粒径小于0.074mm的土，将土样研磨、浸泡和煮沸，置于1 000mL量筒的水中混合成液，使之沉降，按土粒在液体中沉降速度与粒径大小的关系，将密度计放入悬液中，测记1min、2min、5min、30min、60min、240min、1 440min的密度计读数，根据斯笃克斯定律，计算得出土的粒度成分。

土的粒度成分可用三种方式来表达（列表法、级配曲线法、三角坐标法）。

（1）列表法。列出表格直接表达各粒组的百分含量，见表1-1-2。

**土样粒度成分表** 表1-1-2

| 粒组（mm） | | 粒组成分（以质量%计） | | |
|---|---|---|---|---|
| | | 土样a | 土样b | 土样c |
| 砾粒 | 10～5 | — | 25.0 | — |
| | 5～2 | 3.1 | 20.0 | — |
| | 2～1 | 6.0 | 12.3 | — |
| 砂粒 | 1～0.5 | 14.4 | 8.0 | — |
| | 0.5～0.25 | 41.5 | 6.2 | — |
| | 0.25～0.10 | 26.0 | 4.9 | 8.0 |
| | 0.10～0.05 | 9.0 | 4.6 | 14.4 |
| 粉粒 | 0.05～0.01 | — | 8.1 | 37.6 |
| | 0.01～0.005 | — | 4.2 | 11.1 |
| 黏粒 | 0.005～0.002 | — | 5.2 | 18.9 |
| | <0.002 | — | 1.5 | 10.0 |

(2)级配曲线法。见图 1-1-6,横坐标为对数坐标,表示土粒的粒径;纵坐标表示小于(大于)某一粒径的累计百分数。

通过级配曲线可以判断土的粒度成分的级配特征。按图 1-1-6 中 a、b、c 三个土样的曲线形态来判定土样成分的特点,并可以根据曲线来计算土样的级配指标:

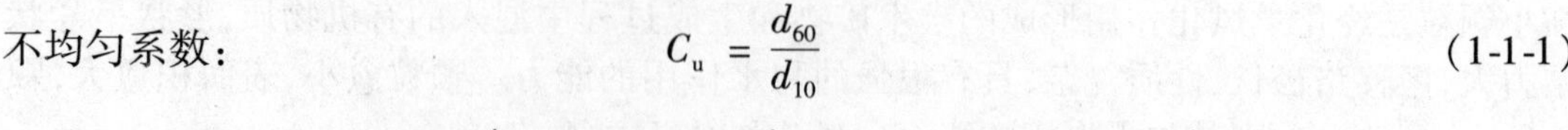

不均匀系数:

$$C_u = \frac{d_{60}}{d_{10}} \tag{1-1-1}$$

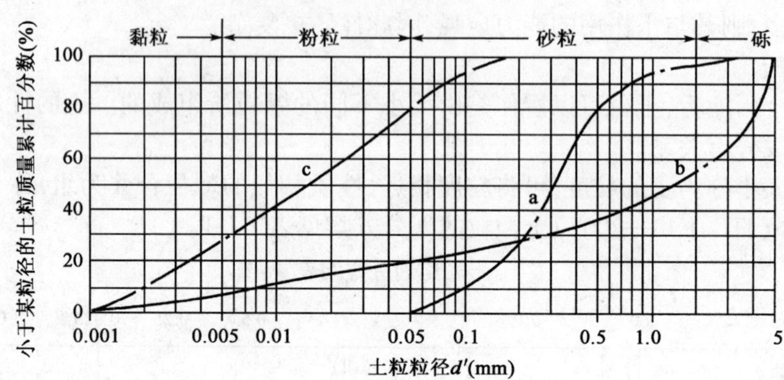


图 1-1-6　粒度成分的级配曲线

曲率系数:

$$C_z = \frac{(d_{30})^2}{d_{10} \cdot d_{60}} \tag{1-1-2}$$

式中:$d_{10}$——有效粒径,是小于某粒径的土粒质量累计百分数为 10% 时相应的粒径;

$d_{30}$——有效粒径,是小于某粒径的土粒质量累计百分数为 30% 时相应的粒径;

$d_{60}$——限定粒径,是小于某粒径的土粒质量累计百分数为 60% 时相应的粒径。

$C_u$ 值大,曲线平缓,土粒大小分布范围广;$C_u$ 值小,曲线陡,表明土粒大小相近。$C_u<5$ 的土,属于均粒土,其级配不良;$C_u \geqslant 5$ 的土为不均粒土,级配良好。

单靠 $C_u$ 值来判定土的级配是不够的,还必须分析 $C_z$ 值。$C_z=1\sim3$ 时,土的级配较好;$C_z<1$ 或 $C_z>3$ 时,曲线呈明显阶梯状,粒度分布不连续,缺少中间颗粒。只有同时满足 $C_u \geqslant 5$ 和 $C_z=1\sim3$ 这两个条件时,视为土的级配良好;如不能同时满足,则土的级配不良。级配良好的土可以获得比较高的密度,工程性质也相对较好。

(3)三角坐标法。利用几何定理"等边三角形中任意一点至三边的垂线之和恒等于三角形之高"的原理来表示粒度成分。$h_1+h_2+h_3=H$,如图 1-1-7 所示。

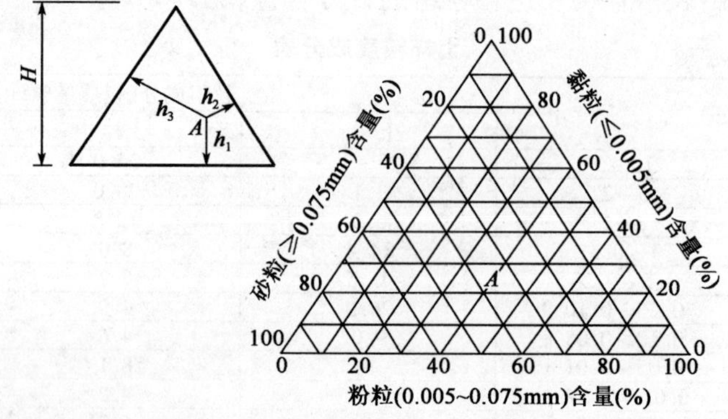


图 1-1-7　土粒度成分的三角坐标图

$h_1$、$h_2$、$h_3$ 分别表示土的三个粒组(如:粉粒、黏粒和砂粒)含量,其百分量之和应为100%($H$)。三角坐标图中相应的一个点,代表了该土样的粒度成分。图1-1-7中$A$点代表了一个土样的粒度成分,各粒组的含量是:黏粒30%、粉粒23%、砂粒47%。由于这种方法只能表示三种成分,对不同的土可以采用粗粒土三角坐标图和细粒土三角坐标图。

2. 土中水

土中水是指在包气带中,存在于土颗粒间空隙中的水。土中水的性质和数量对土的工程性质影响很大。土中水可分为结合水和毛细水。

1)结合水

结合水是指细粒土的表面由于有静电吸引力存在而吸附水分子形成的结合水化膜。

根据水分子所受分子引力大小,又可进一步分为固定层和扩散层,即强结合水也称吸着水,弱结合水也称薄膜水,见图1-1-8。

细粒土颗粒表面由结合水构成土颗粒表面的水化膜。土颗粒的公共水化膜可以形成土颗粒间的联结。土中含水率的多少决定了水膜的厚度,因此对于土的工程性质影响很大,见图1-1-9。

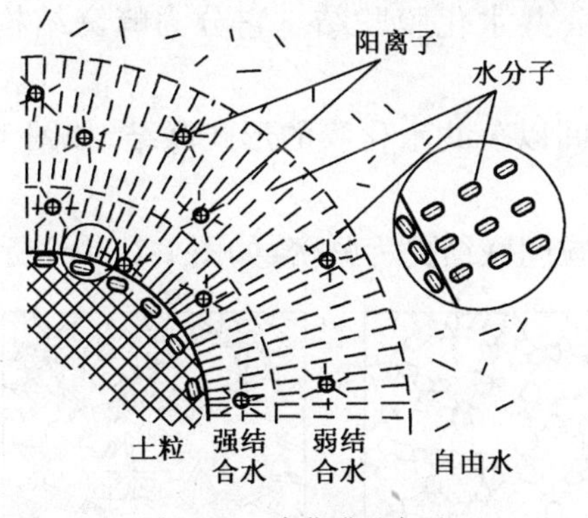


图1-1-8 水化膜示意图

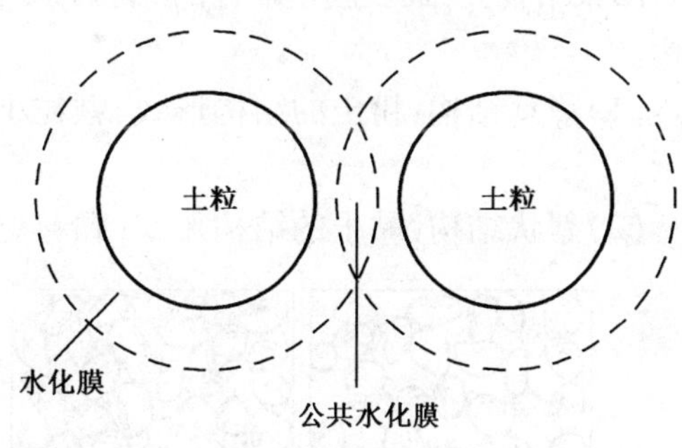


图1-1-9 细粒土颗粒间的连接示意图

2)毛细水

受土颗粒表面张力(毛细引力)作用,使重力水上升。毛细水的运动与土颗粒的大小有关,在大颗粒的碎石土中,由于克服不了自身的重力,毛细水几乎无上升的现象,而砂土中的毛细水上升高度<2 m,粉土和黏土中的毛细水上升高度≥2 m。毛细水对于工程的影响主要有:引起土的可溶盐分的增高,地下工程过分潮湿,土层的冻胀。

土中毛细水带的分布状态和各部分的名称,如图1-1-10所示。

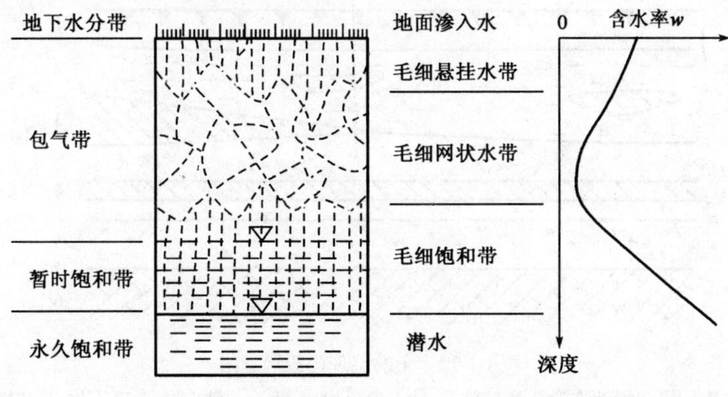


图1-1-10 土中毛细水带的划分图

3. 土中气体

土中气体是指存在于土颗粒间空隙中的气体，虽然占据一定的体积，但其质量为零，性质与大气相同。当不透水性土层中的气体为封闭气泡时，土体表现为弹性和不透水性。在填土施工时，一般表现为“橡皮土”，因此在用黏性土作为填料时，一般要掺入透水性较好的砂土。

## 三、土的结构与构造

1. 土的结构

土的结构是土颗粒大小、形状、表面特征、相互排列和联结关系的综合反映。它可分为单粒结构和团聚结构。

1）单粒结构

单粒结构是粗粒土特有的结构，颗粒间无联结，以任意堆积的形式排列。按堆积的紧密程度又可分为松散型和紧密型，如图 1-1-11a）所示。该结构对土的工程性质影响很大。

2）团聚结构

团聚结构是细粒土所具有的结构，颗粒间以公共水化膜联结。它分为蜂窝结构和絮状结构。

（1）蜂窝结构：粉土的结构形式，颗粒小、颗粒间以公共水化膜的形式联结，如图 1-1-11b）所示。

（2）絮状结构：黏土的结构形式，颗粒更小、颗粒间联结更为紧密，如图 1-1-11c）所示。

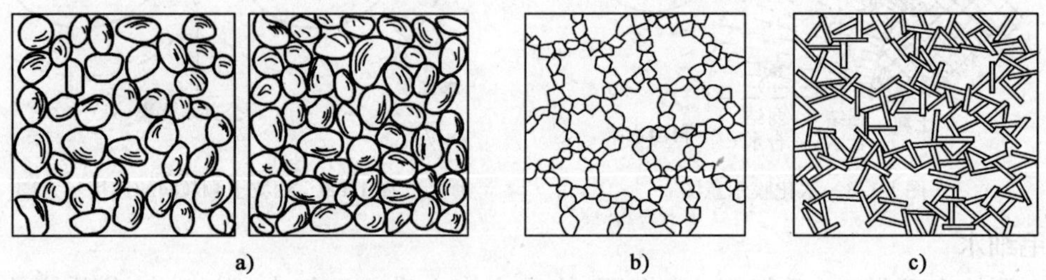


图 1-1-11　土的结构示意图

2. 土层的构造

土的构造是从宏观的角度研究土层的分布，其最主要的特征是土在漫长、复杂的形成过程中产生的成层性和裂隙性，土的结构和构造影响着土的工程性质，见图 1-1-12。

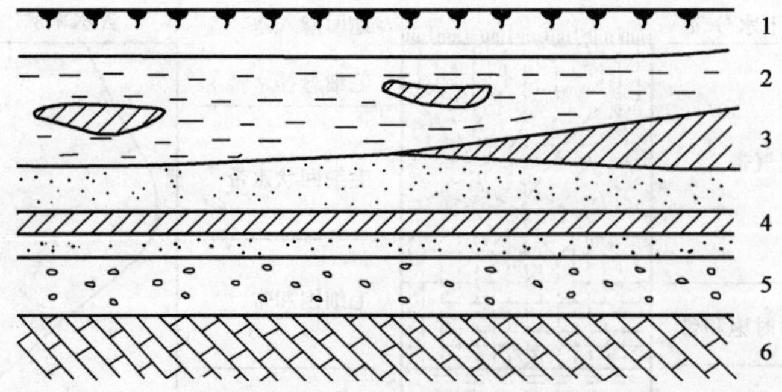


图 1-1-12　土的层理构造示意图

1-表土层；2-淤泥夹黏土透镜体；3-黏土尖灭层；4-砂土夹黏土层；5-砾石层；6-基岩

## 四、土的物理与力学性质

土的物理性质主要取决于土的三相比例关系。图 1-1-13 为土体的三相比例示意图。

设土体的总体积为 $V$,土粒的体积为 $V_s$,孔隙的体积为 $V_n$,水的体积为 $V_w$,空气的体积为 $V_a$,总质量为 $m$ 土粒的质量为 $m_s$,水的质量为 $m_w$,空气的质量 $m_a=0$。根据三相体系图得到:$V= V_w+V_n= V_s+V_w+ V_a$;$m=m_s+m_w$。

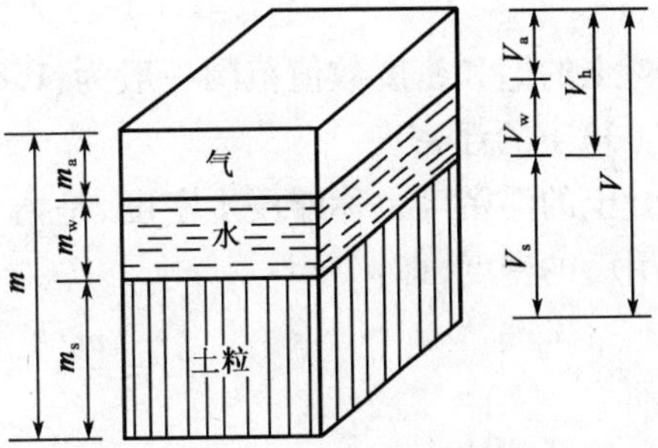

图 1-1-13　土的三相比例示意图

用来反映土的工程性质的物理指标共有九项,其中三项基本指标是由试验测试出来的,其他六项指标是由三项基本指标换算出来的。

1. 土的三项基本指标

土的三项基本指标是由试验测定得出的,是反映土的工程性质的最重要指标。

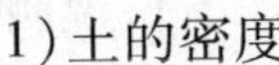

1)土的密度

土的单位体积的质量称为土的密度(单位为 g/cm³、t/m³),即:

$$\rho=\frac{m}{V} \tag{1-1-3}$$

土密度数值范围一般为:1.6~2.2g/cm³,可采用“环刀法”进行测试。

2)土粒的密度

土粒的质量与土粒的体积之比称为土粒的密度(单位为 g/cm³、t/m³),即:

$$\rho_s=\frac{m_s}{V_s} \tag{1-1-4}$$

土粒的密度 $\rho_s$ 是土的密度和水的密度之比,无单位(土比重 $G$ 在数值上和土的密度相等),数值范围一般为:2.65~2.76 g/cm³,土粒的密度可采用“比重瓶法”、“浮称法” 进行测试。

3)土的含水率

土中水的质量与土粒质量的比值称为土的含水率,用百分数表示,即:

$$w=\frac{m_w}{m_s}\times 100\% \tag{1-1-5}$$

土的含水率可采用“烘干法”或“烧结法” 进行测试。

2. 土的其他指标

土的其他六项指标,是从不同的方面来反映土的工程性质。这六项指标不是由试验测出的,而是由三项基本指标换算得出的。

1)土的干密度

干燥状态下单位体积土的质量,即土中固体颗粒的质量与土的总体积的比值,称为土的干密度(单位为 g/cm³、t/m³),即:

$$\rho_d=\frac{m_s}{V} \tag{1-1-6}$$

土的干密度数值范围一般为:1.3 ~1.8g/cm$^3$。

2)饱和密度

土的孔隙在被水充满的状态下,单位体积土的质量称为土的饱和密度,即:

$$\rho_{sat} = \frac{m_s + V_n \cdot \rho_w}{V} \tag{1-1-7}$$

土的饱和密度数值范围一般为:1.8 ~ 2.3g/cm$^3$。

3)土的浮密度

土的浮密度也称浮浸水密度,是指土在水面以下,孔隙全被水充满,同时又受到水的浮力作用后的密度,即:

$$\rho' = \frac{m_s + V_n \cdot \rho_w - V \cdot \rho_w}{V} = \rho_{sat} - \rho_w \tag{1-1-8}$$

4)孔隙比

土中孔隙的体积与土粒的体积之比称为土的孔隙比,用小数表示,即:

$$e = \frac{V_n}{V_s} \tag{1-1-9}$$

土的孔隙比的数值范围一般为:0.5 ~1.2,若 $e<0.6$,则为低压缩性土;若 $e>1$,说明土中 $V_n > V_s$ 为高压缩性土,工程性质不良。

5)孔隙率

土的孔隙的体积与总体积之比称为土的孔隙率,用百分数表示,即:

$$n = \frac{V_n}{V} \times 100\% \tag{1-1-10}$$

6)饱和度

土中水的体积与土中孔隙体积之比称为土的饱和度,表示孔隙被水充满的程度,用小数表示,即:

$$S_r = \frac{V_w}{V_n} \tag{1-1-11}$$

土的饱和度的数值范围一般为: 0 ~1 ,$S_r=0$ 时为干土;$S_r=1$ 时为饱和土。

3. 换算公式的推导

已知$\rho$、$G$、$w$,设土的总体积 $V=1$,

由 $\rho = \frac{m}{V}$,得 $m=\rho$。

又由 $w = \frac{m_w}{m_s} = \frac{\rho - \rho_d}{\rho_d}$ 得:

$$m_s = \rho_d = \frac{\rho}{1+w};m_w = m_s \cdot w = \frac{\rho \cdot w}{1+w}$$

则: $$V_s = \frac{\rho}{(1+w) \cdot G};V_n = V - V_s = 1 - \frac{\rho}{(1+w) \cdot G}$$

将上式 $V_s$、$V_n$、$V_w$、$m_w$、$m_s$ 代入到各项指标的表达式中即可得出换算公式。其他六项指标的换算公式见表 1-1-3。

**土的物理指标换算公式表** 表 1-1-3

| 指标名称 | 表达式 | 参考数值 | 换算公式 |
|---|---|---|---|
| 干密度 $\rho_d$ ($g/cm^3$) | $\rho_d = \frac{m_s}{V}$ | 1.30~2.00 | $\rho_d = \frac{\rho}{1+w}$ |
| 饱和密度 $\rho_{sat}$ ($g/cm^3$) | $\rho_{sat} = \frac{m_s + V_n\rho_w}{V}$ | 1.80~2.30 | $\rho_{sat} = \frac{\rho(G-1)}{G(1+w)}+1$ |
| 水下密度 $\rho'$ ($g/cm^3$) | $\rho' = \frac{m_s - V_s\rho_w}{V}$ | 0.80~1.30 | $\rho' = \frac{\rho(G-1)}{G(1+w)}$ |
| 饱和度 $S_r$ | $S_r = \frac{V_w}{V_n}$ | 0~1 | $S_r = \frac{G\cdot\rho\cdot w}{G(1+w)-\rho}$ |
| 天然孔隙率 $n$ | $n = \frac{V_n}{V}\times 100\%$ | — | $n = 1-\frac{\rho}{G(1+w)}$ |
| 天然孔隙比 $e$ | $e = \frac{V_n}{V_s}$ | — | $e = \frac{G(1+w)}{\rho}-1$ |

## 五、土的工程性质评价

1. 黏性土的工程性质评价

黏性土基本全部是由次生的黏土矿物所组成,呈薄片状、表面有静电、亲水性强,含水率对于黏性土的工程性质影响极大,在不同的含水率下黏性土表现为不同的物理状态。

黏土由一种状态转变为另一种状态的分界含水率,称为黏土界限含水率。

黏土由可塑状态转变为流动状态的界限含水率称为液限($w_L$),由半固态转变为可塑状态的界限含水率称为塑限($w_P$)。

不同状态之间的过渡其实是渐变的,见图 1-1-14。界限含水率是由试验测定出来且由人为制订的数值,我国目前采用联合测定法测量液限和塑限。

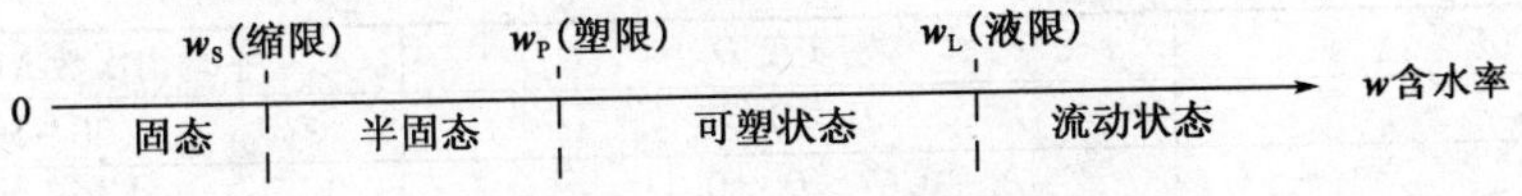

0 —— 固态 | $w_S$(缩限) | 半固态 | $w_P$(塑限) | 可塑状态 | $w_L$(液限) | 流动状态 → $w$含水率

图 1-1-14 黏性土不同的物理状态

(1)塑性指数是液限和塑限的差值(省去%符号),即土处在可塑状态下含水率的变化范围。

$$I_P = w_L - w_P \tag{1-1-12}$$

表示黏土可塑状态的含水率变化范围,主要用于细粒土的分类,塑性指数的大小与土中结合水的含量有关。

(2)液性指数是黏性土的天然含水率和塑限的差值与塑性指数之比,即:

$$I_L = \frac{w - w_P}{I_P} = \frac{w - w_P}{w_L - w_P} \tag{1-1-13}$$

表示黏土的软硬程度,主要应用于判断细粒土的天然稠度状态,见表 1-1-4。

黏土的工程性质与其含水率密切相关,密实硬塑的黏土为优良的地基;疏松流塑的黏土为软弱地基,需进行排水固结处理后使之成为优良的地基。土样的含水率可由圆锥入土深度确定，如图 1-1-15 所示。

液性指数划分黏性土的天然稠度状态表

表 1-1-4

| 液性指数值 | $I_L \leqslant 0$ | $0 < I_L \leqslant 0.25$ | $0.25 < I_L \leqslant 0.75$ | $0.75 < I_L \leqslant 1$ | $I_L > 1$ |
|---|---|---|---|---|---|
| 稠度状态 | 干硬状态 | 硬塑状态 | 易塑状态 | 软塑状态 | 流动状态 |
| | 半固体状态 | 塑性状态 | | | 流动状态 |

2. 无黏性土的工程性质评价

无黏性土为散粒结构，最能反映其工程性质的是密实度。呈密实状态时，无黏性土的结构稳定，土的抗剪强度较大，可作为良好的天然地基；呈疏松状态时，尤其是饱和粉细砂，常处于不稳定状态，属于不良地基。无黏性土密实状态的判别方法有以下两种。

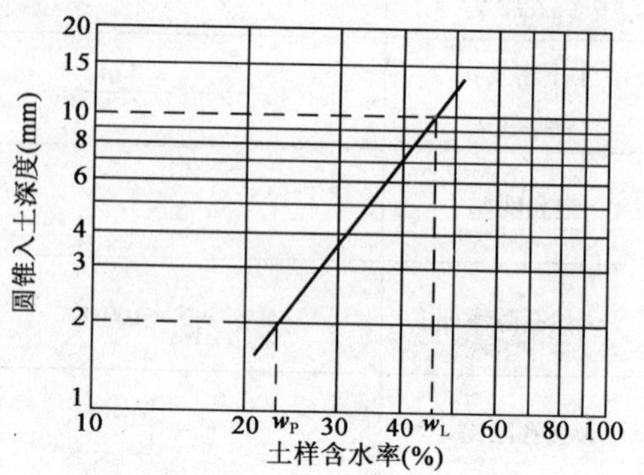


图 1-1-15　圆锥入土深度与含水量关系图

1）无黏性土的密实度

无黏性土的密实度是指最大孔隙比和天然孔隙比之差与最大孔隙比和最小孔隙比之差的比值，即：

$$D_r = \frac{e_{max} - e}{e_{max} - e_{min}} \tag{1-1-14}$$

但由于目前准确测定 $e_{max}$、$e_{min}$ 值还很困难，另外取得原状无黏性土的土样也十分困难，所以 $D_r$ 值也很难准确计算。工程上经常用现场试验的方法来估算无黏性土的密实度。

2）检测试验——标准贯入试验

用 63.5kg 的铁锤，悬高 76cm 自由下落，把“标准贯入器（外径 50mm，内径 35m，长 500mm）”打入土层中 15cm 后开始记数，记录直至贯入 30cm 深处所需的锤击数 $N$，对照表 1-1-5的分级标准来鉴定该土层的密实程度。

标准贯入试验平均击次数与密实度关系表

表 1-1-5

| 分　级 | | 密实度 $D_r$ | 平均击次数 $N$(63.5kg) |
|---|---|---|---|
| 密实 | | $D_r \geqslant 0.67$ | 30 ~ 50 |
| 中密 | | $0.67 > D_r > 0.33$ | 10 ~ 29 |
| 松散 | 稍松 | $0.33 \geqslant D_r \geqslant 0.20$ | 5 ~ 9 |
| | 极松 | $D_r < 0.20$ | <5 |

## 六、土的渗透性质

土的渗透性一般是指水流通过土中孔隙难易程度的性质，或称透水性。地下水在土中的渗透速度一般可按达西定律计算。

1. 达西定律

在岩土空隙比较小的情况下（中砂以下颗粒的孔隙），地下水以层流的方式渗透并遵守达西定律，表达式为：

$$Q = K \times F \times \frac{\Delta H}{L}$$

简化后为：

$$v = K \times I \tag{1-1-15}$$

式中：$Q$——单位时间内透过的水量（$m^3/s$）；

$K$——渗透系数（m/s）；

$F$——透过水流的过水截面面积（$m^2$）；

$I$——水力梯度，其值为$I=\dfrac{\Delta H}{L}$。

2. 渗透系数 $K$ 的确定

渗透系数的大小反映了土的渗透性能，它是衡量土的透水性强弱的一个重要的力学性质指标，确定岩土渗透系数的方法有以下三种。

1）室内试验

土的渗透试验有两种：常水头渗透试验，适用于透水性较强的粗粒土；变水头渗透试验，适用于透水性较差的细粒土。

2）野外抽水试验

由于试验造价很高，过程复杂，除重要工程，一般工程不予采取。

3）经验值

在不需要精确计算的情况下，也可以采用经验值，见表 1-1-6。

**常见岩土渗透系数经验值表** 表 1-1-6

| 名　称 | 渗透系数（m/s） | 名　称 | 渗透系数（m/s） |
|---|---|---|---|
| 黏土 | <0.005 | 均质中砂 | 35～50 |
| 粉质黏土 | 0.005～0.1 | 粗砂 | 20～50 |
| 粉土 | 0.1～0.5 | 圆砾 | 50～100 |
| 粉砂 | 0.5～1.0 | 卵石 | 100～500 |
| 细砂 | 1.0～5.0 | 稍有裂隙的岩石 | 20～60 |
| 中砂 | 5.0～20.0 | 裂隙多的岩石 | >60 |

## 七、土的击实性质

1. 土的击实性对工程的意义

在工程建设中，经常遇到填土和软弱地基，为了改善这些土的工程性质，可采用压实的方法使土变得密实，这是一种经济合理的土质改良方法。

土的压实是指采用人工或机械对土施以夯实、振动作用，使土在短时间内压实变密，获得最佳结构，以改善和提高土的力学强度的性能。土的压实过程是在动荷载作用以及不排水条件下完成的。它不同于静载作用下的排水固结过程，通过土的压实，可在短时间内得到新的结构强度，包括增强粗粒土之间的摩擦和咬合，使土体强度增加，稳定性增强。同时，由于压实使土体透水性明显降低、毛细水作用减弱，因此其水稳性也大大提高。土的压实方法是保证各级道路路基和建筑人工地基获得足够强度和稳定性的根本技术措施之一。

2. 击实试验

击实试验是研究土在相同的击实功效下，如何取得最好的击实效果，确定土的击实指标的试验。

目前,我国通用的击实试验方法有两种,即轻型击实和重型击实,这需根据现场压实机械的功效来选择轻型击实仪或重型击实仪。

根据击实土的最大粒径,可采用两种不同规格的击实筒,大击实筒适用于最大粒径为38mm的土,小击实筒适用于最大粒径为25mm的土。

击实试验所得到的击实曲线是研究土的压实特性的基本关系图。击实曲线上峰值处的干密度为最大,称为最大干密度 $\rho_{dmax}$ 与之对应的含水率则称为最佳含水率 $w_{op}$ 见图1-1-16。

3. 击实机理

1)含水率对于击实效果的影响

击实试验的发明人普罗特给予的解释为:由于土颗粒表面水化膜的厚度对土颗粒的相对移动产生影响,因此当土偏干时,土颗粒间的摩擦较大,土颗粒在击实功效的作用下,位移不明显,击实效果也不显著;当土偏湿时,土颗粒表面水化膜的厚度加大,位移过于明显,并且由多余的自由水形成的孔隙水压力也抵消部分击实功效,且此时土中气体基本为封闭型,击实时,土中水和气都不易排出,土粒不易相互靠拢,故击实效果不显著,

另外,在图1-1-16中的击实曲线上,曲线左段比右段的坡度陡。这表明含水率变化对于干密度的影响在土偏干时更为明显。

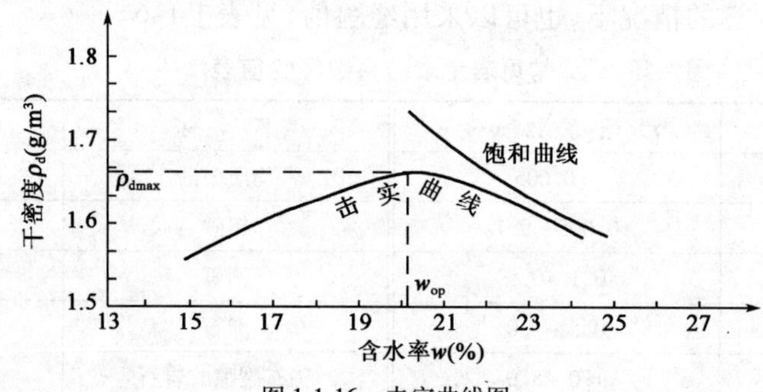


图1-1-16　击实曲线图

2)饱和曲线的含义

图1-1-16中的击实曲线在峰值以右逐渐接近于饱和曲线,并且大体上与它平等。在峰值以左,则两根曲线差别较大,而且随着含水率的不断减小,差值迅速增加,击实土是不可能被击实到完全饱和状态的。试验证明,黏性土在最佳击实情况下(击实曲线峰点),其相应的饱和度约为80%。也就是说当土的含水率接近和大于最佳值时,土孔隙中的气体处于与大气不连通的状态,击实作用已不能将其排出体外,即击实土是不可能被击实到完全饱和状态的。因此当干密度相同时击实曲线上各点的含水率都小于饱和曲线上相应的含水率,也就是击实曲线必然位于饱和曲线的左下侧而不可能与饱和曲线有交点。还应注意到,这里讨论的是黏性土,其渗透性小,在击实碾压的过程中,土中水来不及渗出,故压实过程中可以认为含水率保持不变,因此对于饱和曲线来说必然是含水率愈高得到的压实干密度愈小。

3)土质的影响

对黏性土而言,当含水率很小时,土粒表面仅存在结合水膜,土粒相互间相对移动困难,土的干密度增加也很少。随着含水率的增加,土粒表面水膜逐渐增厚,粒间引力迅速减小,在外力作用下土粒相互间容易改变位置而移动,从而达到更紧密的程度,此时干密度增加。但当含水率达到某一程度(比如最优含水率值)后,土粒孔隙中几乎充满了水,饱和度达到85%～90%,孔隙中气体大多只能以微小封闭气泡的形式出现,它们完全被水包围并由表面张力来固

定，外力却越来越难以挤出这些气体，因而压实效果越来越差。若继续增加含水率，在外力的作用下仅使孔隙水压增加并阻止土粒的移动，故土体反而得不到压实，导致干密度也随之下降。

砂和砂砾等粗粒土的压实性也与含水率有关，但不存在最优含水率。一般在完全干燥或者充分洒水饱和的情况下容易压实到较大的干密度。在潮湿状态下，由于毛细压力增加了粒间阻力，故致使压实干密度显著降低。粗砂在含水率为4% ~5%，中砂在含水率为7%左右时，压实干密度最小，所以在压实砂砾时要充分洒水使土料饱和。

## 完成工作任务

(1)完成××高速路××标段土样的粒度成分、密度、相对密度、含水率的测定，并填写检测单。

(2)对××高速路××标段路基土进行击实试验，并填写检测单。

# 任务二　土的现场勘察与鉴别

### 学习目标

1. 叙述土分类的原则和总体分类方案；
2. 知道巨粒土、粗粒土、细粒土的分类方案；
3. 掌握土的现场勘察内容和方法；
4. 完成土的现场鉴别勘察的工作任务。

### 任务描述

在任务二中，首先通过课堂教学学习土的分类原则和总体分类方案，巨粒土、粗粒土、细粒土的分类方案，以及土的现场勘察内容和方法等基本知识，然后通过完成土的现场鉴别工作任务培养学生鉴别土类的能力。

### 学习引导

本任务沿着以下脉络进行学习：

1. 任务布置(介绍土的勘察内容)；
2. 课堂教学(掌握土的现场勘察的基本知识)；
3. 分组讨论(分组完成讨论题目)；
4. 课后思考与总结(完成实战演练内容)；
5. 完成土的勘察工作并填写检测报告；
6. 教师考核。

## 学习相关知识

### 一、认知公路系统土的分类

1. 土分类的一般规定

《公路土工试验规程》(JTG E40—2007)对土工程的分类适用于公路工程用土的鉴别、定名、描述，以便对土的性状作出定性的评价。分类的依据包括：

(1)土的颗粒组成特征。

(2)土的塑性指标，液限、塑限、塑性指数。

(3)土中有机质的含量。

《公路土工试验规程》(JTG E40—2007)对土工程的分类见图1-2-1。

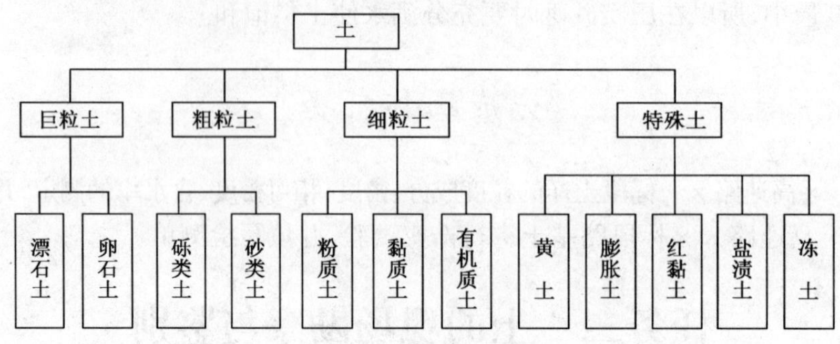


图1-2-1 土的总体分类体系图

2. 土的成分代号

《公路土工试验规程》(JTG E40—2007)规定土的成分、级配、液限和特殊土等特征用规定的符号来表示，见表1-2-1。

**土的成分代号表** 表1-2-1

| | | |
|---|---|---|
| 漂石:B | 砂:S | 土的级配代号:级配良好 W;级配不良 P |
| 块石:$B_a$ | 粉土:M | |
| 卵石:$C_b$ | 黏土:C | 土液限高低代号:高液限 H;低液限 L |
| 小块石:$Cb_a$ | 细粒土:(C 和 M 合称)F | |
| 砾:G | (混合)土(粗、细粒土合称):Sl | 特殊土代号:黄土 Y;红黏土 R;膨胀土 E;盐渍土 St |
| 角砾:$G_a$ | 有机质:O | |

(1)土类名称可用一个基本代号表示。

(2)当土类名称由两个基本代号构成时，第一个代号为土的主成分，第二个代号为土的副成分(如级配或液限等)。例如:GP——级配不良砾，ML——低液限粉土。

(3)当土类名称由三个基本代号构成时，第一个代号表示土的主成分，第二个代号表示土的液限的高低(级配的好坏)，第三个代号表示土的副成分，土的名称和代号见表1-2-2。

**土的名称与代号** 表1-2-2

| 名　称 | 代　号 | 名　称 | 代　号 | 名　称 | 代　号 |
|---|---|---|---|---|---|
| 漂石 | B | 级配良好砂 | SW | 含砾低液限黏土 | CLG |
| 块石 | $B_a$ | 级配不良砂 | SP | 含砂高液限黏土 | CHS |
| 卵石 | $C_b$ | 粉土质砂 | SM | 含砂低液限黏土 | CLS |
| 小块石 | $Cb_a$ | 黏土质砂 | SC | 有机质高液限黏土 | CHO |
| 漂石夹土 | BSl | 高液限粉土 | MH | 有机质低液限黏土 | CLO |
| 卵石夹土 | CbSl | 低液限粉土 | ML | 有机质高液限粉土 | MHO |
| 漂石质土 | SlB | 含砾高液限粉土 | MHG | 有机质低液限粉土 | MLO |

续上表

| 名 称 | 代 号 | 名 称 | 代 号 | 名 称 | 代 号 |
|---|---|---|---|---|---|
| 卵石质土 | SlCb | 含砾低液限粉土 | MLG | 黄土(低液限黏土) | CLY |
| 级配良好砾 | GW | 含砂高液限粉土 | MHS | 膨胀土(高液限黏土) | CHE |
| 级配不良砾 | GP | 含砂低液限粉土 | MLS | 红土(高液限粉土) | MHR |
| 细粒质砾 | GF | 高液限黏土 | CH | 红黏土 | R |
| 粉土质砾 | GM | 低液限黏土 | CL | 盐渍土 | St |
| 黏土质砾 | GC | 含砾高液限黏土 | CHG | 冻土 | Ft |

3. 巨粒土的分类

土中巨粒的质量大于总质量的 75 % 的土称为巨粒土,分类体系见图 1-2-2。若土的巨粒质量小于等于总质量的 15% 时,可扣除巨粒按粗粒或细粒土的相应规定分类。将图 1-2-2 中的漂石、卵石换成块石或小块石,即构成相应的分类体系,名称和符号见表 1-2-2。

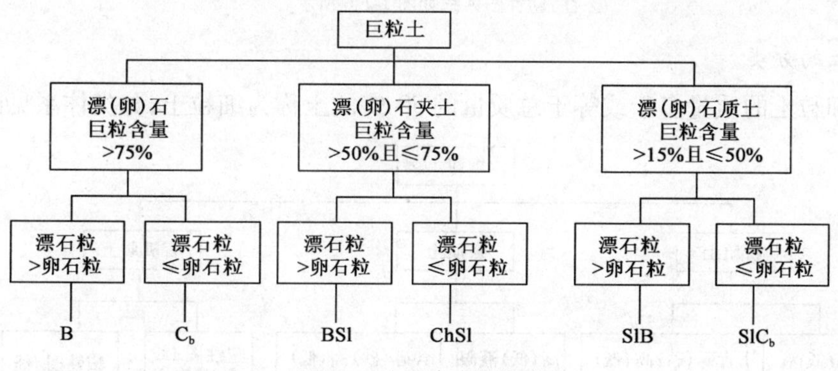


图 1-2-2　巨粒土分类体系图

4. 粗粒土分类

试样中巨粒含量小于 15%,且巨粒土和粗粒土的质量大于总质量 50% 的土称为为粗粒土。

(1)粗粒土中砾粒组的质量多于砂粒组的质量的土称为砾类土。并根据其中的细粒含量和类别以及粗粒组的级配进行分类,分类体系见图 1-2-3。

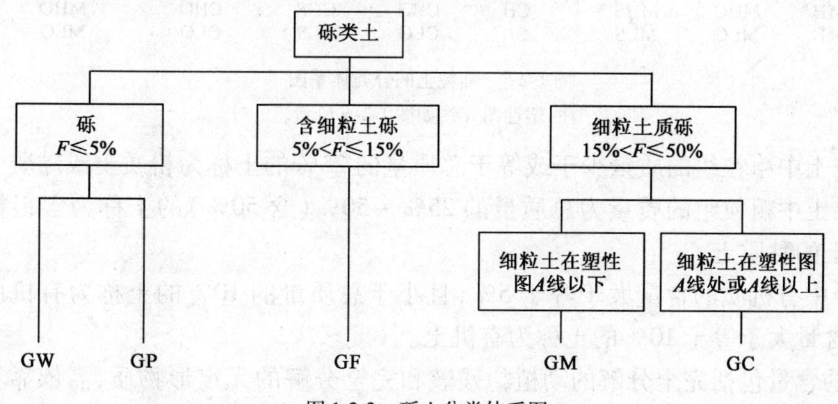


图 1-2-3　砾土分类体系图

注:塑性图 A 线如图 1-2-6 所示。

(2)粗粒土中砾粒组的质量少于或等于砂粒组的质量的土称为砂类土。并根据其中的细粒含量和类别以及粗粒组的级配进行分类,分类体系见图1-2-4。

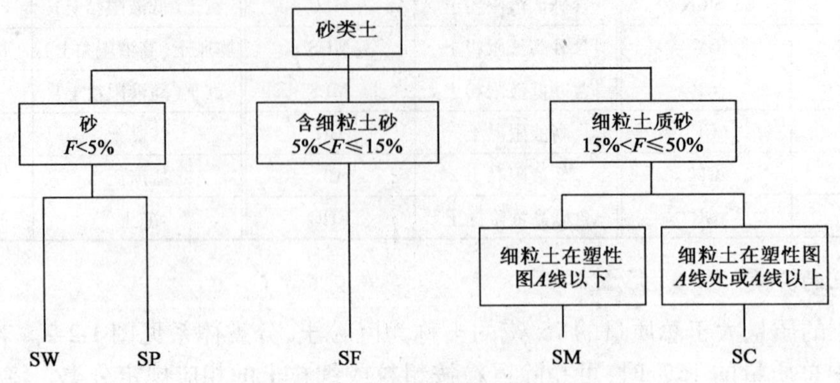


图1-2-4　砂类土分类体系图

注:塑性图A线如图1-2-6所示。

5. 细粒土的分类

试样中细粒土的质量多于或等于总质量的50%的土称为细粒土,分类体系见图1-2-5。

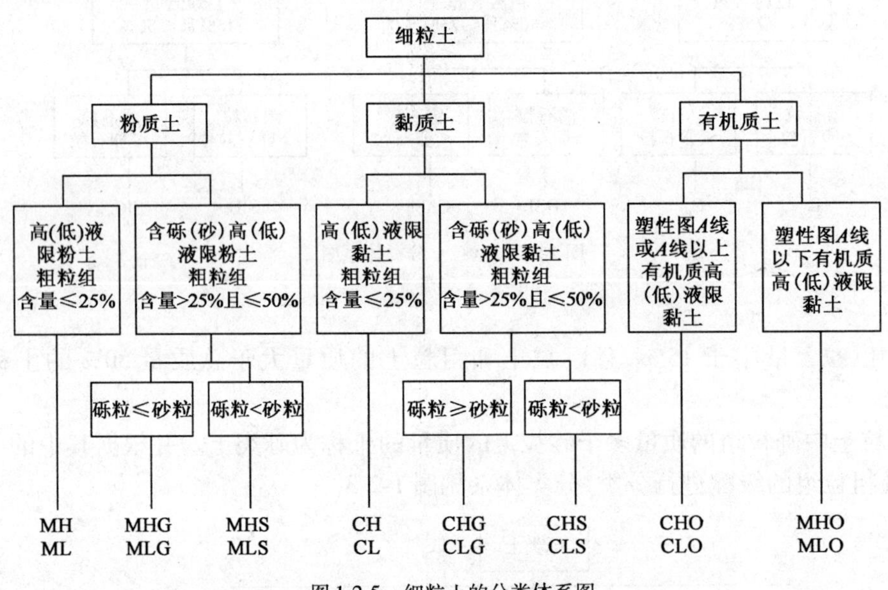


图1-2-5　细粒土的分类体系图

注:塑性图A线如图1-2-6所示。

(1)细粒土中粗粒组的质量少于或等于总质量的25%的土称为粉质土或黏质土。

(2)细粒土中粗粒组的质量为总质量的25%~50%(含50%)的土称为含粗粒土的粉质土或含粗粒土的黏质土。

(3)试样中有机质的含量大于等于5%,且小于总质量的10%的土称为有机质土。试样中有机质的含量大于等于10%的土称为有机土。

有机质的含量包括完全分解的动植物残骸和完全分解的无定形物质,需依靠目测、手摸、嗅感来辨别,不能辨别的可通过试验判别。

(4)细粒土中的粉质土和黏质土可在塑性图上相应的位置进一步划分,见图1-2-6。

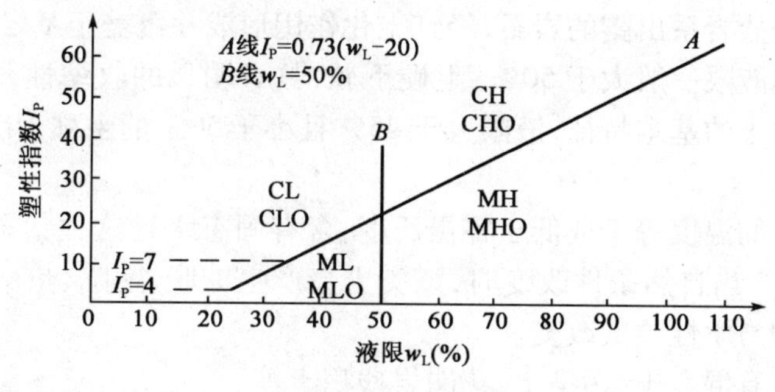


图 1-2-6 塑性图

6. 特殊土简介

特殊土是指在特定的地理环境或人为条件下形成的特殊性质的土，是具有一定的分布区域或在工程上具有特殊的状态、结构、成分特征的土。

1）软土

软土是指在滨海相、三角洲相、溺谷相、内陆平原或山区的河流相、湖泊相、沼泽相静水或缓慢流水环境中沉积而成的，天然含水率大、压缩性高、承载力低、透水性差的一种软塑到流塑状态的饱和黏性土层。包括淤泥（$e>1.5$）、淤泥质土（$1<e<1.5$）等。软土常因生物化学作用含有较多的有机质，将有机质含量大于60%的软土称为泥炭。

软土由于天然含水率高、孔隙比大、压缩性高、抗剪强度低、透水性差、具有流变性和触变性，所以工程上常被视为不良的地基土，需要特殊处理。

2）湿陷性黄土

黄土是自第四纪以来，在大陆干旱和半干旱气候条件下沉积而成的，呈褐黄色或灰黄色，具有针状孔隙及垂直节理的一种特殊土。黄土含大量碳酸钙（10% ~30%）或钙质结核（俗称"砂姜石"），天然含水率很小，干燥时很坚固。因具有针状孔隙及垂直节理，而具直立性构造，所以在天然条件下能保持垂直边坡。该类土最显著的特征是具有湿陷性。湿陷性黄土通常分为两类：一是浸水后在自重压力下发生湿陷的，称为自重湿陷性黄土；二是浸水后只在自重压力下不发生湿陷，而在附加压力作用下才能产生湿陷的，称为非自重湿陷性黄土。在公路工程中，对自重湿陷性黄土应加以注意。

3）膨胀土

膨胀土是一种亲水性很强的高塑性黏土（以蒙脱石和伊利石为主），一般呈灰白、灰绿、灰黄、棕红、褐黄等颜色。当土被水浸湿时，体积发生显著膨胀，干燥失水时体积则明显收缩，故称为膨胀土。这类土，干燥时土质坚硬，易脆裂，具有明显的垂直和水平裂隙，裂隙面开张较光滑，随深度的增加其数量和开张宽度逐渐减小以至消失；土浸湿后，裂隙回缩变窄或闭合，故又称为"裂隙黏土"。根据已有的建筑经验证明，当土中水分聚集时，土体膨胀，可能对与其接触的建筑物产生强烈的膨胀上抬压力，从而导致建筑物的破坏；当土中水分减少时，土体收缩并可使土体产生不同程度的裂隙，导致其自身强度降低或引起变形。

4）盐渍土

盐渍土是指易溶盐的含量>0.3%，且具有吸湿、膨胀等特性的土。盐渍土按含盐性质可分为氯盐渍土、硫酸盐渍土、亚硫酸盐渍土、碱性盐渍土等；按含盐量可分为弱盐渍土、中盐渍土、强盐渍土和超盐渍土。

5）红黏土

红黏土是指碳酸盐岩系出露的岩石,经红土化作用形成并覆盖于基岩上的棕红、褐黄等颜色的高塑性黏土。其液限一般大于50%,上硬下软,具有明显的收缩性,裂隙发育。经坡、洪积再搬运后仍保留黏土的基本特征,液限大于45%且小于50%的土称为次生红黏土。

6)多年冻土

多年冻土是指土的温度等于或低于零摄氏度,含有固态水且这种状态在自然界连续保持3年或3年以上的土。当自然条件改变时,该类土会产生冻胀、融陷、热融滑塌等特殊不良地质现象以及发生物理力学性质的改变。

特殊土的种类还有混合土、污染土、花岗岩残积土等。

## 二、土的现场勘察

土的现场勘察包括土的简易鉴别、分类及描述三个方面。

1.土的简易鉴别

土的简易鉴别是指用目测方法代替颗粒分析试验确定土粒组成及其特征的方法;用干强度、手捻、韧性、摇振反应等定性的方法代替液限仪测定细粒土塑性的方法。

1)土粒组成的确定

将研散的风干土样摊成一薄层,只凭目测估计土中的巨、粗、细粒组所占的比例。按《公路土工试验规程》(JTG E40—2007)中的土分类体系进行分类。

2)干强度试验

将小土块捏成土团,风干后用手指捏碎、掰断并捻碎,根据用力的大小区分为:

(1)很用力或很难掰断、揉碎的为高干强度。

(2)稍用力即可掰断、揉碎的为中干强度。

(3)易于掰断、揉碎成粉末的为低干强度。

3)手捻试验

将稍湿或硬塑状态的小土块在手中揉捏,然后用手指捻成片状,根据手感和土片的光滑程度区分为:

(1)手感滑腻,无砂,揉面光滑者为塑性高。

(2)稍有滑腻感,有砂,揉面稍有光泽者为塑性中等。

(3)稍有黏性,砂感强,揉面粗糙者为塑性低。

4)搓条试验

将含水率略大于塑限的湿润土块在手中揉捏均匀后,在手掌上搓成土条,根据土条不断裂而能达到的最小直径可区分为:

(1)最小直径能搓成小于1mm者为塑性高。

(2)最小直径能搓成1~3mm者为塑性中等。

(3)最小直径能搓成大于3mm的土条即断裂者为塑性低。

5)韧性试验

将含水率略大于塑限的湿润土块在手中揉捏均匀,然后在手掌中搓成直径为3mm的土条,再揉成土团,根据再次搓条的可能性区分为:

(1)能揉成土团,再成条,捏而不碎者为韧性高。

(2)可再成团,捏而不碎者为韧性中等。

(3)勉强或不能成团,稍捏或不捏即碎者为韧性低。

6)摇振反应试验

将软塑至流动的小土块,捏成土球,放在手掌上反复摇晃,并以另一手掌击此手掌,土中自由水渗出,球面呈现光泽;用两手指捏土球,放松后水又被吸入,光泽消失。根据上述渗水和吸水反应快慢可区分为:

(1)立即渗水和吸水者为反应快。

(2)渗水和吸水中等者为反应中等。

(3)渗水和吸水慢及不渗不吸者为无反应。

2. 土的现场分类

(1)巨粒土和粗粒土可由目测估计土中的巨、粗、细粒组所占的比例,按《公路土工试验规程》(JTG E40—2007)中的土分类体系进行分类。

(2)细粒土可根据上述的试验结果,按表1-2-3分类定名。

**细粒土简易分类表** 表1-2-3

| 半固态时的干强度 | 硬塑~可塑态时的手捻感和光滑度 | 土在可塑态时 | | 软塑~流塑态时的摇振反应 | 土类代号 |
|---|---|---|---|---|---|
| | | 可搓成最小直径(mm) | 韧性 | | |
| 低~中 | 以灰黑色、粉粒为主,稍黏,捻面粗糙 | 3 | 低 | 快~中 | MLO |
| 中 | 砂粒稍多,有黏性,捻面较粗糙,无光泽 | 2~3 | 低~中 | 快~中 | ML |
| 中~高 | 有砂粒,稍有滑腻感,捻面稍有光泽,灰黑色者为CLO | 1~2 | 中 | 无~很慢 | CL<br>CLO |
| 中 | 粉粒较多,有滑腻感,捻面较光滑 | 1~2 | 中 | 无~慢 | MH |
| 中~高 | 灰黑色、无砂,滑腻感强,捻面光滑 | <1 | 中~高 | 无~慢 | MHO |
| 高~很高 | 无砂感,滑腻感强,捻面有光泽,灰黑色者为CHO | <1 | 高 | 无 | CH<br>CHO |

3. 土的现场描述

在现场采样和试验开启试样时,按下列内容描述土的状态。

1)巨粒土和粗粒土描述的内容

通俗名称和当地名称;土颗粒最大粒径;漂石粒、卵石粒、砾粒、砂粒组的含量;土颗粒的形状(圆、次圆、棱角、次棱角);土颗粒的矿物成分;土的颜色和有机质;细粒土(黏土或粉土);土的成分代号和名称。

2)细粒土描述的内容

通俗名称和当地名称;土颗粒最大粒径;漂石粒、卵石粒、砾粒、砂粒组的含量;潮湿时土的颜色和有机质含量;土的湿度(干、湿、很湿或饱和);土的流动状态(流动、软塑、可塑、硬塑);土的塑性(高、中或低);土的成分代号及名称。

3)根据土的不同用途还需描述的内容

(1)当作填料用时,不同土类的分布层次及范围。

(2)当作地基土用时,土的分布层次及范围、结构性和密度。

## 完成工作任务

1. 任务

(1)完成××高速路××标段土样密度、含水率的测试;完成颗粒分析试验与液、塑限测定试验,并提交检测报告单。

(2)完成××高速路××标段地基土样的鉴别和描述工作。

2. 检测试验

(1)土的密度、相对密度、含水率检测试验。

(2)土的颗粒分析试验。

(3)土的渗透系数测定试验。

(4)黏土界限含水率测定试验。

(5)土的击试实验。

(6)土类的现场鉴别试验。

3. 分组讨论

(1)什么叫粒度成分和粒度分析?简述筛分法和沉降分析法的基本原理。

(2)累计曲线法在工程上有何用途?

(3)粗粒土和细粒土的结构各分为哪些类型?

(4)表征砂土的天然结构状态的指标是什么?

(5)简述土层中毛细水带的分布特征。

(6)什么是界限含水率、黏性土的稠度、稠度状态?它们各有何具体的应用?

(7)说出下列土类符号的具体名称:GW、ML、SM、CP、MY、CLS。

4. 实战演练

(1)取某住宅地基土原状土样做试验,用天平称50$cm^3$ 湿土的质量为95.15 g,烘干后质量为75.05g,土粒的相对密度为2.67g/$cm^3$。试计算土样的密度、含水率、干密度、饱和密度、孔隙比、孔隙率、饱和度。(1.9、26.8%、1.5、1.94、0.94、43.8%、0.918)

(2)一车间地基表层为杂填土厚1.2 m,第二层为黏土厚5 m,地下水位深1.8 m。在黏土中部取样做试验,测得天然密度$\rho=1.84$g/$cm^3$,土的相对密度为2.75g/$cm^3$。试计算土的含水率、浮密度、干密度、孔隙比、孔隙率。(39.4%、0.84 g/$cm^3$、1.32 g/$cm^3$、1.08、52%)

(3)某宾馆地基土试验中,测得土样的干密度为1.54 g/$cm^3$,含水率为19.3%,土的相对密度为2.71g/$cm^3$,试计算土的$e$、$n$、$S_r$。此土样的$w_L=28.3\%$,$w_P=16.7\%$,试计算$I_P$和$I_L$,并描述该黏土的物理状态,确定出土的名称。(0.76、43.2%、0.69、11.6、0.224、硬塑状态,粉质黏土)

(4)一办公楼地基土样,用体积为100$cm^3$ 的环刀取样进行试验,环刀加湿土的质量为241.00g,环刀质量为55.00g,烘干后土的质量为162.00g,土粒的密度为2.70g/$cm^3$。试计算土样的$w$、$S_r$、$e$、$n$、$\rho$、$\rho'\rho_{sat}$、$\rho_d$。(14.8%、0.60、0.67、40.0%、1.86、2.02、1.02、1.62)

(5)一砂土经筛析得出含量如下,试确定土的名称。(细砂)

粒组(mm): <0.075　0.075~0.1　0.1~0.25　0.25~0.5　0.5~1.0　>1.0

含量(%)：　8.0　　15.0　　42.0　　24.0　　9.0　　2.0

(6)一湿土样质量为200g，含水率为15.0%。如果要制备成含水率为20.0%的试样，需加多少水？(8.7g)

5.考核评价

(1)学生自评：由教师根据项目一中的知识和技能出5个测试题目，由学生完成自我测试并填写本任务的自评表(评价表参见附录)。

(2)小组评价：

①主讲教师根据班级人数、学生学习情况等因素合理分组，然后以学习小组为单位完成分组讨论题目，做答案演示，并完成小组测评表(评价表参见附录)。

②以小组为单位完成任务一和任务二的工作任务，每个组员分别提交土样的测试报告单，指导教师根据检测试验的完成过程和检测报告单给出评价，并计入总评价体系内(评价表参见附录)。

(3)教师评价：由教师综合学生自评、小组评价以及任务完成情况对学生进行评价(评价表参见附录)。

# 项目二　地基沉降量的计算

## 任务一　计算土中应力

### 学习目标

1. 叙述土中的应力构成和应力状态；
2. 知道土力学计算的假设及应力与应变关系；
3. 熟悉土的自重应力、基底附加应力、土中附加应力的计算方法；
4. 完成计算土中应力的工作任务。

### 任务描述

在任务一中，主要通过学习土中应力的基本知识和计算方法，完成计算并绘制某建筑地基土中应力分布图的工作任务。

### 学习引导

本任务沿着以下脉络进行学习：

1. 任务布置（介绍完成任务的意义，以及所需的知识和技能）；
2. 课堂教学（学习土中应力的基本知识、土的自重应力、基底附加应力、土中附加应力的计算方法）；
3. 分组讨论（分组完成讨论题目）；
4. 完成计算并绘制某建筑地基土中应力分布图的工作任务；
5. 课后思考与总结（完成实战演练内容）。

## 学习相关知识

### 一、土中应力的基本知识

1. 土中应力的构成

土中的应力是由自重应力和附加应力共同构成。自重应力是由土层本身的自重形成的，附加应力是由建筑的上部荷载通过基础底部传递给地基土所构成的。这里忽略了一些应力，比如由于地下水的渗流所造成的动水力等。

2. 应力的分布状态

计算土中的应力，首先要计算土中某一个质点上的应力，并可以把这个质点想象得无限小，然后通过每一个质点上的应力来反映地基土中应力分布的规律。土中任意一点应力的分布见图 2-1-1，存在三个正应力即：$\sigma_x$，$\sigma_y$，$\sigma_z$。其中每一个正应力在其作用面上都可以形成两个剪应力，并且正应力可以在其作用方向形成位移：$u_x$，$u_y$，$u_z$。

地基土中的应力是属于三维状态。地基土层在水平方向是一一对应的，见图 2-1-2，这时沿着长度方向切出的任一 $xOz$ 截面都可以认为是对称面，水平方向自重应力为：

$$\sigma_{cx} = \sigma_{cy}$$

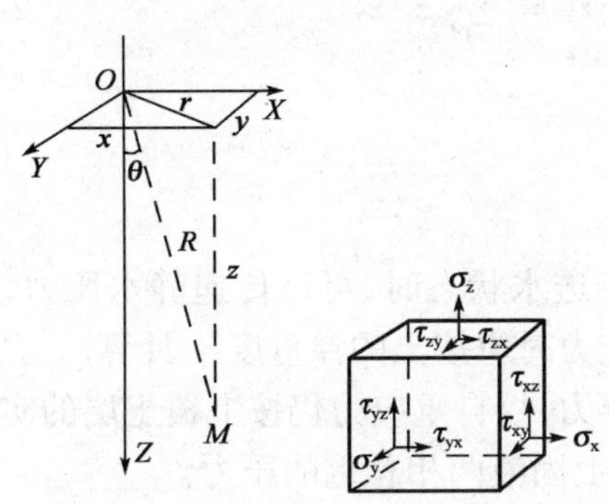


图 2-1-1　土中任意一点应力分布状态

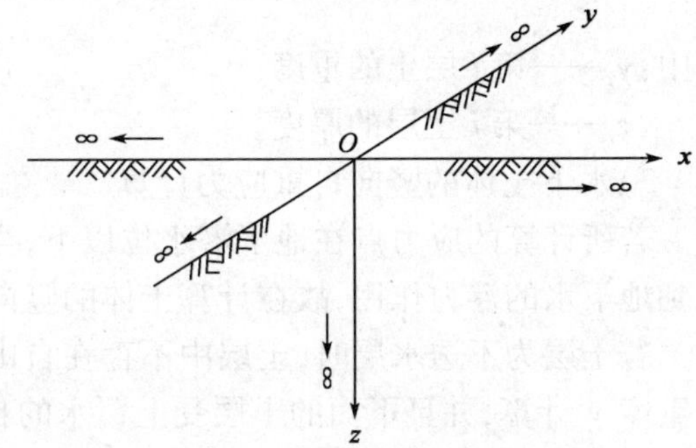


图 2-1-2　土中水平方向自重应力分布图

3. 土中应力计算的假定

当进行土中应力计算时，假定地基土为一个半无限空间的、连续、均匀的理想弹性体，因此可应用弹性力学和材料力学的公式来进行计算。

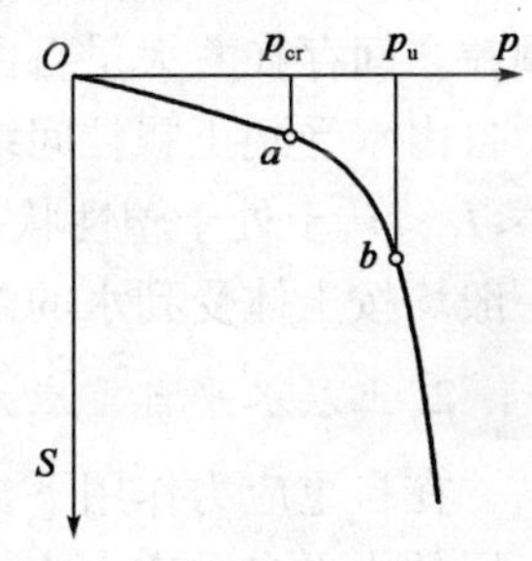


图 2-1-3　现场荷载试验的试验曲线

实际上，土体是不完全符合理想弹性体含义的。在通常情况下，尤其是在中小应力条件时，距离土的破坏强度尚远的时候，土层中的应力与应变呈线性关系，属于弹性体，服从广义虎克定律；当应力增大到一定程度，土层中会产生塑性区，随着应力的增大，塑性区也不断扩大，当荷载产生的剪切力达到一定值时，土体将会发生剪切破坏。现场荷载试验的试验曲线（图 2-1-3）能很好地说明土的应力与应变之间的变化关系。

## 二、土的自重应力计算

1. 土层竖向自重应力的计算

1）基本公式

除新近沉积或新填的土层，考虑其在自重应力作用下继续变形的问题外，对于沉积多年的土层其变形已经基本稳定，可以认为土体中所有竖直面和水平面上均无剪应力存在，故地基中任意深度 $z$ 处的竖直向自重应力就等于单位面积上的土柱重力。见图2-1-4a），设其横截面积为 $A$、土柱体的重力为 $G$，土层自重应力（$\sigma_{cz}$）为：

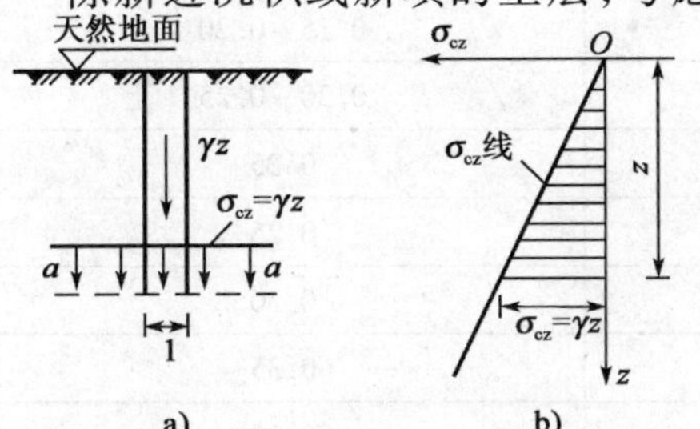


图 2-1-4　土层自重应力分布图

a）任意水平面上的分布；b）沿深度的分布

$$\sigma_{cz} = \frac{G}{A} = \frac{\gamma z A}{A} = \gamma z \tag{2-1-1}$$

土的自重应力是随深度 $z$ 成直角三角形分布，见图

2-1-4b)。

2)计算成层土体的竖向自重应力

当地基土是由不同重度的土层构成时,需要分层计算。计算出每一土层上下边界处的自重应力,然后叠加,即:

$$\sigma_{cz} = \gamma_1 z_1 + \gamma_2 z_2 + \cdots + \gamma_n z_n = \sum_{i=1}^{n} \gamma_i z_i \tag{2-1-2}$$

式中:$\gamma_i$——第 $i$ 层土的重度;

$z_i$——第 $i$ 土层的厚度。

3)水下土体的竖向自重应力计算

若所计算的应力点在地下潜水位以下,当土层处于透水状态时,可以传递静水压力,土体受到地下水的浮力作用,故在计算土体的竖向与水平应力时应按土的浮重度 $\gamma'$计算。

若土层为不透水层时,土层中不存在自由水体的浮力,故自重应力仍按上覆土层的实际天然重度 $\gamma'$计算,并且下面的土层受上覆水的自重,即其上固液两相总重的压力。

判断土层是否透水,应根据土的性质来确定。粗粒土是受浮力作用的。

黏性土则视其物理状态而定,若水下的黏性土其液性指数 $I_L > 1$,则土处于流动状态,土颗粒之间存在着大量自由水,可认为土体受到水的浮力作用;若 $I_L \leqslant 0$,则土处于固体状态,土中自由水受到土颗粒间结合水膜的阻碍不能传递静水压力,故认为土体不受水的浮力作用;若 $0 < I_L < 1$,土处于塑性状态,此时土颗粒是否受到水的浮力作用就较难确定了,在工程实践中一般均按土体受到水的浮力作用来考虑。

2. 土层水平自重应力的计算

在自重应力作用下,地基土近似弹性体,且认为没有侧向变形,故根据广义虎克定律确定土层的水平自重应力为:

$$\sigma_{cx} = \sigma_{cy} = k_0 \sigma_{cz} = k_0 \gamma z \tag{2-1-3}$$

式中:$\sigma_{cx}$,$\sigma_{cy}$——分别为沿 $x$ 轴和 $y$ 轴方向的水平自重应力;

$k_0$——侧压力系数,其值为:

$$k_0 = \frac{\mu}{1-\mu} \tag{2-1-4}$$

其中,$\mu$ 为土的泊松比,参考值见表 2-1-1。

**土的泊松比参考值表** 表 2-1-1

| 土的种类与状态 | | 泊松比 $\mu$ |
|---|---|---|
| 碎石土 | | 0.15 ~ 0.20 |
| 砂土 | | 0.20 ~ 0.25 |
| 粉土 | | 0.25 |
| 粉质黏土 | 坚硬状态 | 0.25 |
| | 可塑状态 | 0.30 |
| | 软塑及流塑状态 | 0.35 |
| 黏土 | 坚硬状态 | 0.25 |
| | 可塑状态 | 0.35 |
| | 软塑及流塑状态 | 0.42 |

## 三、土中附加应力计算

1. 基础底面的附加压力

建筑物的荷载是通过基础传给地基土的。基础与地基接触面处的压力称为基底附加压力。基底压力的大小和分布状况，与荷载的大小和分布、基础的刚度、基础的埋置深度以及土的性质等多种因素有关。

基础底面的接触压力在地基土中呈各种曲线形状的分布，目前尚无精确的计算方法，由于压力的分布在超过基础宽度的 1.5 倍后就是均匀的了，所以在实用上可以采用简化方法来计算。

1）考虑基础埋深影响的中心荷载下的基础底面附加压力

其计算公式为：

$$p = \frac{N+G}{F} - \sigma_{cz} = \frac{N+G}{F} - \gamma D \qquad (2\text{-}1\text{-}5)$$

式中：$p$——基础底面的附加压力（kPa）；

$N$——上部结构传至基础顶面的荷载（kN）；

$G$——基础自重和基础上回填土的总重力（kN）；

$F$——基础底面面积（$m^2$）；

$\gamma$——地基土的重度（$kN/m^3$）；

$D$——浅基础的埋深（m）。

如果基础为条形（长度大于宽度的 10 倍），则沿长度方向取 1m 来计算，即计算单位长度的基底压力。

**想一想：增大或减小基础的埋深对基础底面附加应力有什么影响呢？**

2）偏心荷载下的基础底面附加压力

如图 2-1-5 所示，设荷载的作用线与基础中心线的距离 $e$ 为偏心距，则偏心荷载下的基础底面附加应力的计算公式为：

$$p_{\substack{max\\min}} = \frac{N+G}{F}\left(1 \pm \frac{6e}{b}\right) \qquad (2\text{-}1\text{-}6)$$

式中：$p_{max}$、$p_{min}$——分别是基底附加压力最大和最小值；

其他符号意义同前。

当 $e < \frac{B}{6}$时，基底附加应力分布图为梯形）；当 $e = \frac{B}{6}$时，基底附加压力分布图为三角形）；当 $e > \frac{B}{6}$时，$p_{min} < 0$，表示基底一侧出现拉应力），见图 2-1-5。一般情况下，工程上不允许基底出现拉应力。因此，在设计基础尺寸时，应满足 $e \leqslant \frac{B}{6}$的条件，以保证安全。

**相关链接：**对一般天然土层来说，自重应力引起的压缩变形在地质历史上早已完成，它不会再引起地基的沉降；附加应力则是由于修建建筑物在地基内新增加的应力，故它是使地基发生变形，引起建筑物沉降的主要原因。附加应力达到一定程度后会使地基土土发生剪切破坏，因此计算土中的附加应力就显得尤为重要。

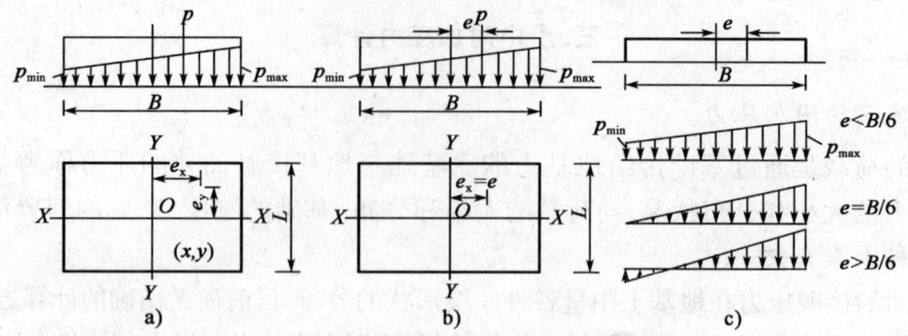

图 2-1-5　偏心荷载基底附加压力分布示意图

2. 附加应力计算的基本理论

1885 年法国数学家布西奈斯克(J. Boussinesq)利用弹性力学理论推出了在半无限空间弹性体表面上一点,作用竖直集中力 $p$ 时(图 2-1-6),在弹性体内任意一点 $M$ 所引起的附加应力(包括三个正应力,六个剪应力)和三个方向上的位移称为布西奈斯克解。

布西奈斯克解中,竖向正应力的计算公式为:

$$\sigma_z = \frac{3Q_z^3}{2\pi R^5} = \frac{3Q}{2\pi z^2}\frac{1}{[1+(r/z)^2]^{5/2}} \tag{2-1-7}$$

从式(2-1-7)中可以看出,当弹性体表面作用集中应力 $p$ 时,弹性体内部的任意一点的附加应力与位移,只与点 $M$ 的位置有关,即为点 $M$ 位置($r/z$)的函数,与其他因素无关。

当弹性体表面在一个分布面积为 $F$ 上,作用均布荷载 $p$ 时,弹性体内部任意一点 $M$ 的应力与位移的解析解,也可以应用布西奈斯克解来推导。

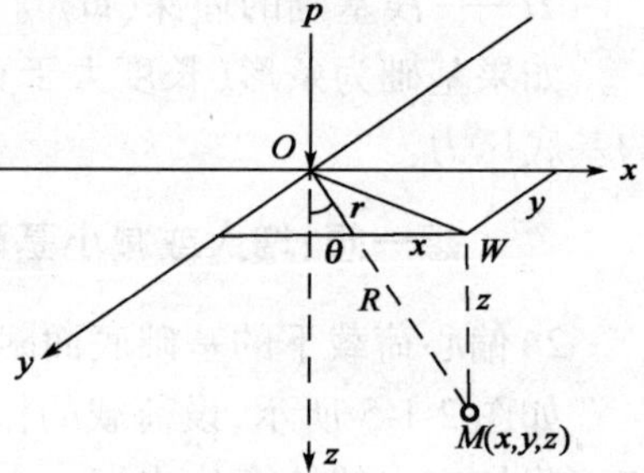

图 2-1-6　集中应力作用下弹性体中任意一点的应力分布图

所以在计算土中附加应力的时候,无需推导这些复杂的公式,只需将点 $M$ 的应力理解成只与分布的面积和点 $M$ 的位置($r/z$)有关即可。这样附加应力的计算公式可以表达为:

$$\sigma_z = \alpha p \tag{2-1-8}$$

式中:$\sigma_z$——竖向的附加应力;

$\alpha$——附加应力系数,是作用面积 $F$ 和点 $M$ 位置的函数;

$p$——基底附加应力。

在计算基础面积为 $F$ 上作用一个荷载 $p$,地基土中任意一点 $M(x、y、z)$ 的竖向附加应力时,可以根据基础面积 $F$ 的大小和形状及 $M(x、y、z)$ 点的位置来确定附加应力系数 $\alpha_0$,由此计算土中的附加应力就变得简单许多。

3. 矩形面积均布荷载角点下的竖向附加应力计算

在某一矩形基础尺寸为 $b \times l$ 上,作用均布荷载 $N$,计算矩形任意一个角点下深度为 $z$ 处的点 $M$ 的竖向附加应力计算公式为:

$$\sigma_z = \alpha_0 p_0 \tag{2-1-9}$$

式中:$p_0$——基底附加应力,$p_0 = N/(b \times l)$;

$\alpha_0$——应力系数是 $m = \frac{l}{b}, n = \frac{z}{b}$ 的函数($b \geqslant l$),可查矩形面积均布荷载角点下应力系

数函数表得出（表 2-1-2）。

对于非角点（荷载作用面内、外任意一点）下地基中一点的竖向附加应力，可用角点法叠加原理求得，见图 2-1-7。先通过计算点作平行于矩形面各边的辅助线，从而将荷载面划分成几个矩形，这样计算点便成为几个矩形的公共角点，然后分别求得各矩形荷载在此公共角点下的附加应力，叠加后便得到整个荷载作用下的附加应力 $\sigma_z$。在划分新矩形时，计算点必须是各矩形的公共角点，且各新矩形的长边为 $l$、短边为 $b$，并且永远为 $b \leq l$。

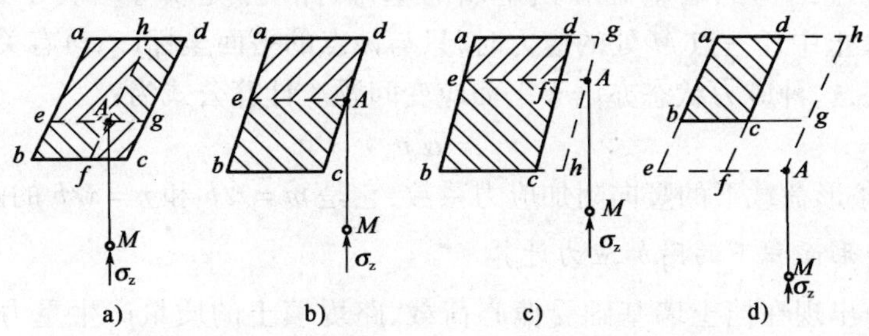


图 2-1-7　非角点下地基中一点的竖向附加应力计算示意图

4. 三角分布荷载矩形面积角点下的竖向附加应力计算

当基础受偏心荷载时，基础底面接触压力呈三角形分布。基础底面为矩形，长边为 $l$，短边为 $b$，其上作用三角形分布荷载，如图 2-1-8 所示。计算荷载为零的角点下深度 $z$ 处点 $M$ 的竖向应力为：

$$\sigma_z = \alpha_t p_t \tag{2-1-10}$$

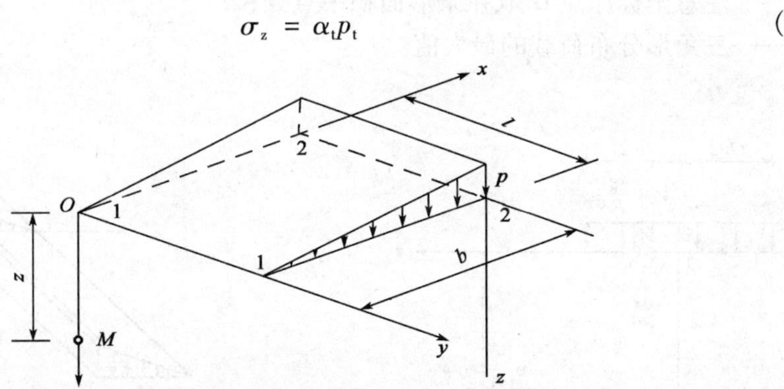


图 2-1-8　矩形三角分布荷载土中的竖向应力计算示意图

式中：$\alpha_t$——矩形面积受三角形作用荷载最小值角点 1 下，荷载最大值角点 2 的附加应力系数，它也是 $m = l/b$、$n = z/b$ 的函数（$b$ 永为三角荷载分布的边），亦可从三角分布荷载矩形面积角点下应力系数函数表中查得（表 2-1-3）；

$p_t$——三角荷载的最大值。

5. 均布荷载圆形面积下任意一点的附加应力计算

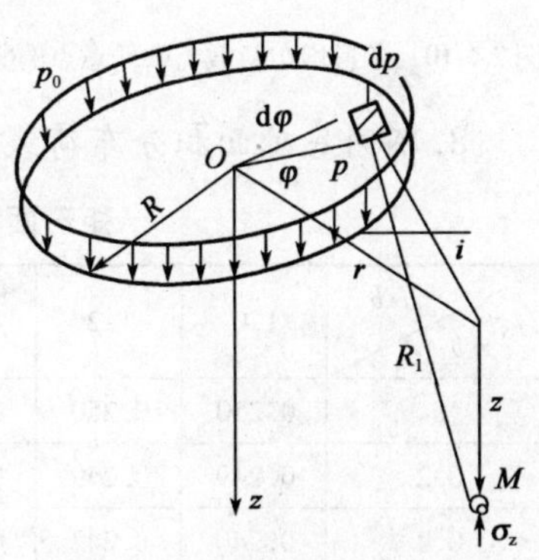


图 2-1-9　圆形均布荷载基础下土中任意点的竖向应力计算示意图

如图 2-1-9 所示，在半径为 $R$ 的圆形荷载面积上作用着竖向均布荷载 $p_0$。荷载面中心点下任意一点 $M(r, z)$ 的竖向应力为：

$$\sigma_z = \alpha_r p_0 \tag{2-1-11}$$

式中：$\alpha_r$——均布圆形荷载中心点下的附加应力系数，是 $r/R$ 及 $z/R$ 的函数；

$R$——圆形荷载的半径；

$r$——应力计算点 $M$ 到 $z$ 轴的水平距离。

6. 均布荷载条形面积下的附加应力计算

条形面积的长度通常为无限大，实际工程中当长宽比 $l/b \geqslant 10$ 时，即可认为是条形基础。例如建筑工程中砖混结构的墙基础和挡土墙的基础、路堤、堤坝等均属于条形基础。如图2-1-10所示，在计算土中任一点 $M$ 处的应力时，只与该点的平面坐标$(x,z)$有关，而与荷载长度方向 $y$ 轴坐标无关，这种应力状态亦属于平面应变问题。计算公式为：

$$\sigma_z = \alpha_s p_0 \tag{2-1-12}$$

式中：$\alpha_s$——均布条形荷载下的竖向附加应力系数，它是 $m = z/b$ 和 $n = x/b$ 的函数。

7. 三角荷载条形面积下的附加应力计算

这种荷载分布出现在挡土墙基础受偏心荷载、路堤填土的质量产生重力荷载等情况下。在地基表面作用三角形分布条形荷载，如图 2-1-11 所示，其最大值为 $p_z$。坐标原点 $O$ 取在条形面积中点。$x$ 坐标有正、负之分，由原点 $O$ 向荷载增大方向为正，反之为负。地基中任一点深度 $z$ 处的附加应力计算公式为：

$$\sigma_z = \alpha_z p_z \tag{2-1-13}$$

式中：$\alpha_z$——条形面积受垂直三角形分布荷载作用下的附加应力系数，是 $x/b$ 和 $z/b$ 的函数，注意坐标原点 $O$ 取在条形面积中点处；

$p_z$——三角形分布荷载的最大值。

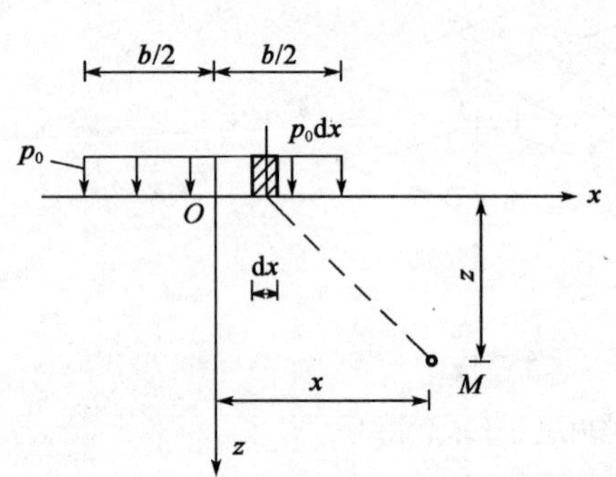


图 2-1-10 条形均布荷载土中任意点的竖向应力计算示意图

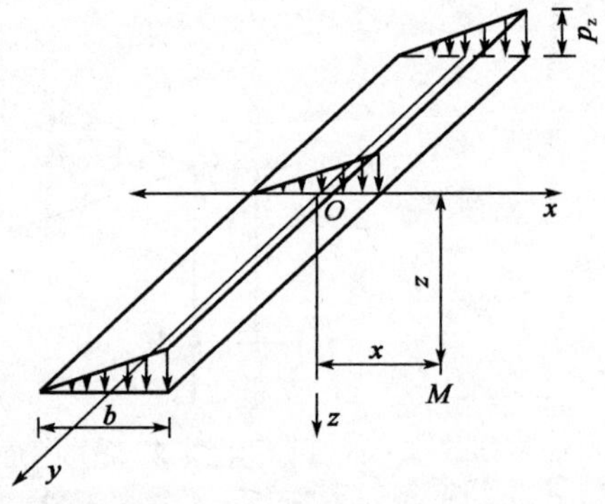


图 2-1-11 条形三角荷载土中任意点的竖向应力计算示意图

8. 不同基础面积分布荷载应力系数值函数表(表 2-1-2 ~ 表 2-1-6)

**矩形面积受均布荷载作用角点下附加应力系数 $\alpha_0$ 值** 表 2-1-2

| $z/b$ \ $l/b$ | 1.0 | 1.2 | 1.4 | 1.6 | 1.8 | 2.0 | 3.0 | 4.0 | 5.0 | 10 |
|---|---|---|---|---|---|---|---|---|---|---|
| 0 | 0.250 | 0.250 | 0.250 | 0.250 | 0.250 | 0.250 | 0.250 | 0.250 | 0.250 | 0.250 |
| 0.2 | 0.249 | 0.249 | 0.249 | 0.249 | 0.249 | 0.249 | 0.249 | 0.249 | 0.249 | 0.249 |
| 0.4 | 0.240 | 0.242 | 0.243 | 0.243 | 0.244 | 0.244 | 0.244 | 0.244 | 0.244 | 0.244 |
| 0.6 | 0.223 | 0.228 | 0.230 | 0.232 | 0.232 | 0.233 | 0.234 | 0.234 | 0.234 | 0.234 |
| 0.8 | 0.200 | 0.208 | 0.212 | 0.215 | 0.217 | 0.218 | 0.220 | 0.220 | 0.220 | 0.220 |

续上表

| $z/b$ \ $l/b$ | 1.0 | 1.2 | 1.4 | 1.6 | 1.8 | 2.0 | 3.0 | 4.0 | 5.0 | 10 |
|---|---|---|---|---|---|---|---|---|---|---|
| 1.0 | 0.175 | 0.185 | 0.191 | 0.196 | 0.198 | 0.200 | 0.203 | 0.204 | 0.204 | 0.205 |
| 1.2 | 0.152 | 0.163 | 0.171 | 0.176 | 0.179 | 0.182 | 0.187 | 0.188 | 0.189 | 0.189 |
| 1.4 | 0.131 | 0.142 | 0.151 | 0.157 | 0.161 | 0.164 | 0.171 | 0.173 | 0.174 | 0.174 |
| 1.6 | 0.112 | 0.124 | 0.133 | 0.140 | 0.145 | 0.148 | 0.157 | 0.159 | 0.160 | 0.160 |
| 1.8 | 0.097 | 0.108 | 0.117 | 0.24 | 0.129 | 0.133 | 0.143 | 0.146 | 0.147 | 0.148 |
| 2.0 | 0.084 | 0.095 | 0.103 | 0.110 | 0.116 | 0.120 | 0.131 | 0.135 | 0.136 | 0.137 |
| 2.5 | 0.060 | 0.069 | 0.077 | 0.083 | 0.089 | 0.093 | 0.106 | 0.111 | 0.114 | 0.115 |
| 3.0 | 0.045 | 0.052 | 0.058 | 0.064 | 0.069 | 0.073 | 0.087 | 0.093 | 0.096 | 0.099 |
| 4.0 | 0.027 | 0.032 | 0.036 | 0.040 | 0.044 | 0.048 | 0.060 | 0.067 | 0.071 | 0.076 |
| 5.0 | 0.018 | 0.021 | 0.024 | 0.027 | 0.030 | 0.033 | 0.044 | 0.050 | 0.055 | 0.061 |
| 7.0 | 0.010 | 0.011 | 0.013 | 0.015 | 0.016 | 0.018 | 0.025 | 0.031 | 0.035 | 0.043 |
| 8.0 | 0.007 | 0.009 | 0.010 | 0.011 | 0.013 | 0.014 | 0.020 | 0.025 | 0.028 | 0.037 |
| 9.0 | 0.006 | 0.007 | 0.008 | 0.009 | 0.010 | 0.011 | 0.016 | 0.020 | 0.024 | 0.032 |

**矩形面积受三角形分布荷载作用角点下附加应力系数 $\alpha_t$ 值** 表 2-1-3

| $z/b$ \ $l/b$ | 0.2 | | 0.4 | | 0.6 | | 0.8 | | 1.0 | |
|---|---|---|---|---|---|---|---|---|---|---|
| 点 | 1 | 2 | 1 | 2 | 1 | 2 | 1 | 2 | 1 | 2 |
| 0.0 | 0.000 0 | 0.250 0 | 0.000 0 | 0.250 0 | 0.000 0 | 0.250 0 | 0.000 0 | 0.250 0 | 0.000 0 | 0.250 0 |
| 0.2 | 0.022 3 | 0.182 1 | 0.280 0 | 0.211 5 | 0.029 6 | 0.216 5 | 0.030 1 | 0.217 8 | 0.030 4 | 0.218 2 |
| 0.4 | 0.026 9 | 0.109 4 | 0.042 0 | 0.160 4 | 0.048 7 | 0.178 1 | 0.051 7 | 0.184 4 | 0.053 1 | 0.187 0 |
| 0.6 | 0.025 9 | 0.070 0 | 0.044 8 | 0.116 5 | 0.056 0 | 0.140 5 | 0.062 1 | 0.152 0 | 0.065 4 | 0.157 5 |
| 0.8 | 0.023 2 | 0.048 0 | 0.042 1 | 0.085 3 | 0.055 3 | 0.109 3 | 0.063 7 | 0.123 2 | 0.068 8 | 0.131 1 |
| 1.0 | 0.020 1 | 0.034 6 | 0.037 5 | 0.063 8 | 0.050 8 | 0.085 2 | 0.060 2 | 0.099 6 | 0.066 6 | 0.108 6 |
| 1.2 | 0.017 1 | 0.026 0 | 0.032 4 | 0.094 1 | 0.045 0 | 0.067 3 | 0.054 6 | 0.080 7 | 0.061 5 | 0.090 1 |
| 1.4 | 0.014 5 | 0.020 2 | 0.027 8 | 0.038 6 | 0.039 2 | 0.054 0 | 0.048 3 | 0.066 1 | 0.055 4 | 0.075 1 |
| 1.6 | 0.012 3 | 0.016 0 | 0.023 8 | 0.031 0 | 0.033 9 | 0.044 0 | 0.042 4 | 0.054 7 | 0.049 2 | 0.062 8 |
| 1.8 | 0.010 5 | 0.013 0 | 0.020 4 | 0.025 4 | 0.029 4 | 0.036 3 | 0.037 1 | 0.045 7 | 0.045 3 | 0.053 4 |
| 2.0 | 0.009 0 | 0.010 8 | 0.017 6 | 0.021 1 | 0.025 5 | 0.030 4 | 0.032 4 | 0.038 7 | 0.038 4 | 0.045 6 |
| 2.5 | 0.006 3 | 0.007 2 | 0.012 5 | 0.014 0 | 0.018 3 | 0.020 5 | 0.023 6 | 0.026 5 | 0.028 4 | 0.031 3 |
| 3.0 | 0.004 6 | 0.005 1 | 0.009 2 | 0.010 0 | 0.013 5 | 0.014 8 | 0.017 6 | 0.019 2 | 0.021 4 | 0.023 3 |
| 5.0 | 0.001 8 | 0.001 9 | 0.003 6 | 0.003 8 | 0.005 4 | 0.005 6 | 0.007 1 | 0.007 4 | 0.008 8 | 0.009 1 |
| 7.0 | 0.000 9 | 0.001 0 | 0.001 9 | 0.001 9 | 0.002 8 | 0.002 9 | 0.003 8 | 0.003 8 | 0.004 7 | 0.004 7 |
| 10.0 | 0.000 5 | 0.000 4 | 0.000 9 | 0.001 0 | 0.001 4 | 0.001 4 | 0.001 9 | 0.001 9 | 0.002 4 | 0.002 4 |
| 0.0 | 0.000 0 | 0.250 0 | 0.000 0 | 0.250 0 | 0.000 0 | 0.250 0 | 0.000 0 | 0.250 0 | 0.000 0 | 0.250 0 |
| 0.2 | 0.030 5 | 0.218 4 | 0.030 5 | 0.218 5 | 0.030 5 | 0.218 5 | 0.030 6 | 0.218 5 | 0.030 6 | 0.218 5 |
| 0.4 | 0.053 9 | 0.188 1 | 0.054 3 | 0.188 6 | 0.054 5 | 0.188 9 | 0.0546 | 0.189 1 | 0.054 7 | 0.189 2 |
| 0.6 | 0.067 3 | 0.160 2 | 0.068 4 | 0.161 6 | 0.069 0 | 0.162 5 | 0.069 4 | 0.163 0 | 0.069 6 | 0.163 3 |

续上表

| z/b \ l/b 点 | 0.2 | | 0.4 | | 0.6 | | 0.8 | | 1.0 | |
|---|---|---|---|---|---|---|---|---|---|---|
| | 1 | 2 | 1 | 2 | 1 | 2 | 1 | 2 | 1 | 2 |
| 0.8 | 0.072 0 | 0.135 5 | 0.073 9 | 0.138 1 | 0.075 1 | 0.139 6 | 0.075 9 | 0.140 5 | 0.076 4 | 0.141 2 |
| 1.0 | 0.070 8 | 0.114 3 | 0.073 5 | 0.117 6 | 0.075 3 | 0.120 2 | 0.076 6 | 0.121 5 | 0.077 4 | 0.122 5 |
| 1.2 | 0.066 4 | 0.096 2 | 0.069 8 | 0.100 7 | 0.072 1 | 0.103 7 | 0.073 8 | 0.105 5 | 0.074 9 | 0.106 9 |
| 1.4 | 0.060 6 | 0.081 7 | 0.064 4 | 0.086 4 | 0.067 2 | 0.089 7 | 0.069 2 | 0.092 1 | 0.070 7 | 0.093 7 |
| 1.6 | 0.054 5 | 0.069 6 | 0.058 6 | 0.074 3 | 0.061 6 | 0.078 0 | 0.063 9 | 0.080 6 | 0.065 6 | 0.082 6 |
| 1.8 | 0.048 7 | 0.059 6 | 0.052 8 | 0.064 4 | 0.056 0 | 0.068 1 | 0.058 5 | 0.070 9 | 0.060 4 | 0.073 0 |
| 2.0 | 0.043 4 | 0.051 3 | 0.047 4 | 0.056 0 | 0.050 7 | 0.059 6 | 0.053 3 | 0.062 5 | 0.053 3 | 0.064 9 |
| 2.5 | 0.032 6 | 0.036 5 | 0.036 2 | 0.040 5 | 0.039 3 | 0.044 0 | 0.041 9 | 0.046 9 | 0.044 0 | 0.049 1 |
| 3.0 | 0.024 9 | 0.027 0 | 0.028 0 | 0.030 3 | 0.030 7 | 0.033 3 | 0.033 1 | 0.035 9 | 0.035 2 | 0.038 0 |
| 5.0 | 0.010 4 | 0.010 8 | 0.012 0 | 0.012 3 | 0.013 5 | 0.013 9 | 0.014 8 | 0.015 4 | 0.016 1 | 0.016 7 |
| 7.0 | 0.005 6 | 0.005 6 | 0.006 4 | 0.006 6 | 0.007 3 | 0.007 4 | 0.008 1 | 0.008 3 | 0.008 9 | 0.009 1 |
| 10.0 | 0.002 8 | 0.002 8 | 0.003 3 | 0.003 2 | 0.003 7 | 0.003 7 | 0.004 1 | 0.004 2 | 0.004 6 | 0.004 6 |

注:1 点为荷载最小值角点下;2 点为荷载最大值角点下。

**圆形面积受均布荷载作用下附加应力系数 $\alpha_r$ 值** 表 2-1-4

| z/R | r/R | | | | | |
|---|---|---|---|---|---|---|
| | 0.0 | 0.4 | 0.8 | 1.2 | 1.6 | 2.0 |
| 0.0 | 1.000 | 1.000 | 1.000 | 0.000 | 0.000 | 0.000 |
| 0.2 | 0.993 | 0.987 | 0.890 | 0.077 | 0.005 | 0.001 |
| 0.4 | 0.949 | 0.922 | 0.712 | 0.181 | 0.026 | 0.006 |
| 0.6 | 0.864 | 0.813 | 0.591 | 0.224 | 0.056 | 0.016 |
| 0.8 | 0.756 | 0.699 | 0.504 | 0.237 | 0.083 | 0.029 |
| 1.0 | 0.646 | 0.593 | 0.434 | 0.235 | 0.102 | 0.042 |
| 1.4 | 0.461 | 0.425 | 0.329 | 0.212 | 0.118 | 0.062 |
| 1.8 | 0.332 | 0.311 | 0.254 | 0.182 | 0.118 | 0.072 |
| 2.2 | 0.246 | 0.233 | 0.198 | 0.153 | 0.109 | 0.074 |
| 2.6 | 0.187 | 0.179 | 0.158 | 0.129 | 0.098 | 0.071 |
| 3.0 | 0.146 | 0.141 | 0.127 | 0.108 | 0.087 | 0.067 |
| 3.8 | 0.096 | 0.093 | 0.087 | 0.078 | 0.067 | 0.055 |
| 4.6 | 0.067 | 0.066 | 0.063 | 0.058 | 0.052 | 0.045 |
| 5.0 | 0.057 | 0.056 | 0.054 | 0.050 | 0.046 | 0.041 |
| 6.0 | 0.040 | 0.040 | 0.039 | 0.037 | 0.034 | 0.031 |

**条形面积受均布荷载作用下铅直附加应力系数 $\alpha_s$ 值** 表 2-1-5

| z/b | x/b | | | | | | | | | |
|---|---|---|---|---|---|---|---|---|---|---|
| | 0 | 0.25 | 0.50 | 1.00 | 1.50 | 2.00 | 2.50 | 3.00 | 4.00 | 5.00 |
| 0 | 1.00 | 1.00 | 0.500 | 0 | — | — | — | — | — | — |
| 0.25 | 0.96 | 0.905 | 0.496 | 0.019 | 0.0 | 0 | 0 | 0 | — | — |
| 0.50 | 0.820 | 0.735 | 0.481 | 0.082 | 0.017 | 0.005 | 0.002 | 0.001 | 0 | — |
| 0.75 | 0.678 | 0.610 | 0.450 | 0.146 | 0.040 | 0.017 | 0.005 | 0.005 | 0.001 | 0 |
| 1.00 | 0.552 | 0.513 | 0.410 | 0.185 | 0.071 | 0.029 | 0.013 | 0.007 | 0.002 | 0.001 |

续上表

| z/b | x/b | | | | | | | | | |
|---|---|---|---|---|---|---|---|---|---|---|
| | 0 | 0.25 | 0.50 | 1.00 | 1.50 | 2.00 | 2.50 | 3.00 | 4.00 | 5.00 |
| 1.50 | 0.396 | 0.379 | 0.332 | 0.211 | 0.114 | 0.055 | 0.030 | 0.018 | 0.006 | 0.003 |
| 2.00 | 0.306 | 0.292 | 0.275 | 0.205 | 0.134 | 0.083 | 0.051 | 0.028 | 0.013 | 0.006 |
| 3.00 | 0.208 | 0.206 | 0.198 | 0.171 | 0.136 | 0.103 | 0.075 | 0.053 | 0.028 | 0.015 |
| 4.00 | 0.160 | 0.158 | 0.153 | 0.140 | 0.012 | 0.102 | 0.081 | 0.066 | 0.040 | 0.025 |
| 5.00 | 0.126 | 0.125 | 0.124 | 0.117 | 0.107 | 0.095 | 0.082 | 0.069 | 0.046 | 0.034 |

**条形面积受垂直三角形分布荷载作用下附加应力系数 $\alpha_z$ 值** 表 2-1-6

| z/b | x/b | | | | | | | | | |
|---|---|---|---|---|---|---|---|---|---|---|
| | −2.0 | −1.0 | −0.5 | 0.00 | 0.25 | 0.5 | 0.75 | 1.0 | 1.50 | 2.0 |
| 0 | 0 | 0 | 0 | 0.5 | 0.75 | 0.50 | 0 | 0 | 0 | 0 |
| 0.25 | 0 | 0 | 0.08 | 0.48 | 0.65 | 0.42 | 0.08 | 0.02 | 0 | 0 |
| 0.50 | 0 | 0.02 | 0.13 | 0.41 | 0.47 | 0.35 | 0.16 | 0.06 | 0.01 | 0 |
| 0.75 | 0.01 | 0.05 | 0.15 | 0.33 | 0.36 | 0.29 | 0.19 | 0.10 | 0.03 | 0.01 |
| 1.00 | 0.01 | 0.06 | 0.16 | 0.28 | 0.29 | 0.25 | 0.18 | 0.12 | 0.05 | 0.02 |
| 1.50 | 0.02 | 0.09 | 0.15 | 0.20 | 0.20 | 0.19 | 0.16 | 0.13 | 0.07 | 0.04 |
| 2.00 | 0.03 | 0.09 | 0.14 | 0.16 | 0.16 | 0.15 | 0.13 | 0.12 | 0.08 | 0.05 |
| 3.00 | 0.05 | 0.08 | 0.10 | 0.11 | 0.11 | 0.10 | 0.10 | 0.09 | 0.07 | 0.05 |
| 4.00 | 0.05 | 0.07 | 0.08 | 0.08 | 0.08 | 0.08 | 0.08 | 0.07 | 0.06 | 0.05 |
| 5.00 | 0.05 | 0.06 | 0.06 | 0.06 | 0.06 | 0.06 | 0.06 | 0.06 | 0.05 | 0.04 |

## 完成工作任务

1. 任务

(1)某建筑场地的地质剖面如图 2-1-12 所示,试计算 1、2、3、4 各点的自重应力,并绘出土的自重应力曲线。

(2)某矩形基础的尺寸和荷载分布如图 2-1-13 所示,试计算 $A$、$B$、$C$ 三点 3m、6m、9m 处的竖向附加应力,并绘制附加应力分布曲线。

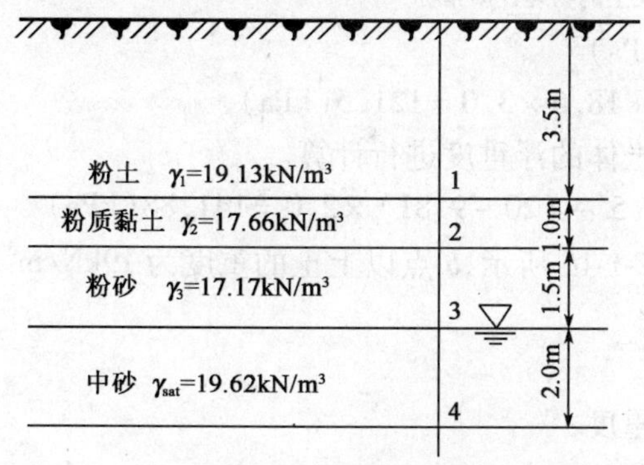


图 2-1-12 地质剖面图

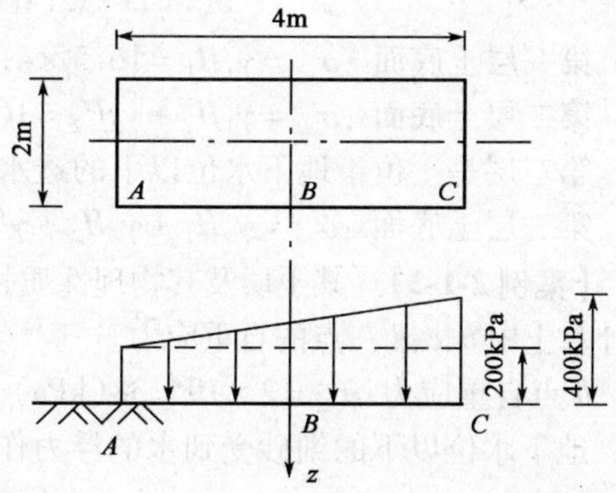


图 2-1-13 某矩形基础尺寸和荷载分布图

(3)某两个相邻基础尺寸及荷载分布如图 2-1-14 所示，基础埋深范围内土层的天然重度为 $18\text{kN/m}^3$，试分别计算甲、乙两个相邻基础中点下不同深度处的 $\sigma_z$ 值，根据计算结果绘制出附加应力的分布图形，并分析相邻基础间的相互影响。

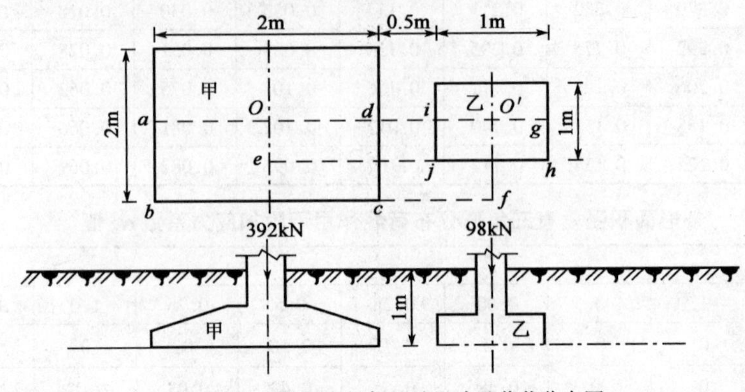


图 2-1-14　某两个相邻基础尺寸及荷载分布图

2. 要求

(1)以组为单位，各组员独立完成上述任务(组长负责检查各成员的计算结果，做好记录)。

(2)按任务目标的要求上交计算结果，供教师批阅。

3. 案例分析

**【案例 2-1-1】**　某工程地质柱状图及土的物理性质指标如图 2-1-15 所示，试计算各土层交界处的自重应力并绘出自重应力分布图。

| 土层名称 | 土层柱状图 | 深度(m) | 土层厚度(m) | 土的重度(kN/m³) | 地下水位 | 土的自重应力曲线 |
|---|---|---|---|---|---|---|
| 粉质黏土 | | 4.0 | 4.0 | $\gamma_1=16.5$ | | 66kPa |
| 黏土 | | 7.0 | 3.0 | $\gamma_2=18.5$ | ▽ | 121.5kPa |
| 砂土 | | 9.0 | 2.0 | $\gamma_{sat}=20.0$ | | 141.88kPa |

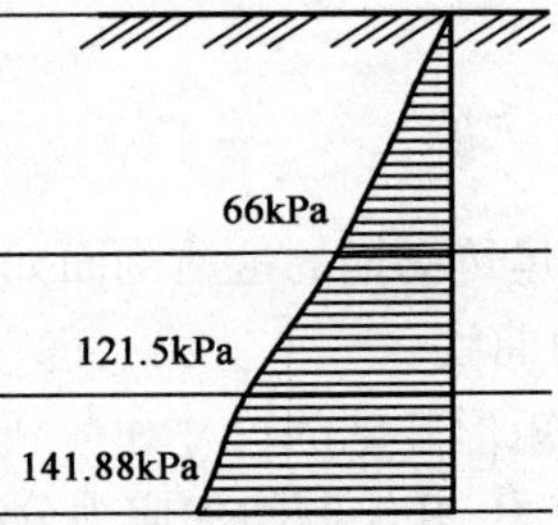

图 2-1-15　某工程地质柱状图及土的物理性质指标

第一层土底面：$\sigma_{cz}=\gamma_1 H_1=16.5\times4.0=66(\text{kPa})$

第二层土底面：$\sigma_{cz}=\gamma_1 H_1+\gamma_2 H_2=16.5\times4.0+18.5\times3.0=121.5(\text{kPa})$

第三层是土位于地下水位以下的透水层，应取土体的浮重度进行计算。

第三层土底面：$\sigma_{cz}=\gamma_1 H_1+\gamma_2 H_2+\gamma'_3 H_3=121.5+(20-9.81)\times2.0=141.88(\text{kPa})$

**【案例 2-1-2】**　某土层及其物理性质指标如图 2-1-16 所示，$b$ 点以上土的重度为 $19\text{kN/m}^3$。试计算土中 $b$、$c$、$d$ 三点的自重应力。

$b$ 点自重应力：$\sigma_{cz}=2\times19=38(\text{kPa})$

地下水位以下的细砂受到水的浮力作用，其浮重度：

$$\gamma'=\frac{\gamma_s(\gamma-\gamma_w)}{\gamma_s(1+w)}=10(\text{kN/m}^3)$$

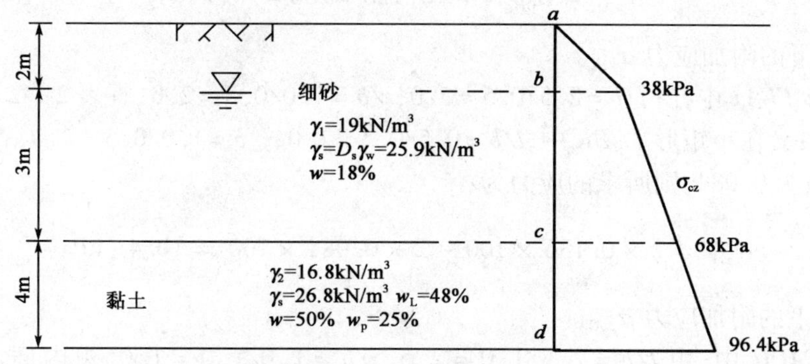

图 2-1-16　某土层及其物理性质指标

$c$ 点自重应力：$\sigma_{cz}=38+3\times10=68(\text{kPa})$

第二层黏土的液性指数：$I_L=\dfrac{w-w_P}{I_P}=\dfrac{w-w_P}{w_L-w_P}=1.09>0$

可以判定该土层为透水的黏土，应受浮力作用，其浮重度为：

$$\gamma'=\frac{\gamma_s(\gamma-\gamma_w)}{\gamma_s(1+w)}=7.1(\text{kN/m}^3)$$

则 $d$ 点自重应力：$\sigma_{cz}=68+7.1\times4=96.4(\text{kPa})$

土的自重应力呈三角形分布，见图 2-1-17。

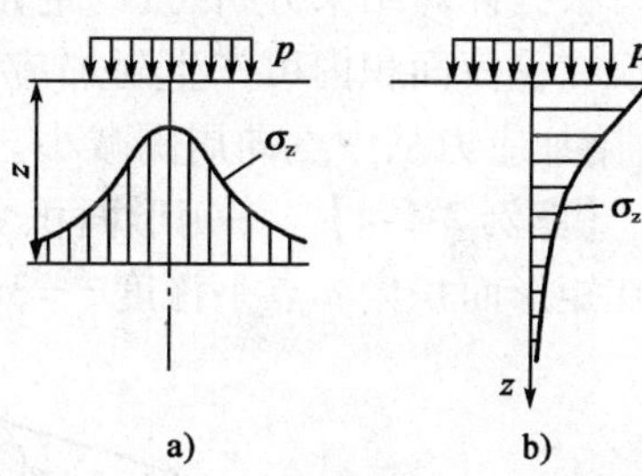

图 2-1-17　附加应力分布图形

**【案例 2-1-3】**　一矩形面积地基，长度 2.0m，宽度 1.0m，其上作用有均布荷载 $p=100\text{kPa}$，如图 2-1-18 所示，试计算此矩形面积的角点 $A$、边点 $E$、中点 $O$，以及矩形面积外 $F$ 点和 $G$ 点下，深度 $z$ 为 1.0m 处的附加应力。

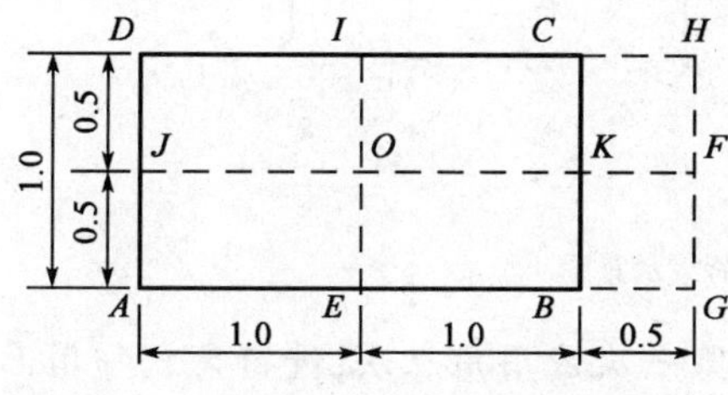

图 2-1-18　矩形面积地基（尺寸单位：m）

**解**：此时 $p_0=p=(100\text{kPa})$

(1) $A$ 点下的附加应力 $\sigma_{Z,A}$。

在矩形 $ABCD$ 中，由 $l/b=2.0/1.0=2.0$，$z/b=1.0/1.0=1.0$，查表 2-1-2 可得附加应力系数为 0.2，所求的应力为：

$$\sigma_{z,A}=\alpha_0 p=0.2\times100=20(\text{kPa})$$

(2) $E$ 点下的附加应力 $\sigma_{z,E}$。

矩形 $ABCD$ = 矩形 $EIDA$ + 矩形 $EBCI$，在矩形 $EIDA$ 中，由 $l/b=1.0$，$z/b=1.0$，查表 2-1-2 可得附加应力系数为 0.175，所求的应力为：

$$\sigma_{z,E}=\alpha_0 p=2\times0.175\times100=35\ (\text{kPa})$$

(3) $O$ 点下的附加应力 $\sigma_{Z,O}$。

在小矩形 $OEAJ$ 中，由 $l/b=1.0/0.5=2.0$，$z/b=1.0/0.5=2.0$，查表 2-1-2 可得附加应力系数为 0.120，所求的应力为：

$$\sigma_{z,O} = \alpha_0 p = 4 \times 0.120 \times 100 = 48(\text{kPa})$$

(4) $F$ 点下的附加应力 $\sigma_{z,F}$。

在长矩形 $FGAJ$ 中，由 $l/b = 2.5/0.5 = 5.0$，$z/b = 1.0/0.5 = 2.0$，查表 2-1-2 可得附加应力系数为 0.136；又在小矩形 $FGBK$ 中，$l/b = 0.5/0.5 = 1.0$，$z/b = 1.0/0.5 = 2.0$，查表 2-1-2 可得附加应力系数为 0.084，则所求的应力为：

$$\sigma_{z,F} = 2 \times 0.136 \times 100 - 2 \times 0.084 \times 100 = 10.4\ (\text{kPa})$$

(5) $G$ 点下的附加应力 $\sigma_{z,G}$。

在矩形 $GADH$ 中，由 $l/b = 2.5/1.0 = 2.5$，$z/b = 1.0/1.0 = 1.0$，由内插法求得系数为 0.201 5；又在小矩形 $GBCH$ 中，$l/b = 1.0/0.5 = 2.0$，$z/b = 1.0/0.5 = 2.0$，查表得系数为 0.120，则所求的应力为：

$$\sigma_{z,G} = 0.2015 \times 100 - 0.120 \times 100 = 8.15\ (\text{kPa})$$

根据计算结果分析，按一定比例绘制附加应力变化图，可知土中附加应力扩散的特点是：不仅在受荷面积内可产生附加应力，在一定范围以外也将产生附加应力；在地基的同一深度处，附加应力从中点向周围减小。随深度的增加，附加应力逐渐减小。

**【案例 2-1-4】** 一矩形面积受三角形分布的荷载作用在地基表面，如图 2-1-19 所示，试计算在矩形面积内 $o$ 点下深度 $z = 3\text{m}$ 处 $M$ 点的竖向附加应力 $\sigma_z$ 值。

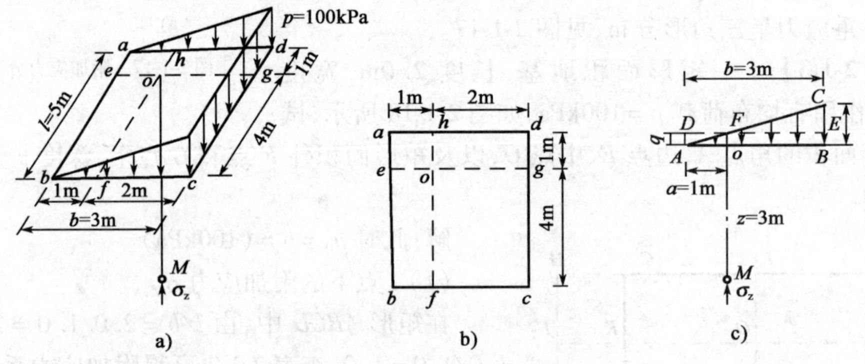


图 2-1-19 矩形面积受三角分布荷载示意图

**解题要领**：*求解本例题需要通过两次叠加法计算。第一次应用角点法，进行荷载作用面积的叠加；第二次是荷载分布图形的叠加。*

(1) 荷载作用面积叠加计算。

因为 $o$ 点把矩形面积划分为四块（$aeoh$、$ebfo$、$ofcg$、$hogd$），每块都有一个角点位于 $o$ 点处，假定其上作用着均布荷载 $q$，故可用角点法计算。其中矩形面积 $aeoh$、$ebfo$ 上作用的是三角形荷载，且计算点 $o$ 位于三角形荷载的最大值 $p_o$ 处；矩形面积 $ofcg$ 和 $hogd$ 上作用是梯形荷载，可将此梯形荷载看成是均布荷载与三角形荷载的叠加。由几何原理可知 $o$ 点处的荷载强度 $p_o = p/3$，用角点法计算 $M$ 点的竖向附加应力为：

$$\sigma_{z1} = p_o(\alpha_1 + \alpha_2 + \alpha_3 + \alpha_4)$$

式中，$\alpha_1$、$\alpha_2$、$\alpha_3$、$\alpha_4$ 为各块面积的附加应力系数，由表 2-1-2 查得的结果见表 2-1-7。

各块面积的附加应力系数值(一)　　表 2-1-7

| 编　号 | 荷载作用面积 | $l/b$ | $z/b$ | $\alpha_t$ | 编　号 | 荷载作用面积 | $l/b$ | $z/b$ | $\alpha_t$ |
|---|---|---|---|---|---|---|---|---|---|
| 1 | *aeoh* | 1 | 3 | 0.045 | 3 | *ofcg* | 2 | 1.5 | 0.156 |
| 2 | *ebfo* | 4 | 3 | 0.093 | 4 | *hogd* | 2 | 3 | 0.073 |

$M$ 点的竖向附加应力为:

$$\sigma_{z1} = 100/3 \times (0.045 + 0.093 + 0.156 + 0.073) = 12.2(\text{kPa})$$

(2)荷载分布图形叠加计算。

三角形分布荷载 $ABC$ = 均布荷载 $DABE$ - 三角形荷载 $AFD$ + 三角形荷载 $CFE$,所以可将此三部分荷载产生的竖向应力叠加计算。三角形分布荷载 $AFD$ 的最大值为 $q$,作用在矩形面积 $aeoh$ 及 $ebfo$ 上($o$ 点在荷载零点处)。因此,其对 $M$ 点引起的竖向附加应力 $\sigma_{z2}$ 是 $aeoh$ 及 $ebfo$ 两块矩形面积三角形分布荷载引起的竖向附加应力之和,即:

$$\sigma_{z2} = q(\alpha_{t1} + \alpha_{t2})$$

式中:$\alpha_{t1}$、$\alpha_{t2}$——两块面积的附加应力系数,由表 2-1-3 查得的结果见表 2-1-8。

各块面积的附加应力系数(二)　　表 2-1-8

| 编　号 | 荷载作用面积 | $l/b$ | $z/b$ | $\alpha_t$ | 编　号 | 荷载作用面积 | $l/b$ | $z/b$ | $\alpha_t$ |
|---|---|---|---|---|---|---|---|---|---|
| 1 | *aeoh* | 1 | 3 | 0.021 4 | 3 | *ofcg* | 2 | 1.5 | 0.068 2 |
| 2 | *ebfo* | 4 | 3 | 0.044 9 | 4 | *hogd* | 0.5 | 1.5 | 0.031 3 |

故三角形分布荷载 $AFD$ 对 $M$ 点引起的竖向附加应力为:$\sigma_{z2} = 100/3 \times (0.021\,4 + 0.044\,9) = 2.21(\text{kPa})$。同理,三角形荷载 $CFE$ 的最大值为 $q$,作用在矩形面积 $ofcg$ 及 $hogd$ 上($o$ 点在荷载零点处)。因此它对 $M$ 点引起的竖向附加应力 $\sigma_{z3}$ 是 $ofcg$ 及 $hogd$ 两块矩形面积三角形分布荷载引起的竖向附加应力之和,即:

$$\sigma_{z3} = (p - q) \times (\alpha_{t3} + \alpha_{t4}) = (100 - 100/3) \times (0.068\,2 + 0.031\,3) = 6.63(\text{kPa})$$

故三角形分布荷载 $ABC$ 对 $M$ 点产生的竖向附加应力为:

$$\sigma_z = \sigma_{z1} - \sigma_{z2} + \sigma_{z3} = 12.2 - 2.21 + 6.63 \approx 16.6(\text{kPa})$$

# 任务二　计算某建筑地基的沉降总量

## 学习目标

1. 叙述土的固结与压缩的概念;
2. 知道土的压缩指标的测定方法;
3. 熟悉分层总和法计算地基沉降总量的步骤;
4. 完成某建筑地基土压缩指标的测试,并计算该建筑的沉降总量。

## 任务描述

在任务二中,主要通过学习土的固结理论和压缩指标测试方法,以及分层总和法计算地基沉降总量的步骤等基本知识,来完成某建筑地基沉降总量计算的工作任务。

## 学习引导

本任务沿着以下脉络进行学习:

1. 任务布置(介绍完成任务的意义,以及所需的知识和技能);

2. 课堂教学(学习土的固结理论和压缩指标的测定方法,以及分层总和法计算地基沉降总量的步骤);

3. 分组讨论(分组完成讨论题目);

4. 完成某建筑地基土压缩指标的测试,并计算该建筑的沉降总量;

5. 课后思考与总结(完成实战演练的内容)。

## 学习相关知识

### 一、土的固结作用

土的固结作用是指土体在自重或外荷载作用下,土中气体和水分不断排出,体积逐渐减小的过程。即土的固结是一个土体压缩随时间增长的过程。

土体在产生压缩时,土粒的体积压缩很小,可以忽略不计,土体积的减小实际上是土中空隙的减小,而土体的横截面积在压缩前后基本没有变化。对于沉积久远的土,自重应力的压缩已经稳定,只有附加应力才能导致地基土体变形。

土的固结作用速度的快慢主要取决于土的渗透性的大小。透水性大的无黏性土,其压缩过程在很短的时间内就可完成,而透水性很小的黏性土,其压缩过程需要很长时间才能完成。一般认为,砂土的压缩在施工期间即告完成;高压缩性黏性土的压缩,在施工期间只完成最后沉降量的5% ~20%;低压缩性的黏土的固结需要很长时间。土固结的速率是可以计算出来的,此处对于这方面问题不作阐述。

研究土的压缩固结,对于在建筑物设计时预留它们的有关部分之间的净空、考虑连接方法及施工顺序等,都是十分重要的。

### 二、室内压缩试验

1. 试验原理与装置

压缩试验装置见图 2-2-1,在没有侧胀的条件下,对土样进行分级、连续施加垂直压力,记录不同压力下土样高度的变量,并换算成土样孔隙比的变量,绘成压力与孔隙比的对应关系曲线,见图 2-2-2。

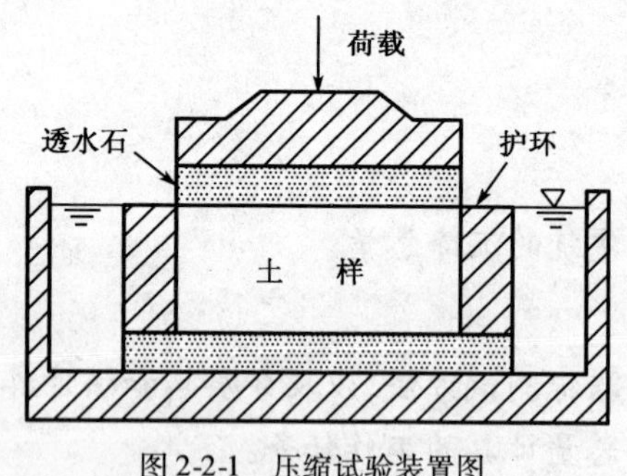


图 2-2-1 压缩试验装置图

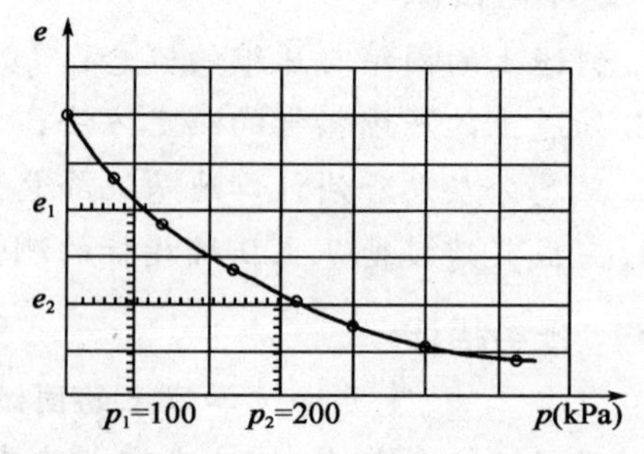


图 2-2-2 土的压缩曲线

2. 变形量换算为孔隙比

设 $h_0$ 为土样初始高度,土样受压后的高度为 $h$。在压力 $p$ 作用下,土样压缩稳定后的压缩

量为 $S$，则压缩后试样的高度为：$h = h_0 - S$，如图 2-2-3 所示。

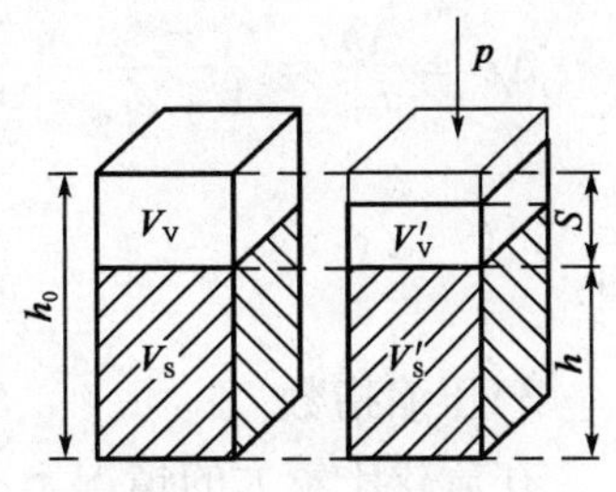

图 2-2-3　侧限压缩过程示意图

根据土的孔隙比的定义，土样的初始孔隙比为：

$$e_0 = \frac{V_v}{V_s} = \frac{V - V_s}{V_s} = \frac{V}{V_s} - 1 \qquad (2\text{-}2\text{-}1)$$

设土样的横截面积为 $A$，于是有：

$$V = h_0 A$$

把它带入式(2-2-1)得：

$$V_s = \frac{h_0 A}{1 + e_0}$$

用某级压力 $p$ 作用下的孔隙比 $e$ 和稳定压缩量 $S$ 来表示土粒体积：

$$V'_s = \frac{hA}{1 + e} = \frac{(h_0 - S)A}{1 + e}$$

由于土样受压前后土粒体积和横断面面积不变，即：

$$V_s = V'_s$$

则有：

$$\frac{h}{l + e_0} = \frac{h_0 - S}{l + e}$$

解得变形量换算为孔隙比的公式为：

$$e = e_0 - \frac{S}{h_0}(1 + e_0) \qquad (2\text{-}2\text{-}2)$$

在压缩试验中，测出土样在各级压力 $p$ 作用下的稳定压缩量 $S$ 后，即可算出各级压力作用下压缩稳定后的孔隙比 $e$，并绘出压力和孔隙比关系曲线，即压缩曲线（图 2-2-2）。

3. 压缩性指标

1）压缩系数 $a$

土的压缩指数可用图 2-2-4 中割线 $M_1M_2$ 的斜率来表示，即：

$$a = \tan\beta = 1\,000 \times \frac{e_1 - e_2}{p_2 - p_1} \quad (\text{MPa}^{-1}) \qquad (2\text{-}2\text{-}3)$$

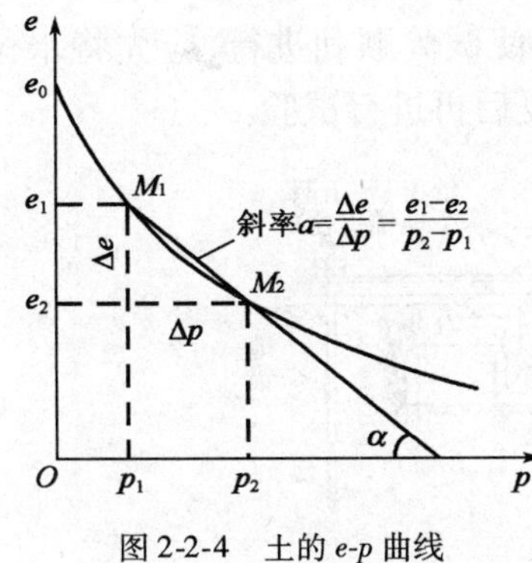

图 2-2-4　土的 $e$-$p$ 曲线

土的压缩系数并不是一个常数，而是随压力 $p_1$ 和 $p_2$ 数值的改变而改变。在评价土体的压缩性时，一般取 $p_1 = 100\text{kPa}$，$p_2 = 200\text{kPa}$，并将相应的压缩系数记作 $a_{1\text{-}2}$，称为标准压缩系数。$a_{1\text{-}2}$ 数值越大，土的压缩性越高。按 $a_{1\text{-}2}$ 的大小可将土体的压缩性分为以下三类：

（1）$a_{1\text{-}2} \geqslant 0.5\text{MPa}^{-1}$，为高压缩性；

（2）$0.5\text{MPa}^{-1} > a_{1\text{-}2} \geqslant 0.1\text{MPa}^{-1}$，为中压缩性；

（3）$a_{1\text{-}2} < 0.1\text{MP}a^{-1}$ 时，为低压缩性。

2）压缩模量

压缩模量的定义是：土在完全侧限条件下竖向应力与竖向应变之比。即：

$$E_s = \frac{\Delta p}{\Delta \varepsilon} \qquad (2\text{-}2\text{-}4)$$

压缩模量与压缩系数的关系见下式推导：

$$\Delta\varepsilon = \frac{\Delta h}{h_1} = \frac{e_1 - e_2}{1 + e_1} \qquad E_s = \frac{\Delta p}{\Delta\varepsilon} = \frac{p_2 - p_1}{\dfrac{e_1 - e_2}{1 + e_1}} = \frac{1 + e_1}{\dfrac{e_1 - e}{p_2 - p_1}} = \frac{1 + e_1}{a}$$

即：

$$E_s = \frac{1 + e_1}{a} \tag{2-2-5}$$

3）压缩指数

在荷载比较大的情况下孔隙比变化越来越小，$e$-$p$ 曲线的后半部分趋于直线，此时压缩系数 $a$ 不能很好地表示土的压缩性质。为了表示在高荷载作用下，土的压缩性质，可将 $e$-$p$ 曲线转换成 $e$-$\lg p$ 曲线，在压力较大时（1 500 ~ 3 200kPa）曲线的后端呈直线状，其斜率即为压缩指数 $C_c$，见图 2-2-5。

$$C_c = \frac{e_1 - e_2}{\lg p_2 - \lg p_1} \tag{2-2-6}$$

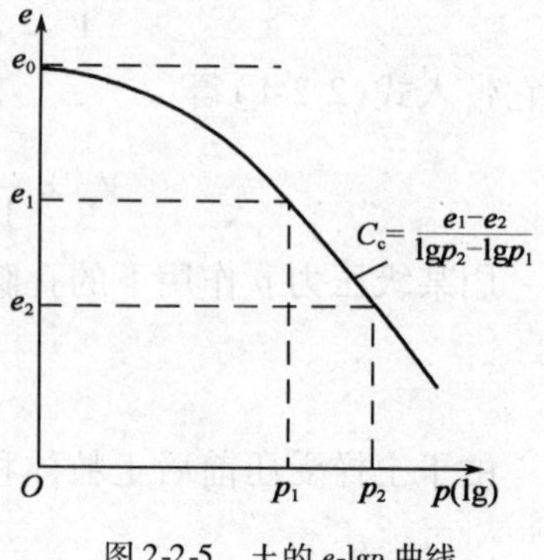


图 2-2-5　土的 $e$-$\lg p$ 曲线

压缩指数是用来表示在高荷载作用下，土的压缩性质。$C_c < 0.2$ 为低压缩性土，$C_c > 0.4$ 为高压缩性土。

## 三、现场荷载试验

对于土的压缩性测试，除了可用室内压缩试验测定的压缩系数、压缩指数或压缩模量来表示外，还可以通过现场原位测试确定的变形模量来表示。由于是在现场原位测得的，所以它与室内试验相比能较准确地反映土在天然状态下的压缩性。下面介绍工程上广泛应用的荷载试验来确定土的压缩性质的方法。

### 1. 试验的装置与过程

荷载试验的装置见图 2-2-6。试验的过程为：进行试验前，先在现场挖掘一试坑，试坑宽度不应小于承压板（荷载板）宽度或直径的 3 倍。承压板的底面积宜为 0.25 ~ 0.50m²。在承压板与土层接触处，宜铺设厚度不超过 20mm 的粗砂或中砂层，以利于承压板的水平放置，并与土层均匀接触。对软塑、流塑状态的黏性土或饱和的松散砂土，承压板周围应铺设 200 ~ 300mm 厚的原土作为保护层。当试坑底部低于地下水位时，为使试验顺利进行，应先将水位降至试坑底部以下，并在坑底铺设 50 mm厚的砂垫层，待水位恢复后再进行试验。

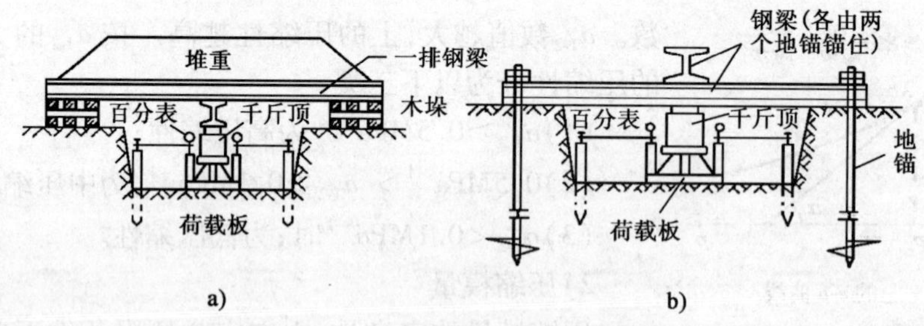


图 2-2-6　现场荷载试验装置示意图

a）堆重—千斤顶式；b）地锚—千斤顶式

采用油压千斤顶加载，荷载架一般由加荷稳压装置、反力装置及观测装置三部分组成。试验的加荷标准应符合下列要求：加荷等级不应少于 8 级，最大加载量不应少于设计荷载的两倍。第一级荷载（包括设备重力），宜接近开挖试坑所卸除土的自重（其相应的沉降量不计），其后每级荷载的增量，对较松软的土采用10～25kPa，对较坚硬的土则用50kPa。每级荷载加载后，按间隔10min、10min、10min、15min、15min，以后每隔半小时读一次沉降量，当连续5h内，每小时的沉降量小于0.1 mm时，则认为已趋稳定，可加下一级荷载。当出现下列情况之一时候，即可停止加载：

(1)荷载板周围的土有明显的侧向挤出。

(2)荷载$p$增加很小，沉降量$S$却急剧增大。

(3)在荷载不变的情况下，24h内，沉降速率不能达到稳定标准。

(4)总沉降量$S \geqslant 0.06b$($b$为荷载板的宽度或直径)。

2. 变形模量

根据荷载试验的记录，可以绘制荷载板底面应力与沉降量的关系曲线，即$p$-$S$曲线，如图2-2-7所示。从图中可以看出，荷载板的沉降量随压力的增加而增加；当压力小于$p_{cr}$时，沉降量和应力呈线性关系，$a$点以后呈曲线，地基土中产生塑性区，$a$点对应的荷载称为临塑荷载，土的变形模量$E_0$的计算公式为：

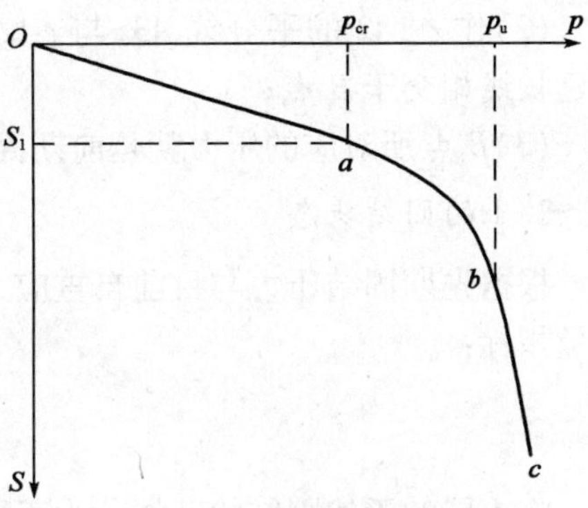

图2-2-7 荷载试验曲线

$$E_0 = \omega(1-\mu^2)\frac{p_{cr}b}{S_1}\times 10^{-3} \tag{2-2-7}$$

式中：$\omega$——沉降量系数，方形荷载板为0.88，圆形荷载板为0.79；

$\mu$——土的泊松比；

$p_{cr}$——$p$-$S$曲线$a$点所对应的荷载(kPa)，为临塑荷载；

$S_1$——临塑荷载所对应的沉降量(mm)；

$b$——荷载板的宽度或直径(mm)。

变形模量$E_0$表示土体在无侧限条件下应力与应变之比，它相当于理想弹性体的弹性模量，其大小反映了土体抵抗弹塑性变形的能力。

荷载试验的应用范围很广，还可用于地基承载力的确定。

3. 变形模量与压缩模量的关系

土的变形模量$E_0$是土体在无侧限条件下应力与应变的比值，它与土的压缩模量$E_s$不同，两者的换算公式为：

$$\begin{cases} E_0 = E_s\left(1-\dfrac{2\mu^2}{1-\mu}\right) = \beta E_s \\ \beta = 1-\dfrac{2\mu^2}{1-\mu} \end{cases} \tag{2-2-8}$$

式中：$\mu$——土的泊松比(表2-1-1)。

## 四、土的应力历史

土层的应力历史是指土层从形成至今所受应力的变化情况。应力历史对土体的强度和压缩性的影响非常大，地基处理中的堆载预压法也是基于这一概念提出的，所以在实际工程中进行稳定性验算和变形计算时，一定要充分考虑应力历史上的先期固结压力。

1. 先期固结压力

先期固结压力是指土层在历史上所承受过的最大固结压力 $p_c$。可以通过 $e$-lg$p$ 曲线，利用卡萨格兰德建议的经验作图法来确定，见图 2-2-8，作图的方法为：

(1)从 $e$-lg$p$ 曲线上找出曲率半径最小的一点 $A$，过 $A$ 点作水平线 $A1$ 和切线 $A2$；

(2)作 $\angle 1A2$ 的平分线 $A3$，与 $e$-lg$p$ 曲线中直线段的延长线相交于 $B$ 点；

(3)$B$ 点所对应的压力就是前期固结压力 $p_c$。

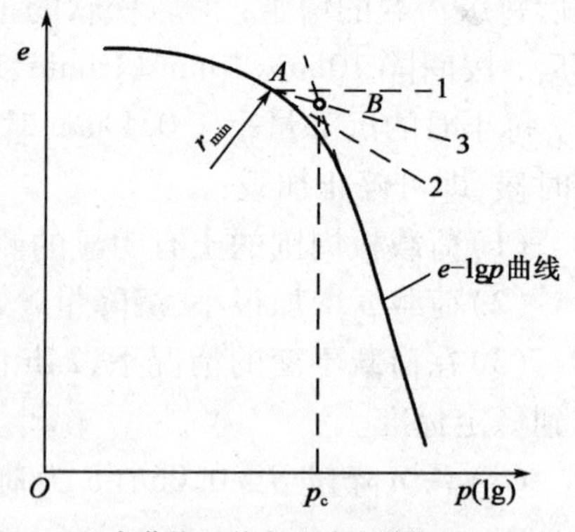

图 2-2-8　卡萨格兰德方法确定前期固结压力 $p_c$

2. 土的固结状态

根据先期固结压力与目前自重应力的相对关系，用固结比 OCR 作为反映土层固结状态的定量指标：

$$\mathrm{OCR} = \frac{p_c}{\sigma_{cz}} \tag{2-2-9}$$

将土层的天然固结状态划分为三种，即正常固结、超固结和欠固结。

(1)正常固结土：$p_c = \sigma_{cz}$，即 OCR = 1.0。

(2)超固结土：$p_c > \sigma_{cz}$，即 OCR > 1.0。

(3)欠固结土：$p_c < \sigma_{cz}$，即 OCR < 1.0。

3. 饱和土的有效应力原理

作用于饱和土体内某截面上的总应力 $\sigma$ 由两部分组成：一部分是孔隙水压力 $u$，为土中的水所承担；另一部分是有效应力 $\sigma'$，为土中土颗粒所承担。其关系可表达为：

$$\sigma = \sigma' + u \tag{2-2-10}$$

可将式(2-2-10)称为有效应力原理，其意义为：

(1)饱和土体内任一平面上受到的总应力等与有效应力与孔隙水压力之和；

(2)土的强度的变化和变形只取决于土中有效应力的变化。

饱和土的有效应力原理的意义在于，它揭示了饱和土的变形和破坏是由有效应力来控制的，而不是由总应力来控制的。目前对非饱和土的有效应力的作用原理还没有完全弄清楚。

## 五、分层总和法计算地基沉降量

在工程建筑上部荷载作用下，地基土会发生压缩变形，也就是地基土的沉降。正常情况下，随着时间的推移沉降会趋于稳定，如果工程完工后经过相当长的时间沉降仍未稳定，则会影响建筑物的正常使用，特别是有较大的不均匀沉降时，将会影响其安全使用。因此，在设计建筑物时必须预先计算其可能发生的沉降量，如沉降或不均匀沉降超出允许范围则要采取相应的措施，以保证建筑物的正常与安全使用。计算地基沉降量的方法有多种，如弹性理论法、分层总和法及规范法等，下面主要介绍分层总和法计算地基沉降量。

1. 计算的假定

(1)地基土受荷后不能发生侧向变形。

(2)按基础底面中心点下的附加应力计算土层各层的压缩量。

(3)基础最终沉降量等于基础底面以下压缩层范围内各土层分层压缩量的总和。

2. 计算步骤

(1)按比例尺绘出地基剖面图和基础剖面图,如图2-2-9所示。

(2)将压缩层范围内的各土层划分成厚度为$h_i \leq 0.4b$($b$为基础宽度)的土层,并且土的自然分层界面一定要划分出来。

(3)计算每个土层顶点和底点的自重应力和附加应力,将其平均值作为这一土层的平均自重应力和附加应力,并绘出应力分布图。

(4)计算各分层的压缩量。

(5)算出基础总沉降量。

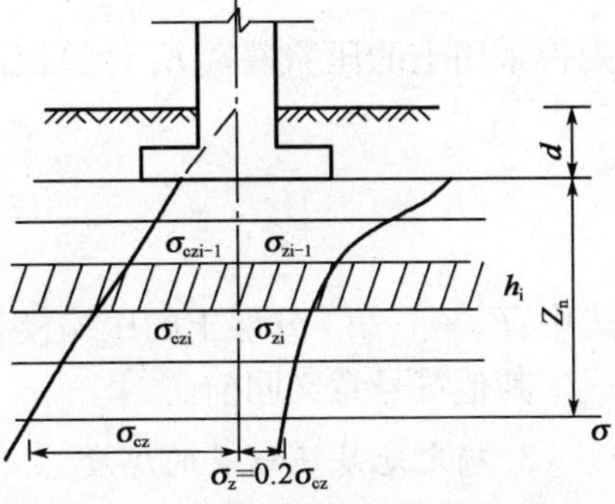

图2-2-9 分层总和法沉降计算剖面图

如图2-2-9所示,现将基础底面下压缩层范围内的土层划分为若干分层,现分析第$i$分层的压缩量的计算方法。在建筑物建造以前,第$i$分层仅受到土的自重应力作用,在建筑物建造以后,该分层除受自重应力外,还受到建筑物荷载所产生的附加应力的作用。如前所述,一般情况下,由土的自重应力产生的变形过程早已完结,而只有附加应力(新增加的)才会使土层产生新的变形,从而导致基础沉降。由于假定土层受荷载作用后不产生侧向变形,所以它的受力状态与压缩试验时的土样一样,故第$i$层的压缩量可按下式计算:

$$S_i = \Delta\varepsilon h_i$$

将$\Delta\varepsilon = \dfrac{\Delta h}{h_1} = \dfrac{e_1 - e_2}{1 + e_1}$代入上式,得:

$$S_i = \left(\frac{e_{1i} - e_{2i}}{1 + e_{1i}}\right)h_i \tag{2-2-11}$$

则基础总沉降量为:

$$S = \sum_{i=1}^{n} S_i = \sum\left(\frac{e_{1i} - e_{2i}}{1 + e_{1i}}\right)h_i \tag{2-2-12}$$

式中:$S$——基础最终沉降量;

$e_{1i}$——第$i$分层在建筑物建造前,在土的平均自重应力作用下的孔隙比;

$e_{2i}$——第$i$分层在建筑物建造后,在平均自重应力和平均附加应力作用下的孔隙比;

$h_i$——第$i$分层的厚度,为了保证计算的精确性,一般取$h_i \leq 0.4b$($b$为基础宽度);

$n$——压缩层范围内土层分层数目。

式(2-2-11)、式(2-2-12)是分层总和法的基本公式,它适用于采用压缩曲线计算。

若在计算中采用土的压缩模量$E_s$作为计算指标,从压缩系数的计算公式可知:

$$e_1 - e_2 = \alpha(p_2 - p_1)$$

并由图2-2-9可见,第$i$分层内相应于上式中的应力为:

$$p_1 = \frac{1}{2}(\sigma_{czi} + \sigma_{czi-1})$$

$$p_2 = \frac{1}{2}(\sigma_{czi} + \sigma_{czi-1}) + \frac{1}{2}(\sigma_{zi} + \sigma_{zi-1})$$

于是,第$i$层土的孔隙比的变化为:

$$e_{1i} - e_{2i} = \alpha_i \left( \frac{\sigma_{zi} + \sigma_{zi-1}}{2} \right)$$

采用土的压缩模量 $E_s$ 计算沉降量的公式为：

$$E_{si} = \frac{1 + e_{1i}}{\alpha_i}$$

则得采用土的压缩模量 $E_s$ 计算沉降量的公式为：

$$S = \sum_{i=1}^{n} \frac{1}{E_{si}} \left( \frac{\sigma_{zi} + \sigma_{zi-1}}{2} \right) h_i \qquad (2\text{-}2\text{-}13)$$

式中：$E_{si}$——第 $i$ 分层土的压缩模量；

其他符号意义同前。

3. 确定地基压缩层的厚度

地基土层产生的压缩变形是由附加应力引起的，地基土内的附加应力随深度的增加而减小。在基础底面以下某一深度的土层压缩变形很小，可以忽略不计，故将这个深度范围内的土层称为压缩层即地基沉降计算的范围，确定压缩层厚度的方法为：

(1) 当无相邻荷载影响，基础宽度 $b$ 在 1 ~ 50m 范围内时，基础中点的地基沉降计算深度可按下列简化公式计算：

$$|\sigma_z - 0.2\sigma_{cz}| \leqslant 5 \qquad (2\text{-}2\text{-}14)$$

如下层有较软土层时，还应继续向下计算。当计算深度范围内存在基岩时，此值可取至基岩表面。

(2) 当有相邻基础影响时，地基沉降计算深度应满足下式要求：

$$\Delta S'_n \leqslant 0.025 \sum_{i=1}^{n} \Delta S'_i \qquad (2\text{-}2\text{-}15)$$

式中：$\Delta S'_n$——深度 $z_n$ 处，向上取计算厚度 $\Delta z$ 的沉降计算变形值；

$\Delta S'_i$——深度 $z_n$ 范围内，第 $i$ 层土的沉降计算变形值。

## 完成工作任务

1. 任务

(1) 通过室内压缩试验测定地基土样的压缩曲线，计算压缩指标。

(2) 利用分层总和法计算该建筑地基土的沉降总量。

2. 基本资料

现已知建筑的上部荷载、基础埋深、回填土重度、地基剖面（图 2-2-10），以及地下水位等资料，并已经通过钻孔勘探取得地基的原状土样。

3. 要求

(1) 以小组为单位进行地基土压缩曲线和压缩指标的测定。

(2) 组内成员分别计算地基土的沉降量。

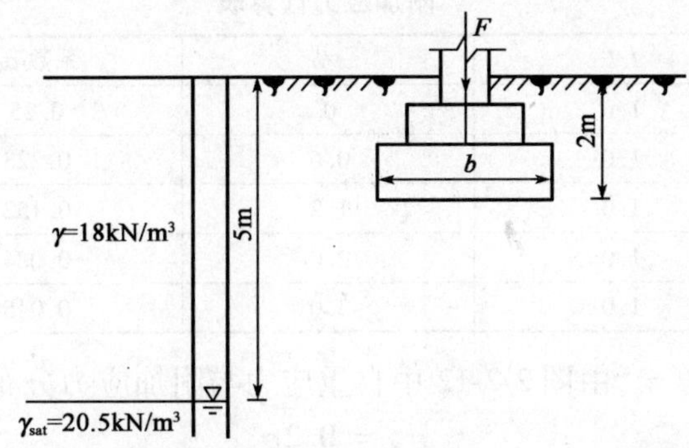


图 2-2-10　某建筑地基剖面图

注：上部荷载 $F = 700\text{kN}$，回填土的重度为 $19\text{kN/m}^3$。

4. 案例分析

**【案例 2-2-1】**　某基础底面为正方形，$l = b = 4.0\text{m}$，上部结构传至基础底面荷载 $N = 1\,440\text{kN}$。基础埋深 $d = 1.0\text{m}$。地基为粉质黏土，土的天然重度 $\gamma = 16.0\text{kN/m}^3$。回填土的重度为 20 $\text{kN/m}^3$，地下水位深度 3.4m，水下饱和重度 $\gamma_{sat} = 18.2\text{kN/m}^3$。土的压缩试验结果 e-p 曲线如图 2-2-11 所示，试计算基础的沉降量。

**解：**(1)绘制基础与地基剖面图如图 2-2-12 所示。

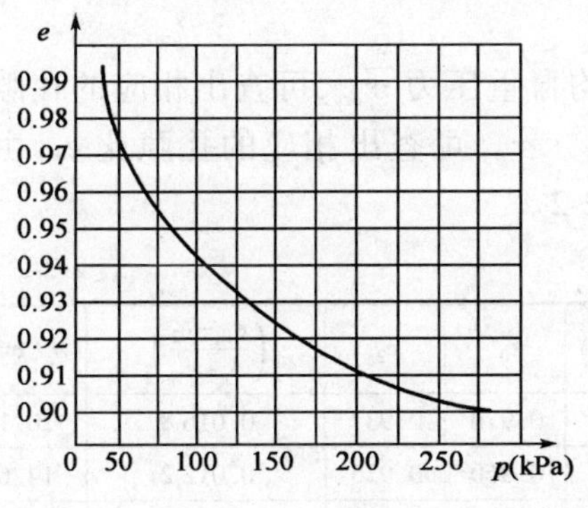


图 2-2-11　压缩曲线

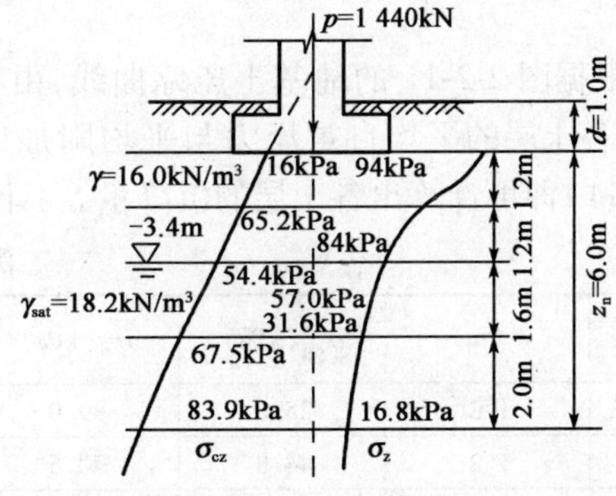


图 2-2-12　地基应力分布图

(2)计算地基土的自重应力。基础底面处为：

$$\sigma_{cz1} = \gamma d = 16 \times 1 = 16\ (\text{kPa})$$

地下水面处为：

$$\sigma_{cz2} = 3.4 \times \gamma = 3.4 \times 16 = 54.4\ (\text{kPa})$$

(3)基础底面接触压力(基础及其回填土的重度为 $20\text{kN/m}^3$)：

$$p = \frac{N + G}{F} = \frac{1\,440 + 20 \times 4 \times 4 \times 1}{4 \times 4} = 110.0\ (\text{kPa})$$

(4)基础底面附加压力为：

$$p_0 = p - \gamma d = 110 - 16 \times 1 = 94.0\ (\text{kPa})$$

(5)地基中的附加应力，计算结果见表 2-2-1。

附加应力计算表 表 2-2-1

| 深度 $z$(m) | $l/b$ | $z/b$ | 系数 $\alpha_0$ | $\sigma_z=4\alpha_0 p_0$(kPa) |
|---|---|---|---|---|
| 0 | 1.0 | 0 | 0.25 | 94.0 |
| 1.2 | 1.0 | 0.6 | 0.223 | 84.0 |
| 2.4 | 1.0 | 1.2 | 0.152 | 57.0 |
| 4.0 | 1.0 | 2.0 | 0.084 | 31.6 |
| 6.0 | 1.0 | 3.0 | 0.045 | 16.8 |

(6)地基压缩层深度 $z_n$,由图 2-2-12 中自重应力与附加应力分布的两条曲线,按原则有:

$$\sigma_z = 0.2\sigma_{cz}$$

当深度 $z=6.0$m 时:

$$\sigma_z = 16.8\text{kPa} \approx 0.2\sigma_{cz} = 0.2\times 83.9(\text{kPa})$$

故受压层深度取 6m。

(7)地基沉降计算分层,按一般要求:

$$h_i \leqslant 0.4b = 0.4\times 4 = 1.6(\text{m})$$

地下水位以上 2.4m 分两层,每层 1.2m;第三层 1.6m;第四层因附加应力较小,可取 2.0m。

(8)地基沉降计算公式为:

$$S_i = \left(\frac{e_1 - e_2}{1+e_1}\right)_i h_i$$

根据图 2-2-11 的地基土压缩曲线,由各土层的平均自重压力 $\overline{\sigma}_{czi}$,可查出相应的孔隙比 $e_1$;由各土层的平均自重压力与平均附加应力之和 $\overline{\sigma}_{czi}+\overline{\sigma}_{zi}$,可查出相应的孔隙比 $e_2$,由式(2-2-11)即可计算出各土层的沉降量 $S_i$,计算结果见 2-2-2。

沉降计算表 表 2-2-2

| $i$ | $h_i$(m) | $\overline{\sigma}_{czi}$(kPa) | $\overline{\sigma}_{zi}$(kPa) | $\overline{\sigma}_{czi}+\overline{\sigma}_{zi}$(kPa) | $e_1$ | $e_2$ | $\left(\frac{e_1-e_2}{1+e_1}\right)_i$ | $S_i$(mm) |
|---|---|---|---|---|---|---|---|---|
| 1 | 1.2 | 25.6 | 89.0 | 114.6 | 0.970 | 0.937 | 0.016 8 | 20.16 |
| 2 | 1.2 | 44.8 | 70.5 | 115.3 | 0.960 | 0.936 | 0.012 2 | 14.64 |
| 3 | 1.6 | 61.0 | 44.3 | 105.3 | 0.954 | 0.940 | 0.007 16 | 11.46 |
| 4 | 2.0 | 75.7 | 24.2 | 99.9 | 0.948 | 0.941 | 0.003 59 | 7.18 |

(9)计算出基础总沉降量为:

$$S = \sum_{i=1}^{n} S_i = 20.16+14.64+11.46+7.18 = 53.44(\text{mm})$$

5. 相关试验

(1)室内固结试验。

(2)现场荷载试验。

6. 分组讨论

(1)什么是土的自重应力与附加应力?土的自重应力沿深度有何变化?当计算土的自重应力时,在地下水位上、下是否相同?为什么?

(2)怎样计算中心荷载与偏心荷载作用下的基底压力?

(3)基底总压力与基底附加压力有何区别?

(4)在基底总压力不变的前提下,增大基础埋深对土中应力分布有何影响?

(5)地下水位的升降对土中应力分布有何影响?

(6)附加应力在地基中的传播有何规律?附加应力计算时,有哪些假设条件?

(7)工程中所采用的土的压缩性指标有哪些?这些指标如何确定?各指标之间有什么关系?

(8)土体的变形有何特性?其变形量的大小与变形速率受哪些因素影响?

(9)简述现场荷载试验的方法和确定变形模量的方法

7. 实战演练

(1)现有一矩形面积的地基,底面尺寸为 2.0m × 1.0m,其上作用均布荷载 $p = 100\text{kPa}$,如图 2-2-13 所示。试计算矩形面积的角点 $A$、边点 $E$、中心点 $O$,以及矩形面积外 $F$ 点和 $G$ 点下,深度 $z = 1.0\text{m}$ 处的附加应力,并利用计算的结果说明附加应力的扩散规律。

(2)如图 2-2-14 所示,试求建筑物基础 $C$ 点下 15 m 处的竖向附加应力。已知基础的基底压力为 $130\text{kN/m}^2$,试计算 $D$、$B$、$A$ 三点 10m 处的竖向附加应力。

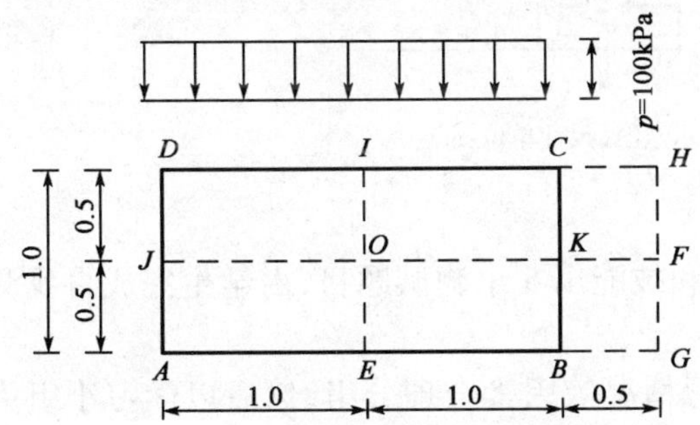


图 2-2-13 矩形地基示意图(尺寸单位:m)

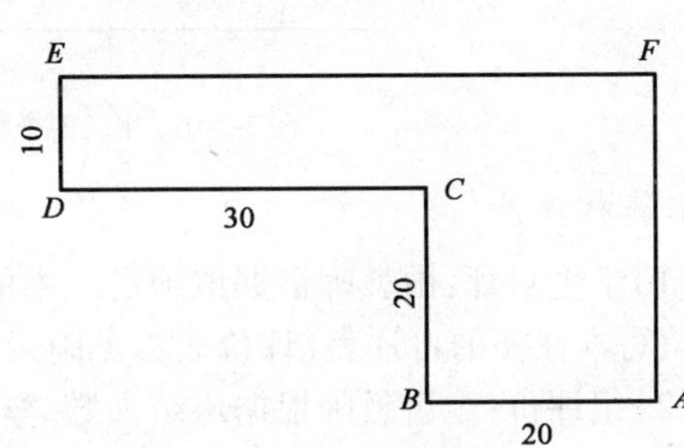


图 2-2-14 某建筑物基础(尺寸单位:m)

(3)某矩形基础的尺寸和荷载分布如图 2-2-15 所示,请分别计算 $A$、$B$、$C$ 三点 3m 处的竖向附加应力。

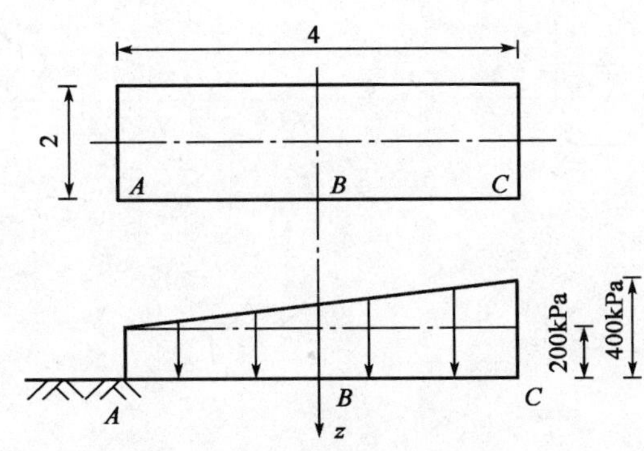


图 2-2-15 某矩形基础示意图(尺寸单位:m)

(4)请分别计算甲、乙两个相邻基础中点下不同深度处的 $\sigma_z$ 值(图 2-2-16),根据计算结果绘制出附加应力的分布图形,分析相邻基础间的相互影响。基础埋深范围内土层的天然重度为 $18\text{kN/m}^3$。

(5)已知一矩形基础底面尺寸为 5.6m × 4.0m,基础埋深 $d = 2.0\text{m}$。上部结构总荷重 $p =$ 6 600kN,基础及其上填土平均重度 $\gamma_0 = 20\text{kN/m}^3$。地基土表层为人工填土,$\gamma_1 = 17.5\text{kN/m}^3$,

厚度6.0m；第二层为黏土，$\gamma_2=16.0\text{kN/m}^3$，$e_1=1.0$，$a=0.6\text{MPa}^{-1}$，厚度1.6m；试求黏土层的沉降量。

(6)某柱基底面尺寸为4.0m×4.0m，基础埋深$d=1.0\text{m}$。上部结构传至基础顶面中心荷载$N=1\,440\text{kN}$。地基为粉质黏土，土的天然重度$\gamma=16.0\text{kN/m}^3$，土的天然孔隙比$e=0.97$。地下水位深3.4m，地下水位以下土的饱和重度$\gamma_{sat}=18.2\text{kN/m}^3$。土的压缩系数：地下水位以上为$a_1=0.30\text{MPa}^{-1}$，地下水为以下为$a_2=0.25\text{MPa}^{-1}$。试计算柱基中点的沉降量。

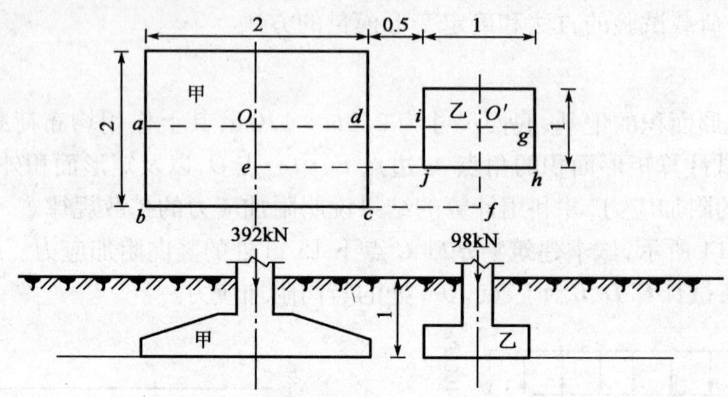


图2-2-16 甲乙两个相邻基础示意图（尺寸单位：m）

8.考核评价

(1)学生自评：由教师根据该项目二中的知识和技能出5个测试题目，由学生完成自我测试并填写本任务的自评表（评价表参见附录）。

(2)组评价：主讲教师根据班级人数、学生学习情况等因素合理分组，然后以学习小组为单位完成分组讨论题目，做答案演示，并完成小组测评表（评价表参见附录）。

(3)教师评价：由教师综合学生自评、小组评价以及任务完成情况对学生进行评价（评价表参见附录）。

# 项目三　地基土承载力的确定

**学习目标**

1. 叙述土体的强度定律和强度理论，掌握土体强度指标的测试方法；
2. 知道测定地基土强度指标的各种方法；
3. 熟悉确定地基土容许承载力的各种方法；
4. 完成用规范法确定地基土承载力，并用理论计算法进行验算的工作任务。

**任务描述**

在这一项目中，主要通过学习土体的强度定律和强度理论，测试地基土强度指标方法，确定地基承载力的基本方法等基本知识，来完成确定某建筑地基土容许承载力的工作任务。

**学习引导**

本任务沿着以下脉络进行学习：

1. 任务布置（介绍确定地基承载力需具备的知识和能力）；
2. 课堂教学（学习土体的强度理论、土体的强度指标测定方法、确定地基承载力的方法）；
3. 分组讨论（分组完成讨论题目并做答案演示）；
4. 利用室内直剪实验（三轴剪切试验）测试地基土的强度指标，并确定地基土的容许承载力；
5. 课后思考与总结（个人完成实战演练内容并提交学习体会）。

## 学习相关知识

### 一、土体抗剪强度

1. 抗剪强度的概念

土的抗剪强度是指土体对外荷载所产生的剪应力的极限抵抗能力。

土颗粒本身的强度远大于粒间的联结强度，因此剪切破坏是土的强度破坏的重要形式。土的抗剪强度是指土体抵抗剪切破坏的极限能力。在外荷载作用下，建筑物地基或土工构筑物内部将产生剪应力和剪切变形，同时也将使土体抵抗剪应力的潜在能力——剪阻力，随着剪应力的增加而逐渐发挥。当剪阻力被完全发挥时，剪应力也就达到了极限值，此时土就处于剪切破坏的极限状态。因此，剪阻力被完全发挥时的剪应力极限值，就是土的抗剪强度。

如果土体内某一局部范围的剪应力达到了土的抗剪强度，则该局部范围的土体将出现剪切破坏，但此时整个建筑物的地基或土工构筑物并不会因此而丧失稳定性；随着荷载的增加，土体的剪切变形将不断地增大，致使剪切破坏的范围逐渐扩大，并由局部范围的剪切发展到连续剪切，最终在土体中形成连续的滑动面，从而导致整个建筑物地基或土工构筑物因发生整体剪切破坏而丧失稳定性。

土的抗剪强度数值等于土体产生剪切破坏时滑动面上的剪应力。土的抗剪强度，首先取决于其自身的性质，即土的物质组成、结构和土所处的状态等。土的性质又与它所形成的环境和应力历史等因素有关。其次，土的性质还取决于土体当前所受的应力状态。

2. 土的强度定律

1773 年法国工程师库仑(Coulomb)采用直剪试验得到土的抗剪强度$\tau_f$ 与法向应力 $\sigma$ 之间的关系，即土的强度定律，也称库仑定律。

在试验中采用至少 4 个相同的土样，分别对这些土样施加不同的法向应力，并使之产生剪切破坏，就可以得到 4 组数值不同的$\tau_f$ 和 $\sigma$。然后，以抗剪强度$\tau_f$ 作为纵坐标轴，以剪切面上的正应力 $\sigma$ 作为横坐标轴，就可绘制出土的抗剪强度$\tau_f$ 和法向应力 $\sigma$ 的关系方程(图 3-1)即土的强度定律：

$$\tau_f = \sigma\tan\varphi + c \tag{3-1}$$

式中：$\tau_f$——土的抗剪强度(kPa)；

$\sigma$——法向应力(kPa)；

$\varphi$——土的内摩擦角(°)；

$c$——土的黏聚力(kPa)。

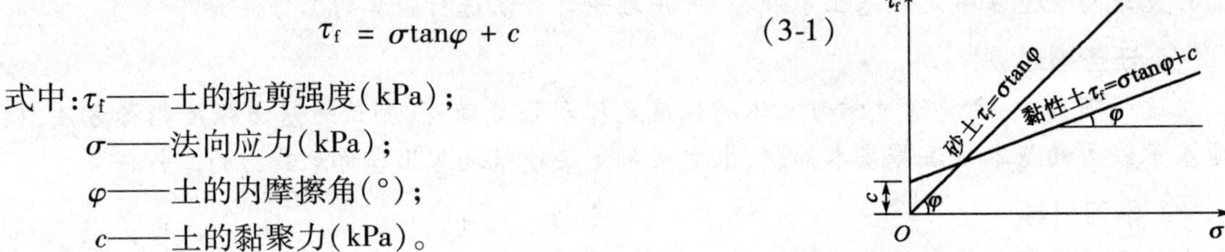


图 3-1　土的强度线及强度方程

3. 土的强度指标

土的强度线方程中的 $c$、$\varphi$ 称为土的抗剪强度指标。$c$ 称为土的黏聚力，是由土颗粒间的联结所形成的；$\varphi$ 称为土的内摩擦角，是由土颗粒间的摩擦咬合所形成的。

图 3-1 中砂土的黏聚力为零，但砂土的内摩擦角较大，所以砂土是有较大抗剪强度的。

**想一想**：对于饱和黏土来说，由于结合水的水化膜较厚，所以土颗粒间的摩擦趋近于 0，那么饱和黏土的直剪试验的强度线是什么形态呢？

4. 土的极限平衡理论

1910 年莫尔(Mohr)提出以下结论：

(1)材料的破坏是剪切破坏，任何面上的抗剪强度是作用于该面上的法向应力的函数，即：

$$\tau_f = f(\sigma)$$

(2)当材料中任何一个剪切破坏面上的剪应力等于材料的抗剪强度$\tau_f$ 时，该点便被剪切破坏。材料中一点的应力状态可用三个主应力 $\sigma_1$、$\sigma_2$、$\sigma_3$ 来表示，根据这三个主应力绘出莫尔应力圆，则代表该点任何面上的应力状态$(\sigma,\tau)$的点都将落在三个应力圆所限定的阴影范围内。由图 3-2 可以看出，只有位于最大应力圆上的点才有可能与抗剪强度包线相接触，材料内某一点的破坏只取决于最大、最小主应力 $\sigma_1$ 和 $\sigma_3$，而与中主应力 $\sigma_2$ 无关，这样就可按平面问题来研究土的剪切破坏条件，即只考虑受 $\sigma_1$ 和 $\sigma_3$ 两个主应力的作用。

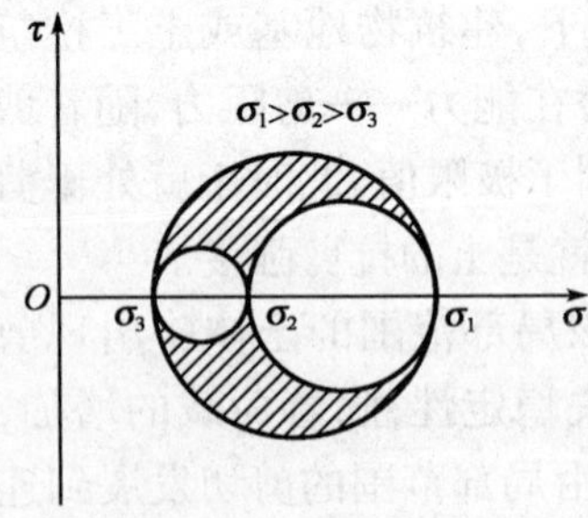


图 3-2　莫尔应力圆

设某一土体单元上作用有最大、最小主应力 $\sigma_1$ 和 $\sigma_3$[图 3-3a)]，则作用在该单元内与最大主应力 $\sigma_1$ 作用面成任意角 $\alpha$

的平面 $mn$ 上的法向应力 $\sigma$ 和剪应力$\tau$，可根据隔离体 $abc$[图 3-3b)]的静力平衡条件求得：

$$\begin{cases}\sigma = \dfrac{1}{2}(\sigma_1 + \sigma_3) + \dfrac{1}{2}(\sigma_1 - \sigma_3)\cos 2\alpha \\ \tau = \dfrac{1}{2}(\sigma_1 - \sigma_3)\sin 2\alpha\end{cases} \tag{3-2}$$

由式(3-2)可知，当平面 $mn$ 与最大主应力 $\sigma_1$ 作用面的夹角 $\alpha$ 变化时，平面 $mn$ 上的 $\sigma$ 和 $\tau$亦相应变化。为了表达某一土体单元所有各方向平面上的应力状态，可采用材料力学中有关表达一点的应力状态的莫尔应力圆方法[图 3-3c)]，即：在$\tau$-$\sigma$ 坐标系中，按一定的比例，在横坐标上截取代表 $\sigma_3$ 和 $\sigma_1$ 的线段 $OB$ 和 $OC$，再以 $BC$ 为直径作圆，取圆心为 $D$ 点，自 $DC$ 逆时针旋转 $2\alpha$ 角，使 $DA$ 与圆周交于 $A$ 点。则 $A$ 点的横坐标即为平面 $mn$ 上的法向应力 $\sigma$，纵坐标即为剪应力$\tau$。

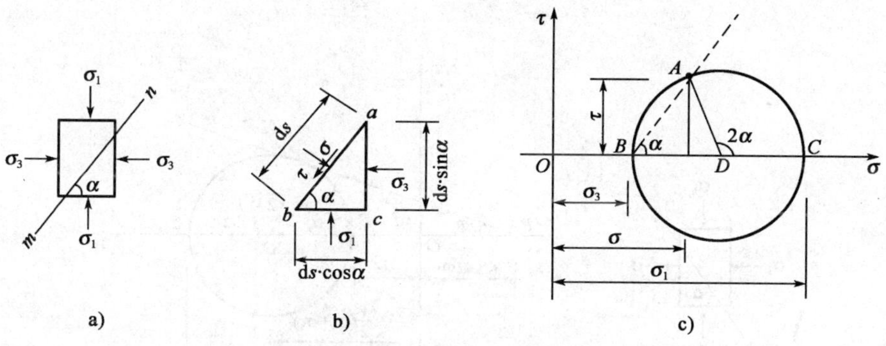


图 3-3 土体中任意点的应力状态

a)单元微体上的应力；b)隔离体 $abc$ 上的应力；c)莫尔圆

由此可见，莫尔应力圆圆周上的任一点都相应代表着与最大主应力 $\sigma_1$ 作用面成 $\alpha$ 角度的平面上的应力状态，所以莫尔应力圆可以完整地表示土体中任意一点的应力状态。若已知土体中任意一点的应力状态以及土的强度指标，要判断土体的稳定状态，可将该点的莫尔应力圆和土的强度线同绘在$\tau$-$\sigma$ 坐标中，强度线与莫尔圆可以有如图 3-4 所示的三种情况：

I 强度线与莫尔圆相离；

II 强度线与莫尔圆相切；

III 强度线与莫尔圆相割。

由前述可知，莫尔应力圆上的每一点的横坐标和纵坐标分别表示土体中某点在相应平面上的正应力 $\sigma$ 和剪应力$\tau$。则：

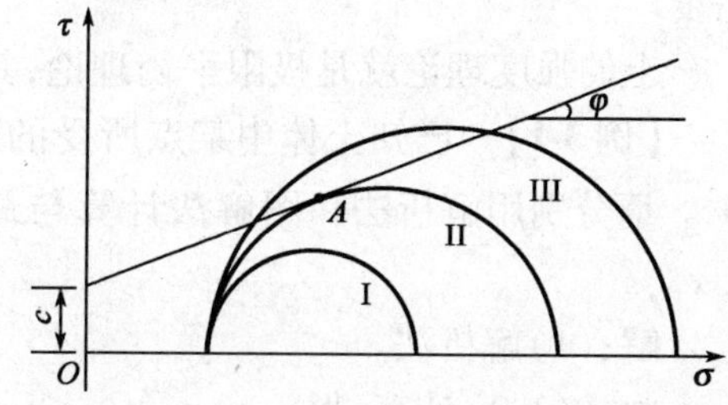


图 3-4 莫尔应力圆与土的抗剪强度之间的关系

在 I 状态下，即通过该点任一方向的剪应力$\tau$都小于土体的抗剪强度$\tau_f$，则该点土体处于弹性平衡状态，故不会发生剪切破坏。

在 II 状态下，莫尔应力圆恰好与抗剪强度线相切，切点为 $A$，则表明切点 $A$ 所代表的平面上的剪应力$\tau$与抗剪强度$\tau_f$ 相等，此时该点土体处于极限平衡状态。

在 III 状态下，莫尔圆与抗剪强度包线相割，说明该点某些平面上的剪应力已超过了相应面上的抗剪强度($\tau > \tau_f$)，且该点早已破坏，该应力圆所代表的应力状态实际上是不存在的。

根据土的极限平衡状态的几何关系[图 3-5a)]，建立如下平衡条件：

$$\sin\varphi = \frac{|BC|}{|AO| + |OC|} = \frac{\frac{1}{2}(\sigma_1 - \sigma_3)}{\frac{1}{2}(\sigma_1 + \sigma_3) + c \cdot \cot\varphi}$$

经过整理后可得到土体处于极限平衡条件时[图 3-5b)]的表达式：

$$\left.\begin{aligned}\sigma_1 &= \sigma_3\tan^2\left(45° + \frac{\varphi}{2}\right) + 2c\tan\left(45° + \frac{\varphi}{2}\right)\\ \sigma_3 &= \sigma_1\tan^2\left(45° - \frac{\varphi}{2}\right) - 2c\tan\left(45° - \frac{\varphi}{2}\right)\end{aligned}\right\} \tag{3-3}$$

并可以得出剪切破裂面与大主应力 $\sigma_1$ 作用平面的夹角为：

$$\left.\begin{aligned}2\alpha &= 90° + \varphi\\ \alpha &= 45° + \frac{\varphi}{2}\end{aligned}\right\} \tag{3-4}$$

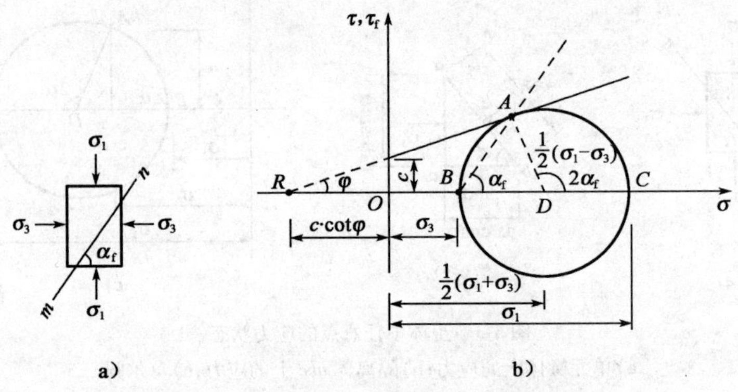


图 3-5 土中一点极限平衡状态时的莫尔应力圆

a)单元微体；b)极限平衡状态时的莫尔应力圆

由此可见，土与一般连续性材料（如钢、混凝土等）不同，它是一种具有内摩擦强度的材料。其剪切破裂面不是产生于最大剪应力面上，而是与大主应力 $\sigma_1$ 作用平面呈式(3-4)的角度。

土的强度理论就是极限平衡理论，其中极限平衡条件的表达式可以应用于很多方面。

**【例 3-1】** 已知土体中某点所受的最大主应力 $\sigma_1 = 500\text{kN/m}^2$，最小主应力 $\sigma_3 = 200\text{kN/m}^2$。请分别用解析法和图解法计算与最大主应力 $\sigma_1$ 作用成 30°平面上的正应力 $\sigma$ 和剪应力 $\tau$。

**解：**(1)解析法。

由式(3-2)计算，得：

$$\begin{aligned}\sigma &= \frac{1}{2}(\sigma_1 + \sigma_3) + \frac{1}{2}(\sigma_1 - \sigma_3)\cos2\alpha\\ &= \frac{1}{2}(500 + 200) + \frac{1}{2}(500 - 200)\cos(2 \times 30°) = 425(\text{kN/m}^2)\end{aligned}$$

$$\tau = \frac{1}{2}(\sigma_1 - \sigma_3)\sin2\alpha = \frac{1}{2}(500 - 200)\sin(2 \times 30°) = 130(\text{kN/m}^2)$$

(2)图解法。

按照莫尔应力圆确定其正应力 $\sigma$ 和剪应力 $\tau$，绘制直角坐标系，按照比例尺在横坐标上标

出 $\sigma_1=500\text{kN/m}^2$，$\sigma_3=200\text{kN/m}^2$，以 $\sigma_1-\sigma_3=300\text{kN/m}^2$ 为直径绘圆，从横坐标轴开始，逆时针旋转 $2\alpha=60°$，在圆周上得到 $A$ 点(图 3-6)。以相同的比例尺量得 $A$ 点的横坐标和纵坐标为：

$$\sigma=425\text{kN/m}^2$$

$$\tau=130\text{kN/m}^2$$

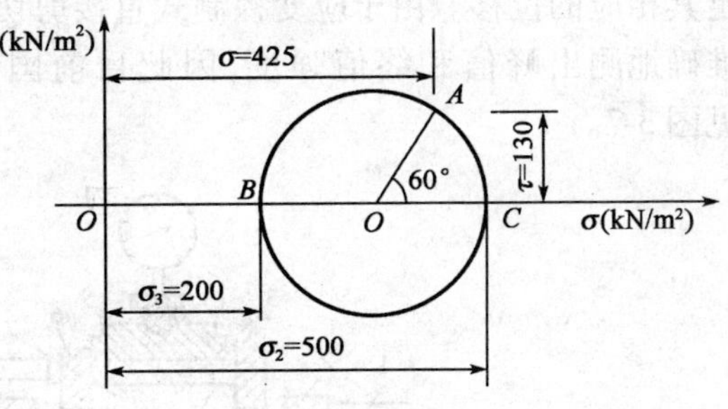

图 3-6　例 3-1 图

由两种方法得到了相同的正应力 $\sigma$ 和剪应力 $\tau$。二者相比，解析法计算较为准确，图解法计算则较为直观。

**【例 3-2】**　某砂土地基中一点的最大主应力 $\sigma_1=400\text{kPa}$，最小主应力 $\sigma_3=200\text{kPa}$，砂土的内摩擦角 $\varphi=25°$，黏聚力 $c=0$，试判断该点是否发生破坏(为加深对本学习任务内容的理解，以下用多种方法解题)。

**解**：(1)按某一平面上的剪应力 $\tau$ 和抗剪强度 $\tau_f$ 的对比判断：

由莫尔应力圆与土的强度线相切关系可知，破坏时土体单元中可能出现的破裂面与最大主应力 $\sigma_1$ 作用面的夹角为：

$$\alpha_f=45°+\frac{\varphi}{2}$$

因此，作用在与 $\sigma_1$ 作用面成 $45°+\frac{\varphi}{2}$ 平面上的法向应力 $\sigma$ 和剪应力 $\tau$，以及抗剪强度 $\tau_f$ 为：

$$\begin{aligned}\sigma&=\frac{1}{2}(\sigma_1+\sigma_3)+\frac{1}{2}(\sigma_1-\sigma_3)\cos2\left(45°+\frac{\varphi}{2}\right)\\&=\frac{1}{2}(400+200)+\frac{1}{2}(400-200)\cos2\left(45°+\frac{25°}{2}\right)=257.7(\text{kPa})\\\tau&=\frac{1}{2}(\sigma_1-\sigma_3)\sin2\left(45°+\frac{\varphi}{2}\right)\\&=\frac{1}{2}(400-200)\sin2\left(45°+\frac{25°}{2}\right)=90.6(\text{kPa})\end{aligned}$$

$$\tau_f=\sigma\tan\varphi=257.7\times\tan25°=120.2(\text{kPa})>\tau=90.6(\text{kPa})$$

故可判断该点未发生剪切破坏。

(2)按式(3-3)判断：

$$\sigma_{1f}=\sigma_{3m}\tan^2\left(45°+\frac{\varphi}{2}\right)=200\cdot\tan^2\left(45°+\frac{25°}{2}\right)=492.8(\text{kPa})$$

$$\sigma_{1f}=492.8(\text{kPa})>\sigma_{1m}=400(\text{kPa})$$

故该点未发生剪切破坏。

另外，还可以用图解法，根据比较莫尔应力圆与抗剪切强度包线的相对位置关系来判断，也可以得出同样的结论。

## 二、土的强度指标的测定方法

### 1. 直接剪切试验

直接剪切试验的仪器称为直接剪切仪，可分为应变控制式和应力控制式两种。前者是控制试样产生一定位移，测定其相应的水平剪应力；后者则是对试样施加一定的水平剪切力，测定其相应的位移。由于应变控制式直接剪切仪可以得到较为准确的应力与应变关系，并能较准确地测出峰值和终值强度，因此目前国内普遍采用的是这种形式的剪切仪，仪器构造见图3-7。

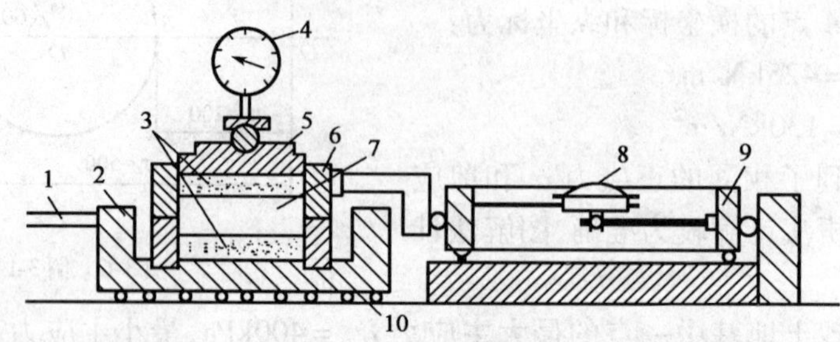


图3-7　应变控制式直剪仪

1-轮轴；2-底座；3-透水石；4-测微表；5-活塞；6-上盒；7-土样；8-测微表；9-量力环；10-下盒

1）试验过程

首先由加压框架通过加压板对试样施加某一垂直压力，然后以规定的速率等速转动手轮来对下盒施加水平推力，使试样在上、下盒限定的水平接触面上产生剪切变形，直至剪坏（百分表指针不动或后退）。对同一种土通常采用4个土样，分别在不同垂直压力下剪切破坏。垂直压力的大小一般取100kPa、200kPa、300kPa、400kPa这4个级别。

2）确定强度指标

将试验结果绘在以抗剪强度$\tau_f$为纵坐标，垂直压力$\sigma$为横坐标的平面图上，通过试验所得的数据结果在图上绘一直线，为土的抗剪强度包线，该直线在纵坐标轴的截距为黏聚力，与横坐标轴的夹角为内摩擦角。

3）试验的种类

试验和工程实践都表明，土的抗剪强度与土受力后的排水固结状况有关。对于同一种土，即使施加同一法向应力，若剪切前试样的固结过程和剪切时试样的排水条件不同，其强度指标也不尽相同。因此，用于工程设计中的强度指标，其室内试验条件应与土体在现场的受剪条件相符合。为了近似模拟土体的实际状况，按剪切前的固结程度、剪切时排水及加荷的速率，可将试验分为：快剪、固结快剪、慢剪三种。

（1）快剪试验。施加垂直压力后，不待土样固结，立即进行剪切，并使试样在3～5min内剪切破坏。在该试验条件下认为土样在剪切过程中不固结、不排水。

（2）固结快剪。施加垂直压力或使土样充分排水固结后，进行剪切，并使试样在3～5min内剪切破坏。在该试验条件下认为土样在剪切过程中固结、但不排水。

（3）慢剪。施加垂直压力或使土样充分排水固结后，进行剪切，使试样以缓慢的速度剪切破坏，故试样在剪切过程中就有充分的排水时间。

无黏性土，因其渗透性好，即使快剪也能使其排水固结。因此《公路土工试验规程》（JTG E40—2007）规定：对于无黏性土，一律采用一种加荷速率进行试验。

4）直剪试验的优缺点

直剪试验的优点是方便、廉价、快捷，但同时存在以下缺点：

（1）剪切面限定在上、下剪切盒之间，而不是在土的自然破坏面上。

（2）剪切过程中试样的剪切面积是逐渐减小的，但计算时却仍然按原面积计算。

（3）试验不能控制排水条件，无法测定孔隙水压力；进行饱和黏土不排水剪切试验结果的准确程度不理想。

2. 三轴剪切试验

1)试验装置

三轴剪切试验是目前比较完善地测定土体强度指标的室内试验方法,仪器构造见图 3-8。

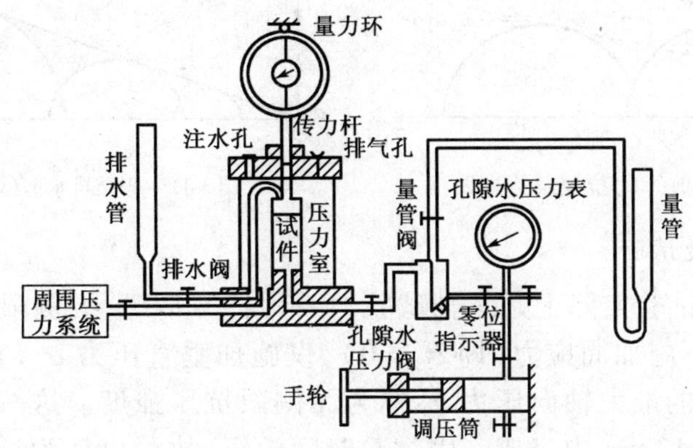


图 3-8　三轴剪切试验装置示意图

试样为圆柱形,两端按试验要求在压力室的底座上放置透水石或不透水板,并用乳胶膜将试样包裹起来,避免压力室的水进入到试样中。试样的排水条件可用排水阀控制。试样的底部与孔隙水压力量测系统相连,可根据需要测定试验中试样的孔隙水压力值。试验时,首先通过周围压力量测系统在试样的四周施加一个周应力 $\sigma_3$,然后在试样的轴向通过压力室顶部的活塞杆,在试样上施加一个轴向力($\sigma_1+\sigma_3$),并逐渐加大,直至土样达到破坏。根据作用于试样上的周围压力 $\sigma_3$ 和破坏时的轴向力($\sigma_1+\sigma_3$),绘制莫尔应力圆,利用莫尔—库仑强度准则确定出土的抗剪强度指标。

2)试验的种类

按照试样的固结排水情况,可将常规三轴剪切试验分为三类。

(1)不固结不排水剪(UU),简称不排水剪。试验时,先施加周围压力 $\sigma_3$,然后施加轴向力($\sigma_1+\sigma_3$)。在整个试验的过程中,排水阀始终关闭,不允许试样排水,故试样的含水率保持不变。试验和有效应力原理都证明了含水率相同的饱和试样,尽管 $\sigma_3$ 不同,但剪切时的($\sigma_1+\sigma_3$)基本相同。所以抗剪强度包线是一条水平线,见图 3-9,且饱和黏土的内摩擦角为零。

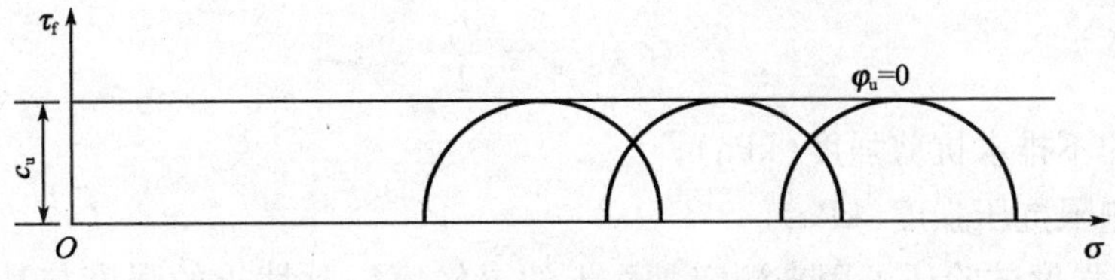


图 3-9　饱和黏土不排水剪(UU)抗剪强度包线

(2)固结不排水剪(CU)。试验时先施加周应力 $\sigma_3$,打开排水阀,使试样排水固结。试样排水终止、固结完成时,关闭排水阀,然后施加轴向力($\sigma_1+\sigma_3$)直至试样破坏。在试验过程中,如需量测孔隙水压力,则打开孔压量测系统的阀门。图 3-10 为一组固结不排水的剪试验结果,图中实线为有效应力强度包线,虚线为总应力强度包线。

(3)固结排水剪(CD),简称排水剪。在周应力 $\sigma_3$ 和轴向力($\sigma_1+\sigma_3$)施加的过程中,打开排水阀,让试样排水固结,放慢($\sigma_1+\sigma_3$)加荷速率并使试样在孔隙水压力为零的情况下达到破坏。因此,所施加的应力就是作用于试样上的有效应力。图 3-11 为一组固结排水剪试验结果。

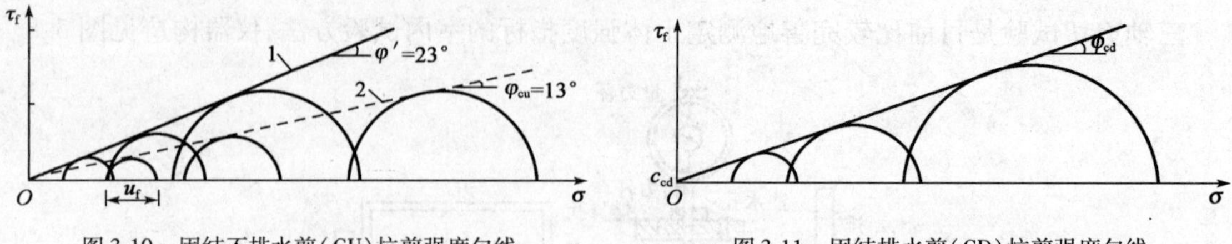


图 3-10 固结不排水剪(CU)抗剪强度包线　　图 3-11 固结排水剪(CD)抗剪强度包线

3. 无侧限抗压强度试验

无侧限抗压强度试验实际上是三轴试验的一种特殊情况,无侧限压力仪如图 3-12a)所示。试验时,试样不施加周应力(即 $\sigma_3=0$),仅施加垂直压力 $\sigma_1$,直至试样破坏,剪切破坏时试样所能承受的最大轴向压力 $q_u$ 称为无侧限抗压强度。这一试验只适用于饱和黏土,且试验宜在 8 ~ 12min 内完成。因试验时间较短,故可以认为试样在受剪过程中处于不排水状态。由于 $\sigma_3=0$,因此试验结果只能作出一个极限应力圆($\sigma_1=q_u, \sigma_3=0$)。根据三轴不固结不排水剪切试验的结果,饱和黏性土的抗剪强度包线为一条水平线,如图 3-12b)所示。

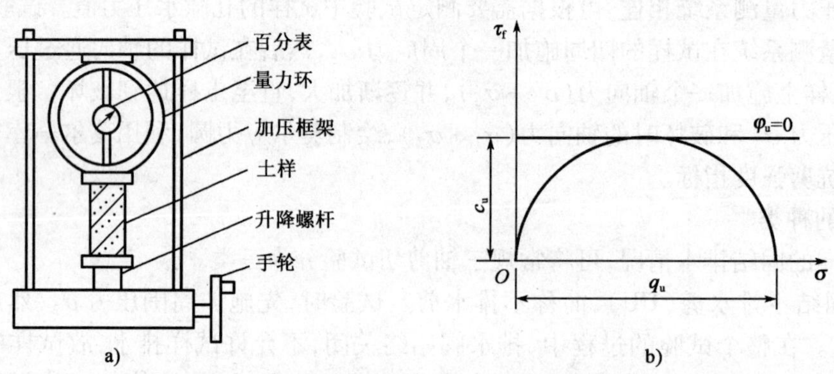


图 3-12 无侧限抗压试验示意图

a)无侧限压力仪;b)试验强度线

由无侧限抗压强度试验所得的极限应力圆的水平切线就是抗剪强度包线,于是有:

$$\tau_f = c_u = \frac{q_u}{2} \tag{3-5}$$

式中:$c_u$——土的不排水抗剪强度(kPa);

$q_u$——无侧限抗压强度(kPa)。

无侧限抗压强度试验还可用来测定黏性土的灵敏度。黏性土的强度与其结构性有关,当土的天然结构受到破坏时,其强度将降低。黏性土的这种结构性对其强度的影响,一般用灵敏度 $S_t$ 来表达:

$$S_t = \frac{q_u}{q_{ur}} \tag{3-6}$$

式中:$q_u$——原状土试样的无侧限抗压强度或十字板抗剪强度(kPa);

$q_{ur}$——具有与原状土样相同含水率并彻底破坏其结构的重塑土样的无侧限抗压强度或十字板抗剪强度(kPa)。

土的灵敏度愈高,其结构性愈强,受扰动后土的强度降低就愈多。所以在高灵敏土上进行基础施工时,应注意保护槽(坑)底土体,尽量减少对土体结构的扰动。无侧限压力仪设备简单,操作方便,工程上常用来测定饱和软黏土(指强度低、压缩性高和透水性小的黏性土,如淤泥和淤泥质土)的不排水抗剪强度和灵敏度。

4. 十字剪板试验

十字剪板试验常用于现场测试饱和软黏土的不排水抗剪强度。试验装置见图 3-13,十字板剪切仪主要由板头、加力装置和量测设备三部分组成。试验可在现场钻孔内进行。试验时,先将十字板插到预定深度,然后在地面上以一定的转速对它施加扭力矩,使板内的土体与其周围土体发生剪切,直到剪破为止,测出最大扭矩,根据力矩平衡关系,推算圆柱形剪破面上土的抗剪强度为:

$$\tau_f = \frac{2M}{\pi d^2 (h + d/3)} \tag{3-7}$$

式中:$M$——破坏时的扭矩(kN·m);

$h$、$d$——十字板的高度和宽度(m)。

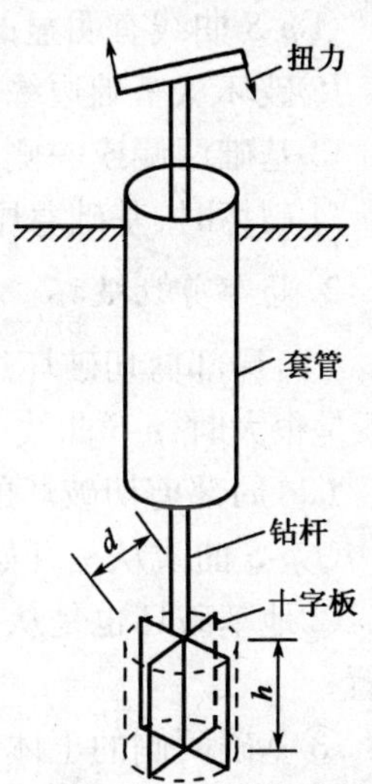

图 3-13　十字板剪切试验示意图

5. 抗剪强度指标的选择

1)无黏性土

无黏性土透水性强,故只进行排水剪试验;也可以根据标贯试验的锤击数用经验公式计算内摩擦角。

2)黏性土

应根据工程加荷的速度和土层性质、排水条件等具体情况来选择试验方法和强度指标:

(1)如施工速度快、排水条件不良,可采用三轴不固结不排水剪(UU)或直剪快剪试验。

(2)如施工速度慢、排水条件好,可采用三轴固结排水剪(CD)或直剪慢剪试验。

(3)如果介于上两种情况之间,可采用三轴固结不排水剪(CU)或直剪固结快剪试验。

## 三、地基破坏的模式

土的强度是指其抗剪强度,土的破坏通常也是由于抗剪强度的不足而引起的剪切破坏。地基剪切破坏的模式分为整体剪切破坏、局部剪切破坏和冲剪破坏三种,见图 3-14。

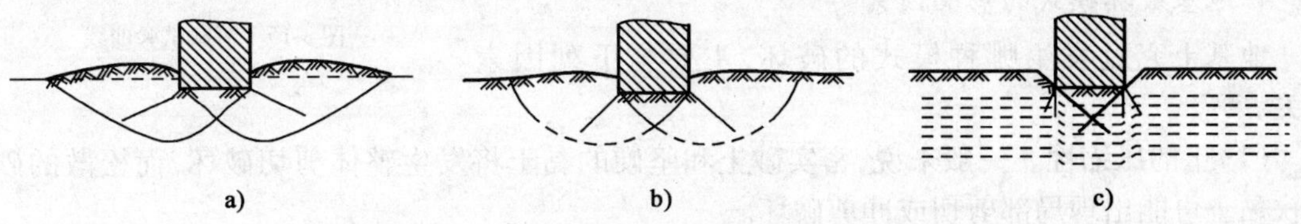

图 3-14　地基破坏的模式

a)整体剪切破坏;b)局部剪切破坏;c)冲剪破坏

1. 整体剪切破坏

(1)整体剪切破坏的过程可分为三个阶段。

①当荷载 $p$ 比较小时,$p$-$S$ 曲线基本保持直线关系,如图 3-15 中所示曲线 1 的 $Oa$ 段;

②当荷载加大后,地基内部出现剪切破坏区,此时进入弹塑性变形阶段,如图 3-15 中所示曲线 1 的 $ab$ 段;

③当荷载继续增大时,剪切破坏区不断扩大,在地基内部形成连续的滑动面,直达地表,曲线形成陡降段,如图3-15中所示曲线 1 的 $bc$ 段。

(2)整体剪切破坏的特征为:

①$p$-$S$ 曲线有明显的直线段、曲线段与陡降段;

②破坏从基础边缘开始,滑动面贯通到地表;

③基础两侧或一侧的土体有明显的隆起;

④破坏时,基础急剧下沉或向一边倾倒。

2. 局部剪切破坏

(1)局部剪切破坏过程与整体剪切破坏有相似之处,但 $p$-$S$ 曲线无明显的三阶段,当荷载 $p$ 不是很大时,$p$-$S$ 曲线就已不为直线了,如图 3-15 中所示的曲线 2。

(2)局部剪切破坏的特征是:

①$p$-$S$ 曲线从一开始就呈非线性关系;

②地基破坏也是从基础边缘开始,但滑动面未延伸至地表,而是终止在地基土内部某一位置;

③基础两侧的土体有微微隆起,不如整体剪切破坏时明显;

④基础一般不会发生倒塌或倾斜破坏。

3. 冲剪破坏

冲剪破坏一般发生于基础刚度很大,且地基土十分软弱的情况。在荷载的作用下,基础发生破坏时的形态往往是沿基础边缘的垂直剪切破坏,基础好像“切入”土中。$p$-$S$曲线类似于局部剪切破坏,如图 3-15 中所示的曲线 3 的形态,其特征为:

(1)基础发生垂直剪切破坏,地基内部不形成连续的滑动面。

(2)基础两侧的土体不但没有隆起现象,还往往会随基础的“切入”微微下沉。

(3)基础破坏时只伴随有过大的沉降,并没有倾斜的发生。

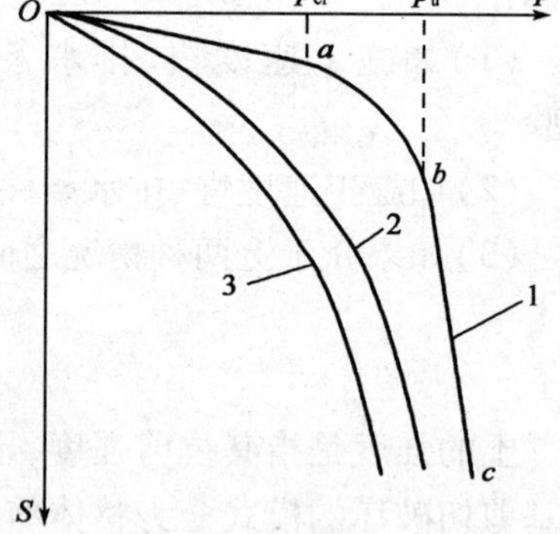

图 3-15　荷载试验曲线

4. 地基破坏模式的影响因素

地基土究竟发生哪种模式的破坏,主要与下列因素有关。

(1)土的压缩性。一般来说,密实砂土和坚硬的黏土将发生整体剪切破坏,而松散的砂土或软黏土可能出现局部剪切或冲剪破坏。

(2)与基础埋深及加荷速率有关。基础浅埋、加荷速率慢,往往出现整体剪切破坏;基础埋深较大、加荷速率较快时,往往发生局部剪切或冲剪破坏。

## 四、确定地基容许承载力

1. 地基承载力的概念

地基承载力是指地基承受荷载的能力，即在变形容许和维系稳定的前提下，单位面积所能承受荷载的能力。通俗地讲，就是地基所能承受的安全荷载。地基承载力是地基与基础设计的主要依据，它不仅与土的物理力学性质有关，而且还与基础的类型、宽度、埋深，以及结构物的类型和施工速度等因素有关。因此，地基承载力的确定是一个综合性问题。

现行《公路桥涵地基与基础设计规范》(JTG D63—2007)规定：桥涵地基的容许承载力，可根据地质勘探、原位测试、野外荷载试验、邻近旧桥涵调查对比，以及既有的建筑经验和理论公式的计算经综合分析后确定。如缺乏上述数据时，可根据地基土的类别，查出本规范给出的相应的容许承载力表，再通过相应的经验公式计算修正后确定。对于地质和结构复杂的桥涵地基容许承载力，应经现场荷载试验确定。

而《建筑地基基础设计规范》(GB 50007—2002)规定，应根据建筑物等级选用确定承载力的方法。对于一级建筑物应采用静载荷试验、理论公式及其他原位测试等方法综合确定；对于不需进行地基变形计算的二级建筑物可查《建筑地基基础设计规范》承载力表或根据原位测试确定；对于需进行地基变形计算的二级建筑物应结合《建筑地基基础设计规范》推荐的理论公式计算确定；对于三级建筑物可借鉴临近建筑物的经验确定。

目前确定地基容许承载力的方法有以下四种。

(1)理论公式法：是根据土的抗剪强度指标以理论公式计算确定承载力的方法。

(2)规范法：根据室内试验指标、现场测试指标或野外鉴别指标，通过查相应规范所列表格得到承载力的方法。规范不同(包括不同部门、不同行业、不同地区的规范)，其承载力值亦不会完全相同，应用时需注意各自的使用条件。

(3)原位试验法：包括荷载试验，静力触探试验，标准贯入试验等。

(4)经验法：是一种基于地区借鉴相邻建筑物的使用经验，类比判断确定承载力的方法。

2. 理论公式法确定地基容许承载力

地基容许承载力的理论公式的主要依据为土的强度理论，因此需要应用土的抗剪强度指标 $\varphi$ 值。理论公式一般假定地基土为均质材料，并由条形基础均布荷载作用推导得来。对于矩形基础或圆形基础，理论公式一般也可以应用，计算结果偏于安全。地基的临界荷载和极限荷载均可作为地基的容许承载力，但其安全程度和经济效果不同，现分述如下。

1)地基的临塑荷载

(1)定义：地基的临塑荷载是指在外荷载作用下，地基中刚开始产生塑性变形(塑性区最大深度 $z_{max}=0$)时，基础底面单位面积上所承受的荷载。

(2)临塑荷载计算公式。

地基的临塑荷载按下式计算：

$$p_{cr} = \frac{\pi(\gamma d + c \cdot \cot\varphi)}{\cot\varphi - \dfrac{\pi}{2} + \varphi} + \gamma d = N_d \gamma d + N_c c \tag{3-8}$$

式中：$p_{cr}$——地基的临塑荷载；

$\gamma$——地基埋深范围内的重度；

$d$——基础埋深；

$c$——基础底面下土的黏聚力；

$\varphi$——基础底面下土的内摩擦角；

$N_d, N_c$——承载力系数，可根据 $\varphi$ 值按以下公式计算或查表 3-1 确定。

$$N_d = \frac{\cot\varphi + \varphi + \dfrac{\pi}{2}}{\cot\varphi + \varphi - \dfrac{\pi}{2}} \tag{3-9}$$

$$N_d = \frac{\pi \cdot \cot\varphi}{\cot\varphi + \varphi - \dfrac{\pi}{2}} \tag{3-10}$$

2)地基的临界荷载

(1)定义：当地基中的塑性变形区最大深度为中心荷载作用和偏心荷载作用时，即：

$$z_{max} = \frac{b}{4}, z_{max} = \frac{b}{3}$$

与此对应的基础底面的压力，分别以 $p_{\frac{1}{4}}$ 或 $p_{\frac{1}{3}}$ 表示，称为地基的临界荷载。

(2)临界荷载计算公式。

①中心荷载作用下地基的临界荷载 $p_{\frac{1}{4}}$ 计算公式：

$$p_{\frac{1}{4}} = \frac{\pi\left(\gamma d + \dfrac{1}{4}\gamma d + c \cdot \cot\varphi\right)}{\cot\varphi - \dfrac{\pi}{2} + \varphi} + \gamma d = N_{\frac{1}{4}}\gamma b + N\gamma d + N_c c \tag{3-11}$$

式中：$b$——基础宽度(矩形短边)，圆形基础 $b = \sqrt{A}$，$A$ 为圆形基础底面积；

$N_{\frac{1}{4}}$——承载力系数，可按下式计算，或查表 3-1 确定。

$$N_{\frac{1}{4}} = \frac{\pi}{4\cot\varphi + \varphi - \dfrac{\pi}{2}} \tag{3-12}$$

②偏心荷载作用下地基的临界荷载 $p_{\frac{1}{3}}$ 计算公式：

$$p_{\frac{1}{3}} = \frac{\pi\left(\gamma d + \dfrac{1}{3}\gamma d + c \cdot \cot\varphi\right)}{\cot\varphi - \dfrac{\pi}{2} + \varphi} + \gamma d = N_{\frac{1}{3}}\gamma d + N_d\gamma d + N_c c$$

式中：$N_{\frac{1}{3}}$——承载力系数，可按下式计算，或查表 3-1 确定。

$$N_{\frac{1}{3}} = \frac{\pi}{3\left(\cot\varphi + \varphi - \dfrac{1}{2}\right)} \tag{3-13}$$

**承载力系数 $N_d, N_c, N_{\frac{1}{4}}, N_{\frac{1}{3}}$ 的数值表** 表 3-1

| $\varphi$(°) | $N_d$(kN) | $N_c$(kN) | $N_{\frac{1}{4}}$(kN) | $N_{\frac{1}{3}}$(kN) | $\varphi$(°) | $N_d$(kN) | $N_c$(kN) | $N_{\frac{1}{4}}$(kN) | $N_{\frac{1}{3}}$(kN) |
|---|---|---|---|---|---|---|---|---|---|
| 0 | 1 | 3 | 0 | 0 | 8 | 1.6 | 3.9 | 0.1 | 0.2 |
| 2 | 1.1 | 3.3 | 0 | 0 | 10 | 1.7 | 4.2 | 0.2 | 0.2 |
| 4 | 1.2 | 3.5 | 0 | 0.1 | 12 | 1.7 | 4.4 | 0.2 | 0.3 |
| 6 | 1.4 | 3.7 | 0.1 | 0.1 | 14 | 2.2 | 4.7 | 0.3 | 0.4 |

续上表

| $\varphi$(°) | $N_d$(kN) | $N_c$(kN) | $N_{\frac{1}{4}}$(kN) | $N_{\frac{1}{3}}$(kN) | $\varphi$(°) | $N_d$(kN) | $N_c$(kN) | $N_{\frac{1}{4}}$(kN) | $N_{\frac{1}{3}}$(kN) |
|---|---|---|---|---|---|---|---|---|---|
| 16 | 2.4 | 5.0 | 0.4 | 0.5 | 32 | 6.3 | 8.5 | 1.4 | 1.8 |
| 18 | 2.7 | 5.3 | 0.4 | 0.6 | 34 | 7.2 | 9.2 | 1.6 | 2.1 |
| 20 | 3.1 | 5.6 | 0.5 | 0.7 | 36 | 8.2 | 10.0 | 1.8 | 2.4 |
| 22 | 3.4 | 6.0 | 0.6 | 0.8 | 38 | 9.4 | 10.8 | 2.1 | 2.8 |
| 24 | 3.9 | 6.5 | 0.7 | 1.0 | 40 | 10.8 | 12.8 | 2.5 | 3.3 |
| 26 | 4.4 | 6.9 | 0.8 | 1.1 | 42 | 11.7 | 12.8 | 2.9 | 3.8 |
| 28 | 4.9 | 7.4 | 1.0 | 1.3 | 44 | 14.5 | 14.0 | 3.4 | 4.5 |
| 30 | 5.6 | 8.0 | 1.2 | 1.5 | 42 | 15.6 | 14.6 | 3.7 | 4.9 |

3)地基的极限荷载

(1)极限荷载的定义。地基的极限荷载是指地基即将失去稳定性,土体将要从基底被挤出时,作用于地基上的外荷载。当作用在地基上的荷载较小时,地基处于压密状态。随着荷载的增大,地基中产生局部剪切破坏的塑性区也越大。当荷载达到极限值时,地基中的塑性区已发展为连续贯通的滑动面,使地基丧失整体稳定而滑动破坏。在现场荷载试验得到的 $p$-$S$ 曲线上(图3-15),第二阶段与第三阶段交界处 $b$ 点所对应的荷载 $p_u$ 称为地基的极限荷载。

(2)极限荷载计算公式。极限荷载是地基内部整体达到极限平衡时的荷载。目前,求解极限荷载的方法有两种,一种是根据静力平衡和极限平衡条件建立微分方程,根据边界条件求出地基整体达到极限平衡时各点应力的精确解。由于这一方法只对一些条件简单的方程可得到解析解,其他情况则存在求解困难,故此法不常用。

另一种求极限承载力的方法为假定滑动面法。此法先是假设滑动的形状,然后以滑动面所包围的土体作为隔离体,根据静力平衡条件求出极限荷载。这种方法概念明确,计算简单,因此得到了广泛应用。下面介绍几个常用且著名的承载力计算公式。

①太沙基(K. Terzaghi)公式(适用于条形基础、方形基础和圆形基础)。假定基础是条形基础,受均布荷载作用,且基础底面粗糙。当地基发生滑动时,滑动面的形状两端为直线,中间为曲线,左右对称,如图3-16所示。

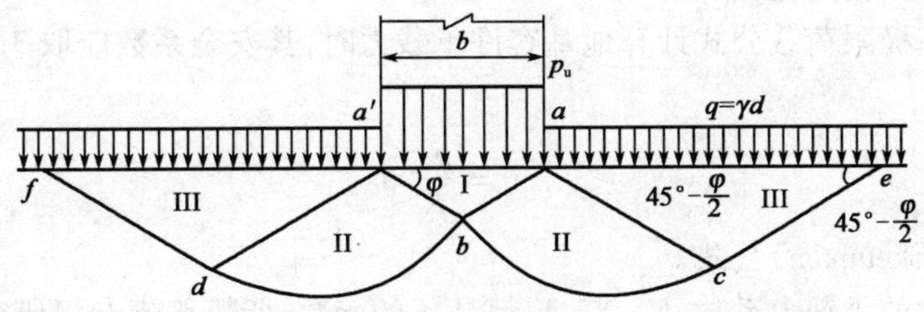

图3-16 太沙基公式地基滑动面图

滑动土体分为三区:I区是位于基础底面下的土楔 $a'ba$。由于土体与基础粗糙的底面之间存在很大的摩擦阻力作用,故此区的土体不发生剪切位移,处于弹性压密状态。滑动面 $ab$ 与基础底面 $aa'$ 之间的夹角,为土的内摩擦角 $\varphi$;II区对称位于I区左右下方,其滑动面为对数螺旋线 $bc$ 或 $bd$。I区正中底部 $b$ 点处对数螺旋线方向为竖向,$c$ 点处对数螺旋线的切线方向与水平线夹角为 $45° - \frac{\varphi}{2}$;III区对称位于II区左右,呈等腰三角形,其滑动面为斜面 $ce$ 或 $df$,

该斜面与水平地面的夹角也为$45° - \frac{\varphi}{2}$。在均匀分布的极限荷载$p_u$作用下，地基处于极限平衡状态时作用于在Ⅰ区土楔上的诸力包括：土楔$ab'a'$顶面的极限荷载$p_u$；土楔$aba'$的自重；土楔斜面$ab'$上作用的黏聚力$c$的竖向分力，以及Ⅱ区、Ⅲ区土体滑动时，对斜面$ab'$上的被动土压力的竖向分力。太沙基根据作用于Ⅰ区土楔上的诸力在竖直方向的静力平衡条件，求得极限荷载$p_u$公式：

$$p_u = \frac{1}{2}\gamma d N_r + cN_c + \gamma d N_q \tag{3-14}$$

式中：$N_r$、$N_c$、$N_q$——承载力系数，仅与地基土的内摩擦角$\varphi$值有关，可查专用的承载力系数图（图3-17）中的曲线（实线）确定；

其他符号意义同前。

太沙基公式的适用条件是：地基土较密实且地基土产生完全剪切整体滑动破坏，即荷载试验结果$p$-$S$曲线上有明显的第二拐点的情况，如图3-18中所示的曲线①。如果地基土松软，荷载试验结果$p$-$S$曲线上就会没有明显的拐点，如图3-18中所示曲线②，故称这类情况为局部剪损，此时极限荷载按下式计算：

$$p_u = \frac{1}{2}\gamma d N'_r + \frac{2}{3}cN'_c + \gamma d N'_q \tag{3-15}$$

式中：$N'_r$, $N'_c$, $N'_q$——局部剪损时的承载力系数，也仅与地基土的内摩擦角$\varphi$值有关，可查专用的承载力系数图（图3-17）中的曲线（虚线）确定；

其他符号意义同前。

太沙基的极限荷载公式是由条形基础推导得来的。对于方形基础和圆形基础，太沙基对极限荷载公式中的数字进行了适当的修改，提出了半经验公式：

方形基础：

$$p_u = 0.4\gamma b_0 N_r + 1.2cN_c + \gamma d N_q \tag{3-16}$$

式中：$b_0$——方形基础的边长。

圆形基础：

$$p_u = 0.3\gamma b_0 N_r + 1.2cN_c + \gamma d N_q \tag{3-17}$$

式中：$b_0$——圆形基础的直径。

用上述太沙基极限荷载公式计算地基容许承载力时，其安全系数应取3.0，即地基的容许承载力为：

$$f = \frac{p_u}{K} \tag{3-18}$$

②斯凯普顿（Skempton）公式。

太沙基公式中的承载力系数：$N_r$、$N_c$、$N_q$都是$\varphi$的函数，斯凯普顿专门研究了$\varphi = 0$的饱和软土地基和浅基础（基础埋深与宽度的比值$\frac{d}{b} \leqslant 2.5$），并考虑了基础的宽度与长度的比值$\frac{b}{l}$的影响，提出了极限荷载的半经验公式：

$$p_u = 5c\left(1 + 0.2\frac{1}{b}\right)\left(1 + 0.2\frac{d}{b}\right) + \gamma d \tag{3-19}$$

式中：$c$——地基土的黏聚力，取基础底面以下$0.7b$深度范围内的平均值（kPa）；

$\gamma$——基础埋深范围内土的天然重度（$kN/m^3$）。

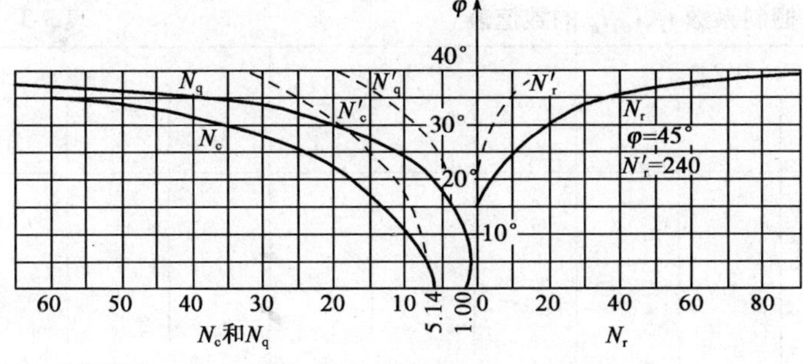


图 3-17　太沙基公式的承载力系数图

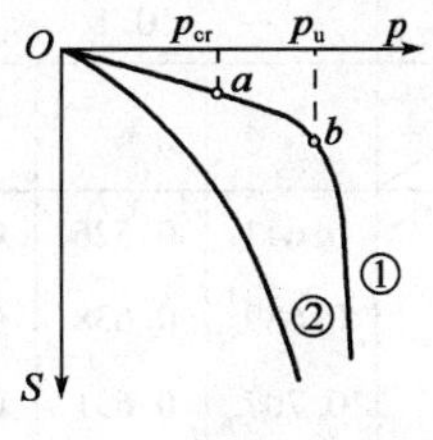


图 3-18　p-S 曲线的两种类型

用斯凯普顿极限荷载公式计算地基容许承载力时，其安全系数应取 1.1 ~ 1.5，即地基的容许承载力为：

$$f = \frac{p_u}{K} \tag{3-20}$$

③汉森（Hansen J. B.）公式。当太沙基公式和斯凯普顿公式都无法解决倾斜荷载作用下，地基容许承载力的计算时，汉森公式解决了这类问题，并考虑了基础形状和基础埋深的影响，提出了极限荷载公式为：

$$p_{uv} = \frac{1}{2}\gamma_1 b N_r S_r i_r + cN_c S_c d_c i_c + qN_q S_q d_q i_q \tag{3-21}$$

式中：$p_{uv}$——地基极限荷载的竖向分力（kPa）；

$\gamma_1$——基础底面以下持力层土的重度，地下水位以下的有效重度（kN/m$^3$）；

$q$——基底平面处的有效旁侧荷载（kPa）；

$N_r$、$N_c$、$N_q$——承载力系数，其值查表 3-2 确定；

$S_r$、$S_c$、$S_q$——基础形状系数，由式（3-22）与式（3-23）计算；

$d_c$、$d_q$——基础埋深系数，由式（3-24）计算；

$i_r$、$i_c$、$i_q$——倾斜系数，与作用荷载倾角 $\delta_0$ 有关，根据 $\delta_0$ 与 $\varphi$ 查表 3-3 确定。

**承载力系数 $N_r$, $N_c$, $N_q$ 的数值表**　　表 3-2

| $\varphi°$ | $N_r$ | $N_c$ | $N_q$ | $\varphi°$ | $N_r$ | $N_c$ | $N_q$ |
|---|---|---|---|---|---|---|---|
| 0 | 0 | 5.14 | 1.00 | 24 | 6.90 | 19.33 | 9.61 |
| 2 | 0.01 | 5.69 | 1.20 | 26 | 9.53 | 22.25 | 11.83 |
| 4 | 0.05 | 6.17 | 1.43 | 28 | 13.13 | 25.80 | 14.71 |
| 6 | 0.14 | 6.82 | 1.72 | 30 | 18.09 | 30.15 | 18.40 |
| 8 | 0.24 | 7.52 | 2.06 | 32 | 24.95 | 35.50 | 23.18 |
| 10 | 0.47 | 8.35 | 2.47 | 34 | 34.54 | 42.18 | 29.45 |
| 12 | 0.76 | 9.29 | 2.97 | 36 | 48.08 | 50.16 | 37.77 |
| 14 | 1.16 | 10.37 | 3.58 | 38 | 67.43 | 61.36 | 48.92 |
| 16 | 1.72 | 11.62 | 4.33 | 40 | 95.51 | 75.36 | 64.23 |
| 18 | 2.49 | 13.09 | 5.25 | 42 | 136.72 | 93.69 | 85.36 |
| 20 | 3.54 | 14.83 | 6.40 | 44 | 198.77 | 118.41 | 115.35 |
| 22 | 4.96 | 16.89 | 7.82 | 45 | 240.95 | 133.86 | 134.86 |

**倾斜系数 $i_r, i_c, i_q$ 的数值表** 表 3-3

| $\tan\delta_0$ | 0.1 | | | 0.2 | | | 0.3 | | | 0.4 | | |
|---|---|---|---|---|---|---|---|---|---|---|---|---|
| $\varphi$ \ $i$ | $i_r$ | $i_c$ | $i_q$ | $i_r$ | $i_c$ | $i_q$ | $i_r$ | $i_c$ | $i_q$ | $i_r$ | $i_c$ | $i_q$ |
| 6 | 0.643 | 0.526 | 0.802 | | | | | | | | | |
| 7 | 0.689 | 0.638 | 0.830 | | | | | | | | | |
| 8 | 0.707 | 0.691 | 0.841 | | | | | | | | | |
| 9 | 0.719 | 0.728 | 0.848 | | | | | | | | | |
| 10 | 0.724 | 0.750 | 0.851 | | | | | | | | | |
| 11 | 0.728 | 0.768 | 0.853 | | | | | | | | | |
| 12 | 0.729 | 0.780 | 0.854 | 0.396 | 0.441 | 0.629 | | | | | | |
| 13 | 0.729 | 0.791 | 0.854 | 0.426 | 0.501 | 0.653 | | | | | | |
| 14 | 0.731 | 0.798 | 0.855 | 0.444 | 0.537 | 0.666 | | | | | | |
| 15 | 0.731 | 0.806 | 0.855 | 0.456 | 0.565 | 0.675 | | | | | | |
| 16 | 0.729 | 0.810 | 0.854 | 0.462 | 0.583 | 0.680 | | | | | | |
| 17 | 0.728 | 0.814 | 0.853 | 0.466 | 0.600 | 0.683 | 0.202 | 0.304 | 0.449 | | | |
| 18 | 0.726 | 0.817 | 0.852 | 0.469 | 0.611 | 0.685 | 0.234 | 0.362 | 0.484 | | | |
| 19 | 0.724 | 0.820 | 0.851 | 0.471 | 0.621 | 0.686 | 0.250 | 0.397 | 0.500 | | | |
| 20 | 0.721 | 0.821 | 0.849 | 0.472 | 0.629 | 0.687 | 0.261 | 0.420 | 0.510 | | | |
| 21 | 0.719 | 0.822 | 0.848 | 0.471 | 0.635 | 0.686 | 0.267 | 0.438 | 0.517 | 0.100 | | |
| 22 | 0.716 | 0.823 | 0.846 | 0.469 | 0.637 | 0.685 | 0.271 | 0.451 | 0.521 | 0.100 | 0.217 | 0.317 |
| 23 | 0.712 | 0.824 | 0.844 | 0.468 | 0.643 | 0.684 | 0.275 | 0.462 | 0.524 | 0.122 | 0.266 | 0.350 |
| 24 | 0.711 | 0.824 | 0.843 | 0.465 | 0.645 | 0.682 | 0.276 | 0.470 | 0.525 | 0.134 | 0.291 | 0.365 |
| 25 | 0.706 | 0.823 | 0.840 | 0.462 | 0.648 | 0.680 | 0.277 | 0.477 | 0.526 | 0.140 | 0.310 | 0.374 |
| 26 | 0.702 | 0.823 | 0.838 | 0.460 | 0.648 | 0.678 | 0.276 | 0.481 | 0.525 | 0.145 | 0.324 | 0.381 |
| 27 | 0.699 | 0.823 | 0.836 | 0.456 | 0.649 | 0.675 | 0.275 | 0.485 | 0.524 | 0.148 | 0.334 | 0.384 |
| 28 | 0.694 | 0.821 | 0.833 | 0.452 | 0.648 | 0.672 | 0.274 | 0.488 | 0.523 | 0.149 | 0.341 | 0.386 |
| 29 | 0.691 | 0.820 | 0.831 | 0.448 | 0.648 | 0.669 | 0.273 | 0.489 | 0.520 | 0.150 | 0.348 | 0.387 |
| 30 | 0.686 | 0.819 | 0.828 | 0.444 | 0.646 | 0.666 | 0.268 | 0.490 | 0.518 | 0.150 | 0.352 | 0.387 |
| 31 | 0.682 | 0.817 | 0.826 | 0.438 | 0.645 | 0.662 | 0.265 | 0.490 | 0.515 | 0.150 | 0.356 | 0.387 |
| 32 | 0.676 | 0.814 | 0.822 | 0.434 | 0.643 | 0.659 | 0.262 | 0.490 | 0.512 | 0.148 | 0.357 | 0.385 |
| 33 | 0.672 | 0.813 | 0.820 | 0.428 | 0.640 | 0.654 | 0.258 | 0.489 | 0.508 | 0.146 | 0.358 | 0.382 |
| 34 | 0.668 | 0.811 | 0.817 | 0.422 | 0.638 | 0.650 | 0.254 | 0.486 | 0.504 | 0.144 | 0.358 | 0.380 |
| 35 | 0.663 | 0.808 | 0.814 | 0.417 | 0.635 | 0.646 | 0.250 | 0.485 | 0.500 | 0.142 | 0.358 | 0.377 |
| 36 | 0.658 | 0.806 | 0.811 | 0.411 | 0.631 | 0.641 | 0.245 | 0.482 | 0.495 | 0.140 | 0.357 | 0.374 |
| 37 | 0.653 | 0.803 | 0.808 | 0.404 | 0.628 | 0.636 | 0.240 | 0.478 | 0.490 | 0.137 | 0.355 | 0.370 |
| 38 | 0.646 | 0.800 | 0.804 | 0.398 | 0.624 | 0.631 | 0.235 | 0.474 | 0.485 | 0.133 | 0.352 | 0.365 |
| 39 | 0.642 | 0.797 | 0.801 | 0.392 | 0.619 | 0.626 | 0.230 | 0.470 | 0.480 | 0.130 | 0.349 | 0.361 |
| 40 | 0.635 | 0.794 | 0.797 | 0.386 | 0.615 | 0.621 | 0.226 | 0.466 | 0.475 | 0.127 | 0.346 | 0.356 |

当基础中心受压时，$i_r = i_c = i_q = 1$。基础形状系数，按下列近似公式计算：

$$S_r = 1 - 0.4\frac{b}{l} \tag{3-22}$$

$$S_c = S_q = 1 + 0.2\frac{b}{l} \tag{3-23}$$

对于条形基础：

$$S_r = S_c = S_q = 1$$

基础深度系数，按下列近似公式计算：

$$d_c = d_q = 1 + 0.35\frac{d}{b} \tag{3-24}$$

式中：$d$——基础埋深，如在埋深范围内存在强度小于持力层的弱土层时，应将此弱土层的厚度扣除。

汉森公式对地基滑动面的最大深度可按下式估算：

$$z_{max} = \lambda b \tag{3-25}$$

式中：$\lambda$——系数，与荷载倾斜角有关，可查表3-4确定。

**系数 $\lambda$ 值表** 表3-4

| $\varphi$ \ $\tan\delta_0$ | ≤20° | 21°~35° | 36°~45° |
|---|---|---|---|
| ≤20 | 0.6 | 1.2 | 2.0 |
| 0.21~0.30 | 0.4 | 0.9 | 1.6 |
| 0.31~0.40 | 0.2 | 0.6 | 1.2 |

当地基土在滑动面范围内由多个土层组成时，如果各土层的抗剪强度相差不太悬殊，可按土层厚度计算加权平均重度与加权平均抗剪强度指标值，用汉森公式计算地基极限荷载。

$$\gamma_p = \frac{\sum_{i=1}^{n} h_i \gamma_i}{\sum_{i=1}^{n} h_i} \tag{3-26}$$

$$c_p = \frac{\sum_{i=1}^{n} h_i c_i}{\sum_{i=1}^{n} h_i} \tag{3-27}$$

$$\varphi_p = \frac{\sum_{i=1}^{n} h_i \varphi_i}{\sum_{i=1}^{n} h_i} \tag{3-28}$$

式中：$\gamma_p$——加权平均重度（$kN/m^3$）；

$c_p$——加权平均黏聚力（kPa）；

$\varphi_p$——加权平均内摩擦角（°）；

$h_i$——第 $i$ 层土的厚度(m);

$\gamma_i$——第 $i$ 层土的重度(kN/m$^3$);

$c_i$——第 $i$ 层土的黏聚力(kPa);

$\varphi_i$——第 $i$ 层土的内摩擦角(°)。

用汉森极限荷载公式计算地基容许承载力时,其安全系数为 $K_2$,即地基的容许承载力为:

$$f = \frac{p_u}{K_2} \tag{3-29}$$

3. 按规范方法确定地基容许承载力

现行的《公路桥涵地基与基础设计规范》(JTG D63—2007)给出了各类土的地基承载力基本值表及修正计算公式。用规范方法确定地基容许承载力比较简便且准确,所以该方法广泛应用于一般的公路桥涵基础设计。

(1)地基承载力的验算,应以修正后的地基承载力容许值[$f_a$]控制。该值是在地基原位测试或规范给出的各类岩土承载力基本容许值[$f_{a0}$]的基础上,经修正而得。

(2)地基承载力容许值应按以下原则确定:

地基承载力基本容许值应首先考虑由荷载试验或其他原位测试取得,其值不应大于地基极限承载力的1/2。

对于中小桥、涵洞,当受现场条件限制,或荷载试验和原位测试确有困难时,可根据岩土的类别、状态及其物理力学特性指标选用地基承载力容许值或按规范给出的经验值采用。

①一般岩石地基可根据强度等级、节理按表3-5确定承载力基本容许值[$f_{a0}$]。对于复杂的岩层(如溶洞、断层、软弱夹层、易溶岩石、软化岩石等)应按各项因素综合确定。

②碎石土地基根据类别和密实度按表3-6确定地基承载力基本容许值[$f_{a0}$]。

③砂土地基根据土的密实度和水位情况按表3-7确定地基承载力基本容许值[$f_{a0}$]。

④粉土地基根据土的天然孔隙比和天然含水率按表3-8确定地基承载力基本容许值[$f_{a0}$]。

⑤老黏性土地基可根据压缩模量按表3-9确定地基承载力基本容许值[$f_{a0}$]。

⑥一般黏性土地基可根据液性指数 $I_L$ 和天然孔隙比 $e$,按表3-10确定地基承载力基本容许值[$f_{a0}$]。

⑦新近沉积黏性土地基可根据液性指数 $I_L$ 和天然孔隙比 $e$,按表3-11确定地基承载力基本容许值[$f_{a0}$]。

**一般岩石地基承载力基本容许值[$f_{a0}$]** 表3-5

| 坚硬程度 \ [$f_{a0}$](kPa) \ 节理发育程度 | 节理不发育 | 节 理 发 育 | 节理很发育 |
|---|---|---|---|
| 坚硬岩、较硬岩 | >3 000 | 3 000 ~ 2 000 | 2 000 ~ 1 500 |
| 较软岩 | 3 000 ~ 1 500 | 1 500 ~ 1 000 | 1 000 ~ 800 |
| 软岩 | 1 200 ~ 1 000 | 1 000 ~ 800 | 800 ~ 500 |
| 极软岩 | 500 ~ 400 | 400 ~ 300 | 300 ~ 200 |

**碎石土地基承载力基本容许值[$f_{a0}$]** 表 3-6

| [$f_{a0}$](kPa) 密实程度<br>土名 | 密实 | 中密 | 稍密 | 松散 |
|---|---|---|---|---|
| 卵石 | 1 200 ~ 1 000 | 1 000 ~ 650 | 650 ~ 500 | 500 ~ 300 |
| 碎石 | 1 000 ~ 800 | 800 ~ 550 | 550 ~ 400 | 400 ~ 200 |
| 圆砾 | 800 ~ 600 | 600 ~ 400 | 400 ~ 300 | 300 ~ 200 |
| 角砾 | 700 ~ 500 | 500 ~ 400 | 400 ~ 300 | 300 ~ 200 |

注:1. 由硬质岩组成,填充砂土者取大值;由软质岩组成,填充黏性土者取小值。

2. 半胶结的碎石土,可按密实的同类土的[$f_{a0}$]值提高 10% ~30%。

3. 松散的碎石土在天然河床中很少遇见,需特别注意鉴定。

4. 漂石、块石的[$f_{a0}$]值,可参照卵石、碎石适当提高。

**砂土地基承载力基本容许值[$f_{a0}$]** 表 3-7

| [$f_{a0}$](kPa) 密实程度<br>土名及水位情况 | | 密实 | 中密 | 稍密 | 松散 |
|---|---|---|---|---|---|
| 砾砂、粗砂 | 与湿度无关 | 550 | 430 | 370 | 200 |
| 中砂 | 与湿度无关 | 450 | 370 | 330 | 150 |
| 细砂 | 水上 | 350 | 270 | 230 | 100 |
| | 水下 | 300 | 210 | 190 | — |
| 粉砂 | 水上 | 300 | 210 | 190 | — |
| | 水下 | 200 | 110 | 90 | — |

**粉土地基承载力基本容许值[$f_{a0}$]** 表 3-8

| [$f_{a0}$](kPa) $w$(%)<br>$e$ | 10 | 15 | 20 | 25 | 30 | 35 |
|---|---|---|---|---|---|---|
| 0.5 | 400 | 380 | 355 | — | — | — |
| 0.6 | 300 | 290 | 280 | 270 | — | — |
| 0.7 | 250 | 235 | 225 | 215 | 205 | — |
| 0.8 | 200 | 190 | 180 | 170 | 165 | — |
| 0.9 | 160 | 150 | 145 | 140 | 130 | 125 |

**老黏性土地基承载力基本容许值[$f_{a0}$]** 表 3-9

| $E_s$(MPa) | 10 | 15 | 20 | 25 | 30 | 35 | 40 |
|---|---|---|---|---|---|---|---|
| [$f_{a0}$](kPa) | 380 | 430 | 470 | 510 | 550 | 580 | 620 |

**一般黏性土地基承载力基本容许值$[f_{a0}]$** 表 3-10

| $[f_{a0}]$(kPa) $I_L$ / $e$ | 0 | 0.1 | 0.2 | 0.3 | 0.4 | 0.5 | 0.6 | 0.7 | 0.8 | 0.9 | 1.0 | 1.1 | 1.2 |
|---|---|---|---|---|---|---|---|---|---|---|---|---|---|
| 0.5 | 450 | 440 | 430 | 420 | 400 | 380 | 350 | 310 | 270 | 240 | 220 | — | — |
| 0.6 | 420 | 410 | 400 | 380 | 360 | 340 | 310 | 280 | 250 | 220 | 200 | 180 | — |
| 0.7 | 400 | 370 | 350 | 330 | 310 | 290 | 270 | 240 | 220 | 190 | 170 | 160 | 150 |
| 0.8 | 380 | 330 | 300 | 280 | 260 | 240 | 230 | 210 | 180 | 160 | 150 | 140 | 130 |
| 0.9 | 320 | 280 | 260 | 240 | 220 | 210 | 190 | 180 | 160 | 140 | 130 | 120 | 100 |
| 1.0 | 250 | 230 | 220 | 210 | 190 | 170 | 160 | 150 | 140 | 120 | 110 | — | — |
| 1.1 | — | — | 160 | 150 | 140 | 130 | 120 | 110 | 100 | 90 | — | — | — |

注:1. 当土中含有粒径大于2mm的颗粒质量超过30%以上时,$[f_{a0}]$应适当提高。

2. 当$e<0.5$时,取$e=0.5$;当$I_L<0$时,取$I_L=0$。

**新近沉积黏性土地基承载力基本容许值$[f_{a0}]$** 表 3-11

| $[f_{a0}]$(kPa) $I_L$ / $e$ | ≤0.25 | 0.75 | 1.25 |
|---|---|---|---|
| ≤0.8 | 140 | 120 | 100 |
| 0.9 | 130 | 110 | 90 |
| 1.0 | 120 | 100 | 80 |
| 1.1 | 110 | 90 | — |

(3)地基承载力基本容许值尚应根据基底埋深、基础宽度及地基土的类别进行修正。

修正后的地基承载力$[f_a]$按式(3-30)确定。当基础位于水中不透水地层上时,$[f_a]$按平均常水位至一般冲刷线的水深每米再增大10kPa。

$$[f_a] = [f_{a0}] + k_1\gamma_1(b-2) + k_2\gamma_2(b-3) \tag{3-30}$$

式中:$[f_a]$——修正后的地基承载力容许值(kPa);

$b$——基础底面的最短边宽(m);当$b<2$m时,取$b=2$m;当$b>10$m时,取$b=10$m;

$h$——基底埋置深度(m),自天然地面起算,有水流冲刷时自一般冲刷线起算;当$h<3$m时,取$h=3$m;当$h/b>4$时,取$h=4b$;

$k_1$、$k_2$——基底宽度、深度修正系数,根据基底持力层土的类别按表3-12确定;

$\gamma_1$——基底持力层土的天然重度(kN/m$^3$);若持力层在水面以下且为透水者,应取浮重度;

$\gamma_2$——基底以上土层的加权平均重度(kN/m$^3$);换算时若持力层在水面以下,且不透水时,不论基底以上土的透水性质如何,一律取饱和重度;当透水时,水中部分土层则应取浮重度。

地基土承载力宽度、深度修正系数 $k_1$、$k_2$ 表　　　　表 3-12

| 土类 / 系数 | 黏性土 | | | | 粉土 | 砂土 | | | | | | | | 碎石土 | | | |
|---|---|---|---|---|---|---|---|---|---|---|---|---|---|---|---|---|---|
| | 老黏性土 | 一般黏性土 | | 新近沉积黏性土 | — | 粉砂 | | 细砂 | | 中砂 | | 砾砂、粗砂 | | 碎石、圆砾、角砾 | | 卵石 | |
| | | $I_L \geqslant 0.5$ | $I_L < 0.5$ | | — | 中密 | 密实 | 中密 | 密实 | 中密 | 密实 | 中密 | 密实 | 中密 | 密实 | 中密 | 密实 |
| $k_1$ | 0 | 0 | 0 | 0 | 0 | 1.0 | 1.2 | 1.5 | 2.0 | 2.0 | 3.0 | 3.0 | 4.0 | 3.0 | 4.0 | 3.0 | 4.0 |
| $k_2$ | 2.5 | 1.5 | 2.5 | 1.0 | 1.5 | 2.0 | 2.5 | 3.0 | 4.0 | 4.0 | 5.5 | 5.0 | 6.0 | 5.0 | 6.0 | 6.0 | 10.0 |

注：1. 对于稍密和松散状态的砂、碎石土，$k_1$、$k_2$ 值可采用表中所列中密值的50%计取。

2. 强风化和全风化的岩石，可参照所风化成的相应土类取值；其他状态下的岩石不作修正。

(4)软土地基承载力容许值$[f_a]$按下列规定确定：

软土地基承载力基本容许值$[f_{a0}]$应由荷载试验或其他原位测试取得。当荷载试验和原位测试确有困难时，对于中小桥、涵洞基底未经处理的软土地基，承载力容许值$[f_a]$可采用以下两种方法确定：

①根据原状土天然含水率 $w$，按表 3-8 确定软土地基承载力基本容许值$[f_{a0}]$，计算修正后的地基承载力容许值$[f_a]$：

$$[f_a] = [f_{a0}] + \gamma_2 h \tag{3-31}$$

式中符号意义同前。

②根据原状土强度指标确定软土地基承载力容许值$[f_a]$：

$$[f_a] = \frac{5.14}{m} k_p C_n + \gamma_2 h \tag{3-32}$$

$$k_p = \left(1 + 0.2\frac{b}{l}\right)\left(1 - \frac{0.4H}{blC_n}\right) \tag{3-33}$$

式中：$m$——抗力修正系数，可视软土的灵敏度及基础长宽比等因素选用，一般为1.5~2.5；

$C_n$——地基土不排水抗剪强度标准值(kPa)；

$k_p$——系数；

$H$——由作用(标准值)引起的水平力(kN)；

$b$——基础宽度(m)，有偏心作用时，取 $b-2e_b$；

$l$——垂直于 $b$ 边的基础长度(m)，有偏心作用时，取 $l-2e_l$；

$e_b$、$e_l$——作用在宽度和长度方向的偏心距；

其他符号意义同前。

经排水固结方法处理的软土地基，其承载力基本容许值$[f_{a0}]$应通过荷载试验或其他原位测试方法确定；经复合地基方法处理的软土地基，其承载力基本容许值$[f_{a0}]$应通过荷载试验确定，然后按式(3-31)计算修正后的软土地基承载力容许值$[f_a]$。

(5)其他特殊性岩土的地基承载力基本容许值$[f_{a0}]$可参照各地区经验或相应的标准确定。

(6)地基承载力容许值$[f_a]$应根据地基受荷阶段及受荷情况，乘以下列规定的抗力系数 $\gamma_R$。

①使用阶段：

a. 当地基承受作用短期效应组合或作用效应偶然组合时，可取 $\gamma_R = 1.25$；但对承载力容许值$[f_a]$小于 150kPa 的地基，应取 $\gamma_R = 1.0$。

b. 当地基承受的作用短期效应组合仅包括结构自重、预加力、土重、土侧压力、汽车和人群效应时，应取 $\gamma_R = 1.0$。

c. 当基础建于经多年压实且未遭破坏的旧桥基（岩石旧桥基除外）上时，不论地基承受的作用情况如何，抗力系数均可取 $\gamma_R = 1.5$；对承载力容许值$[f_a]$小于 150kPa 的地基，可取 $\gamma_R = 1.25$。

d. 当基础建于岩石旧桥基上时，应取 $\gamma_R = 1.0$。

②施工阶段：

a. 地基在施工荷载作用下，可取 $\gamma_R = 1.25$。

b. 当墩台施工期间承受单向推力时，可取 $\gamma_R = 1.5$。

4. 按原位试验确定地基容许承载力

上述地基容许承载力的确定，都必须先测定出地基原状土的物理力学性质指标。原状土样的取得都要经过钻探取样、运输、制备等过程。在这些过程中不可避免地会对土样造成不同程度的扰动，对于饱和软黏土或砂、砾等粗粒土、取得原状土样就更加困难了。为避免取原状土样，地基容许承载力的另一种确定方法就是原位试验。确定地基承载力的常用原位试验有现场荷载试验、标准贯入试验和静力触探试验等。

1）现场荷载试验确定地基容许承载力

根据荷载试验曲线可以确定临塑荷载 $P_{cr}$ 和极限荷载 $P_u$，然后确定地基土的变形模量 $E_0$，并计算压缩模量 $E_s$。也可以用临塑荷载 $P_{cr}$ 和极限荷载 $P_u$ 根据地基土类别按照荷载控制或变形控制来确定地基的容许承载力。但要注意，对于地基情况复杂、软弱土层比较深厚以及基础尺寸大的建筑物，不宜采用小尺寸的荷载试验。

2）标准贯入试验确定地基容许承载力

在项目一中，已经介绍过采用标准贯入试验来估算地基土的密实度 $D_r$。利用标准贯入试验确定地基容许承载力，各国都做了大量的工作，提出了很多经验公式，如梅耶霍夫公式：

$$[R] = N_{63.5}(1 + D/B) \times 10 \tag{3-34}$$

式中：$[R]$——地基容许承载力；

$N_{63.5}$——63.5kg 锤打入 30cm 的锤击数；

$D$、$B$——基础埋深和基础宽度（m）。

各个不同行业都有相应的利用 $N_{63.5}$ 来确定地基容许承载力的规范标准，这里不再赘述。

3）静力触探试验确定地基容许承载力

对于静力触探的机理而言，地基容许承载力的理论公式尚难与静力触探之间建立严格的关系。

当前各国的研究趋于在实践的基础上建立比贯入阻力 $p_s$，并与地基容许承载力之间形成近似的经验公式，便于实际应用。现在国内外的这类公式有很多，但都是地区性的，并且具有一定的适用范围，例如确定地基容许承载力的梅耶霍夫公式：

$$[R] = \frac{Bp_s}{36\left(1 + \frac{D}{B}\right)} \tag{3-35}$$

式中：$p_s$——比贯入阻力（kPa）；

$D$、$B$——基础埋深和基础宽度（m）。

**相关链接：**静力触探设备主要由加压装置、反力装置及触探头三部分组成。

加压装置的作用是提供加在触探头上的静压力，根据加压方式不同，可分为手摇式轻型静力触探、齿轮机械式静力触探、全液压传动静力触探三种。手摇式轻型静力触探适用于较大设备难以进入的狭小场地的浅层地基现场测试；齿轮机械式静力触探既可单独落地组装，也可装在汽车上，但贯入力较小，贯入深度有限；全液压传动静力触探在国内使用比较普遍，一般是将载重卡车改装成轿车型静力触探车，其动力来源既可使用汽车本身的动力，也可使用外接电源，工作条件较好，最大静压力可达200kN。

静力触探的反力装置是为垂直向下的静压力提供平衡反力的，它可以用三种形式提供，第一种是利用地锚提供反力，地锚根数视反力大小而定，一般可用104根或更多，每根地锚的长度一般约为1.5m，应设计成可拆卸式的，并且以单叶片为宜；第二种是用重物作反力，如地表土为砂砾、碎石土等，地锚难以进入时，可采用钢轨、钢锭等重物来解决反力问题；第三种是将整个触探设备装在载重汽车上，利用汽车自重作反力，如反力仍不够，再配合以前两种形式共同作用来满足反力要求。由于静压力是通过触探杆传到触探头上的，因此要求触探杆要有一定的刚度，触探杆外径通常为32~35mm，壁厚一般为5mm的高强度无缝钢管，同时为了使用方便，每根触探杆的长度以1m为宜，钻杆接头采用平接，以减少压入过程中钻杆与土的摩擦力。

触探头是静力触探设备中的核心部分，触探杆将探头匀速贯入土层时，一方面会引起尖锥以下局部土层的压缩，于是便产生了作用于锥尖的阻力；另一方面又会在孔壁周围形成一圈挤实层，从而导致产生作用于探头侧壁的摩阻力，探头的这两种阻力是土的力学性质的综合反映。因此，只要通过适当的内部结构设计，使探头具有能测得土层阻力的传感器的功能，便可根据所测阻力的大小来确定土的性质。触探头按其结构形式可分为单桥探头（图3-19）和双桥探头（图3-20）两种，单桥探头测到的是包括锥尖阻力和侧壁摩阻力在内的总贯入阻力，通常用比贯入阻力来表示，即：

$$p_s = \frac{p}{A}$$

式中：$p$——探头总贯入阻力（kN）；

$A$——探头截面面积（$m^2$）。

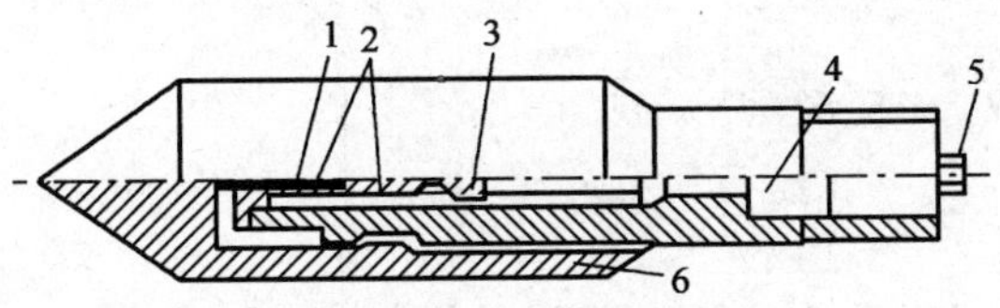

图3-19　单桥探头构造

1-顶柱；2-电阻应变片；3-传感器；4-密封垫圈套；5-四芯电缆；6-外套筒

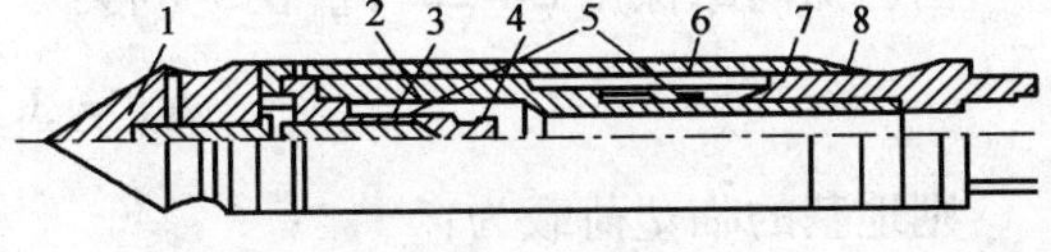

图3-20　双桥探头构造

1-锥尖头；2-钢珠；3-顶柱；4-锥尖传感器；5-电阻应变片；6-摩擦筒；7-摩擦传感器；8-传力杆

双桥探头可以同时分别测得锥尖总阻力$Q_c$和侧壁总摩阻力$p_f$，则单位面积锥尖阻力$q_c$和侧壁单位面积摩阻力$f_s$可表示为：

$$q_c = \frac{Q_c}{A};f_s = \frac{p_f}{F_s}$$

式中：$F_s$——外套筒的总侧面积（$m^2$）。

在现场测试以后可绘制或由静力触探自动记录仪自动绘制各种阻力与深度的关系曲线。地基土的承载力取决于土本身的力学性质,而静力触探所得的比贯入阻力等指标在一定程度上反映了土的某些力学性质。将静力触探试验资料和其他的测试结果(如取原状土在室内进行测试)相互对比,建立相关关系,或者可间接地按地区性的经验关系估算土的承载力、压缩性指标、单桩承载力、沉桩可能性和判定砂土液化等。

## 完成工作任务

1. 任务

确定某建筑的地基容许承载力。

2. 基本资料

某宿舍楼为条形筏板基础,基宽 $b=12\text{m}$,埋深 $d=3\text{m}$,地基土经勘察确定为:均匀老黏土,地下水位为 8m,已经取得地基的土样,并检测出地基土的重度 $\gamma=18\text{kN/m}^3$、饱和重度 $\gamma_{sat}=19.9\text{kN/m}^3$。

3. 要求

(1)通过室内直接剪切试验(三轴剪切试验)测定地基土的强度指标($c$、$\varphi$)。

(2)利用规范法确定该建筑地基土的容许承载力。

(3)利用理论计算法进行验算。

①计算临塑荷载 $p_{cr}$和临界荷载 $p_{\frac{1}{4}}$、$p_{\frac{1}{3}}$及地基承载力设计值。

②按太沙基公式计算极限荷载。

(4)以组为单位,各组员独立完成上述任务按要求上交计算结果(组长负责检查各成员的计算结果),供教师批阅。

4. 案例分析

**【案例 3-1】** 某条形基础承受中心荷载,其底面宽 $b=2\text{m}$,埋置深度 $d=1\text{m}$,地基土的重度$\gamma=20\text{kN/m}^3$,内摩擦角 $\varphi=20°$,黏聚力 $c=30\text{kPa}$,试用理论公式确定地基容许承载力。

**解:**(1)计算地基的临塑荷载。

由已知内摩擦角 $\varphi=20°$,查表 3-1 得:

$$N_d = 3.1, N_c = 5.6$$

则地基的临塑荷载为:

$$p_{cr} = N_d\gamma d + N_c c = 3.1 \times 20 \times 1 + 5.6 \times 30 = 230(\text{kPa})$$

(2)计算地基的临界荷载。

由已知内摩擦角 $\varphi=20°$,查 3-1 可得受中心荷载作用承载力系数为:

$$N_d = 3.1, N_c = 5, N_{\frac{1}{4}} = 0.5$$

则地基的临界荷载为:

$$p_{\frac{1}{4}} = N_{\frac{1}{4}}\gamma b + N_d\gamma d + N_c c = 0.5 \times 20 \times 2 + 230 = 250(\text{kPa})$$

(3)计算地基的极限荷载。

已知内摩擦角 $\varphi=20°$，查图 3-17 可得承载力系数：

$$N_r = 4, N_c = 17.5, N_q = 7$$

按太沙基公式计算极限荷载为：

$$p_u = \frac{1}{2}\gamma n N_r + cN_c + \gamma d N_q = \frac{1}{2} \times 20 \times 2 \times 4 + 30 \times 17.5 + 20 \times 7 = 745(\text{kPa})$$

用太沙基极限荷载公式计算地基容许承载力时，其安全系数 $K$ 应取 3.0，即地基的容许承载力为：

$$f = \frac{p_u}{K} = \frac{745}{3} = 248.3(\text{kPa})$$

5. 检测试验

(1) 直剪试验（三轴剪切试验）。

(2) 无侧限抗压试验。

(3) 标准贯入试验。

(4) 静力触探试验。

(5) 现场荷载试验。

6. 分组讨论

(1) 土的抗剪强度的来源是否为定值？为什么？土体中最大剪应力 $\tau_{max}$ 作用面是否最先剪坏？为什么？

(2) 剪切破坏面与最大主应力作用面的夹角是多少？剪切破坏面与最小主应力作用面的夹角是多少？

(3) 什么是土的极限平衡条件？从库仑定律和莫尔圆的原理说明：最大、最小主应力（$\sigma_1$、$\sigma_3$）的增大或减小与土体强度破坏间的关系。

(4) 地基的破坏形式有哪几种？引起的原因是什么？地基受荷后变形的三个阶段是什么？

(5) 何为地基承载力？有哪几种确定方法？

(6) $p_{cr}$、$p_u$、$p_{\frac{1}{3}}$、$p_{\frac{1}{4}}$ 分别是何种意义的荷载？并排列其大小顺序。

(7) 影响地基承载的因素有哪些？为什么？

7. 实战演练

(1) 已知地基中某一点所受的最大主应力 $\sigma_1=600\text{kPa}$，最小主应力 $\sigma_3=100\text{kPa}$。要求：①绘制摩尔应力圆；②求最大剪应力值和最大剪应力作用面与最大主应力面的夹角；③计算作用在与最小主应力面成 30°面上的正应力和剪应力。

(2) 某土样内摩擦角 $\varphi=23°$，$c=18\text{kPa}$，土中最大主应力和最小主应力分别为 $\sigma_1=300\text{kPa}$，$\sigma_3=120\text{kPa}$，试判断土样是否达到极限平衡状态？

(3) 已知某土样的一组直剪试验结果，在正应力 $\sigma$ 分别为 100kPa、200kPa、300kPa、400kPa 时，测得的抗剪强度 $\tau_f$ 分别为 67kPa、119kPa、161kPa、215kPa。试用作图法求该土样的抗剪强度指标 $c$、$\varphi$ 值。若作用在此土中某平面上的正应力和剪应力分别为 220kPa 和 100kPa，试问是否会发生剪切破坏？

(4) 某条形基础宽 12m，埋深 2m，基土为均质黏性土，$c=16\text{kPa}$，$\varphi=15°$，地下水位与基底面一样高，该面以上土的湿重度为 $18\text{kN/m}^3$，土的饱和重度为 $19\text{kN/m}^3$。试计算在受到均布荷

载作用时的 $p_{cr}$、$p_u$、$p_{\frac{1}{3}}$、$p_{\frac{1}{4}}$。

8. 考核评价

(1)学生自评:由教师根据该项目中的知识和技能出 5 个测试题目,学生完成自我测试并填写本任务的自评表(评价表参见附录)。

(2)小组评价:主讲教师根据班级人数、学生学习情况等因素合理分组,然后以学习小组为单位完成分组讨论题目,做答案演示,并完成小组测评表(评价表参见附录)。

(3)教师评价:由教师综合学生自评、小组评价以及任务完成情况对学生进行评价(评价表参见附录)。

# 项目四　挡土墙的设计

## 学习目标

1. 掌握土压力的基本知识，能够计算各种类型的土压力；

2. 掌握挡土墙的用途和分类，熟悉挡土墙设计的依据和原则；

3. 熟悉重力式挡土墙、加筋土挡土墙设计的计算方法；

4. 完成重力式挡土墙的课程设计。

## 任务描述

在这一项目中，首先学习并掌握土压力的概念和计算理论，能够完成各种不同条件下的土压力计算。其次学习并掌握挡土墙的类型与用途、挡土墙的设计原则、设计依据，以及重力式挡土墙和加筋挡土墙的设计方法。最后完成××高速路第三合同段中一重力式挡土墙的设计。

## 学习引导

本任务沿着以下脉络进行学习：

1. 情境导入（介绍设计挡土墙所需的知识和技能）；

2. 课堂教学（学习土压力计算方法，挡土墙设计的依据和原则，重力式挡土墙和加筋挡土墙的设计方法）；

3. 分组讨论；

4. 完成重力式挡土墙（加筋挡土墙）的课程设计；

5. 课后思考与总结（个人完成实战演练内容，并提交学习总结）；

6. 教师考核（根据分组讨论、实战演练和课程设计等环节对知识目标和设计能力进行考核）。

## 学习相关知识

### 一、计算静止土压力

1. 土压力的概念

土压力是指作用于各种挡土结构物（统称为挡土墙）上的侧向压力。其值的大小直接影响到挡土墙的稳定性，是土力学中的一个重要内容。本章主要介绍朗金土压力理论和库仑土压力理论，包括现行《公路桥涵设计通用规范》（JTG D60—2004）中有关土压力计算的内容和采用的方法。在道路与桥梁工程中，挡土结构物主要有桥台、路基挡土墙和路堑边坡挡土墙等。作用在挡土墙上的土压力与其位移的方向和大小、挡土墙的状况（刚度，断面形状，墙背竖直或倾斜，墙背光滑或粗糙等）以及墙后填土的性质等因素有关。挡土墙的位移方向是影响土压力大小的最主要因素。

根据挡土墙可能产生位移的方向,通常将土压力分为下列三种:

(1)静止土压力。挡土墙保持原来位置不动,如图 4-1a)所示,此时作用在挡土墙上的土压力称为静止土压力。作用于每延米挡土墙上的静止土压力用 $E_0$(kN/m)表示,其大小相当于图 4-2 中 $a$ 点的纵坐标。此时挡土墙背后的土体处于静止的弹性平衡状态。修筑在坚硬土质的地基上,且断面尺寸很大的挡土墙,如嵌固于岩基上的重力式挡土墙所承受的土压力,就属于这种情况。

(2)主动土压力。挡土墙在墙后土体的作用下(是土主动推墙)向前移动,如图 4-1b)所示,墙后土体也随之向前移动,土中产生了剪应力 $\tau$。随着位移的逐渐增大,土中剪应力也随之增大,具有阻碍土体移动的抗剪强度 $\tau_f$ 逐渐发挥作用,使得作用于挡土墙上的土压力由静止土压力 $E_0$ 开始逐渐减小。当土中剪应力达到极限值($\tau=\tau_f$)时,墙后土体达到极限平衡状态,土压力减至为最小值,此时该值被称为主动土压力。作用于每延米挡土墙上的主动土压力用 $E_a$(kN/m)表示,其大小相当于图 4-2 中点 $b$ 的纵坐标。普通挡土墙所承受的土压力,多数属于这种情况。

(3)被动土压力。挡土墙在某种外力的作用下(是土被动受挤)向后移动,如图 4-1c)所示,墙后土体也随之向后移动,土中产生了剪应力 $\tau$。随着位移的逐渐增大,土中剪应力也随之增大,具有阻碍土体移动的抗剪强度 $\tau_f$ 逐渐发挥作用,使得作用于挡土墙上的土压力由静止土压力 $E_0$ 开始逐渐增大。当土中剪应力达到极限值($\tau=\tau_f$)时,墙后土体达到极限平衡状态,土压力增至为最大值,此时该值被称为被动土压力。作用于每延米挡土墙上的被动土压力用 $E_p$(kN/m)表示,其大小相当于图 4-2 中点 $c$ 的纵坐标。某种水平外力作用在挡土墙前端,如拱桥的桥台所承受的土压力,就属于这种情况。

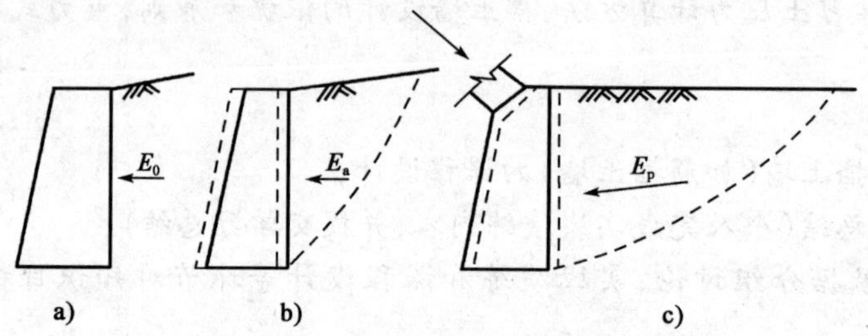


图 4-1 挡土墙的土压力

a)静止土压力;b)主动土压力;c)被动土压力

在设计挡土墙时,采用何种土压力,除了根据挡土墙产生位移的方向确定外,还要考虑其位移的大小,即位移量。试验表明,形成被动极限平衡状态时的位移量远远大于形成主动极限平衡状态时的位移量。设挡土墙高为 $H$,土体达到主动极限平衡状态时的位移量:密实砂土为 $0.5\%H$,密实黏土为($1\% \sim 2\%$)$H$;土体达到被动极限平衡状态时的位移量:密实砂土为 $5\%H$,密实黏土为 $10\%H$。若 $H=10$m,土体达到被动极限平衡状态时,密实黏土的位移量将达到 1m,如此大的位移量是一般挡土墙所不允许的。因此在实际工程中,被动土压力可根据挡土墙允许产生的位移量,按其中一部分计算,有时也可按静止土压力计算。

2. 计算静止土压力

1)计算原理

如图 4-3a)所示,挡土墙后水平填土表面以下深度 $z$ 处,土体自重所引起的竖向应力为:

$$\sigma_z = \gamma z$$

水平应力为：

$$\sigma_x = \sigma_y = \xi\sigma_z = \xi\gamma z$$

由于墙背静止不动，故墙后土体无侧向位移，所以挡土墙背后在该点的静止土压力强度就是该点由土体自重所引起的水平应力。即：

$$p_0 = \sigma_x = \xi\sigma_z = \xi\gamma z \quad (4\text{-}1)$$

挡土墙背后土体的静止土压力就等于墙背由土体自重引起的水平应力的总和。

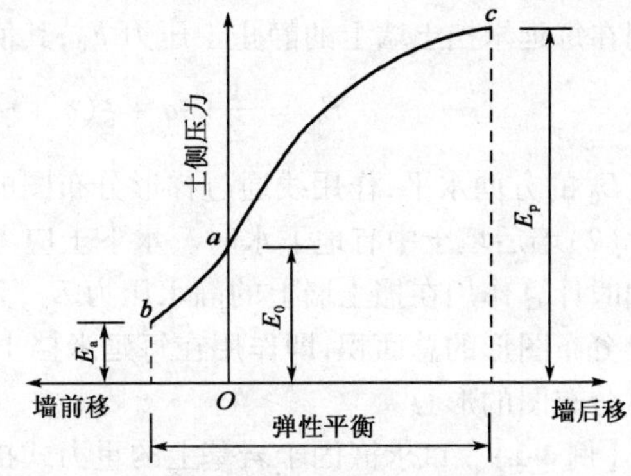

图 4-2 挡土墙土压力和位移的大小关系

2）计算公式

由式(4-1)可知：当墙高为 $H$ 时，作用于墙背上的静止土压力强度沿墙背高度上的分布为三角形，如图 4-3b）所示，所以作用于每延米挡土墙上的静止土压力 $E_0$ 为：

$$E_0 = \frac{1}{2}\gamma H^2 \xi \quad (4\text{-}2)$$

式中：$E_0$——作用于墙背上的静止土压力强度（kPa）；

$\gamma$——墙后填土的重度（kN/m³）；

$H$——挡土墙的高度（m）；

$\xi$——静止土压力系数（土的侧压力系数），可参考表 4-1 经验值选取。

也可按下列半经验公式求得：

$$\xi = 1 - \sin\varphi'$$

式中：$\varphi'$——土的有效内摩擦角（°）。

**压实土的静止压力系数 $\xi$** 表 4-1

| 压实土的名称 | 砾石、卵石 | 砂 土 | 亚 砂 土 | 亚 黏 土 | 黏 土 |
|---|---|---|---|---|---|
| 静止压力系数 $\xi$ | 0.2 | 0.25 | 0.35 | 0.45 | 0.55 |

$E_0$ 的方向水平，作用线通过分布图的形心，离墙脚的高度为 $H/3$，如图 4-3 所示。

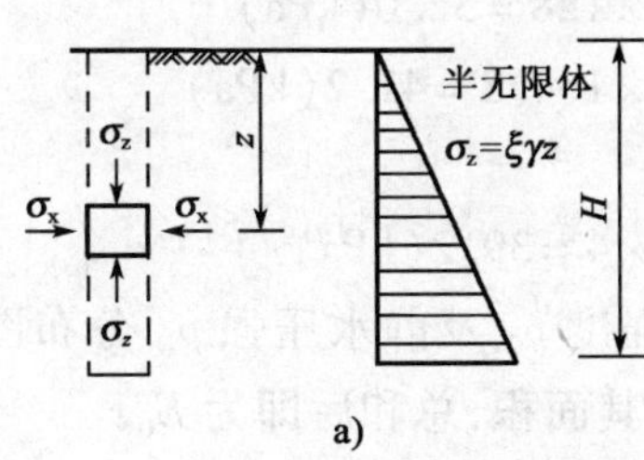

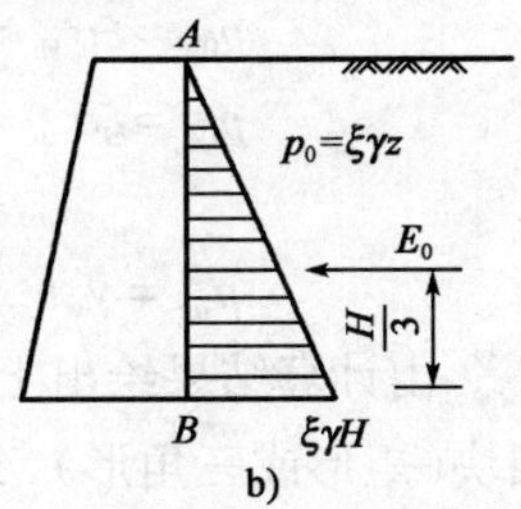

图 4-3 静止土压力的计算图

3）静止土压力计算公式应用

（1）当挡土墙后的填土表面上作用有均布荷载 $q$ 时，此时挡土墙背后在深度 $z$ 处的静止土压力强度为：

$$p_0 = \xi(q + \gamma z) \quad (4\text{-}3)$$

绘出 $p_0$ 沿挡土墙高度 $H$ 的分布图(此时分布图形为梯形),再求出分布图形的面积,就是作用在每延米挡土墙上的静止土压力 $E_0$,其值为:

$$E_0 = \frac{1}{2}[\xi q + \xi(q + \gamma H)]H = \frac{1}{2}(2q + \gamma H)\xi H \tag{4-4}$$

$E_0$ 的方向水平,作用线通过梯形分布图的形心。

(2)墙后填土中有地下水时。水下土应考虑水的浮力,故式(4-2)中的 $\gamma$ 应采用浮重度,并同时计算作用在挡土墙上的静水压力 $E_w$,分别绘出 $p_0$ 和 $E_w$ 沿挡土墙高度 $H$ 的分布图,再求出分布图形的总面积,即作用在每延米挡土墙上的静止土压力 $E_0$。$E_0$ 的方向水平,作用线通过分布图的形心。

**【例 4-1】** 试求嵌固于岩基上的重力式挡土墙所承受的土压力,已知条件如图 4-4 所示。

**解**:(1)因为是求嵌固于岩基上的重力式挡土墙所承受的土压力,故可按静止土压力计算。

$$\sigma_{za} = q = 20(\text{kPa})$$

$$\sigma_{zb} = q + \gamma_1 h_1 = 20 + 18 \times 6 = 128(\text{kPa})$$

$$\sigma_{zc} = q + \gamma_1 h_1 + \gamma_2 h_2 = 128 + 9.2 \times 4 = 164.8(\text{kPa})$$

(2)求各特征点的竖向应力。

(3)求各特征点的土压力强度。

查表 4-1 得静止土压力系数:$\xi = 0.25$。

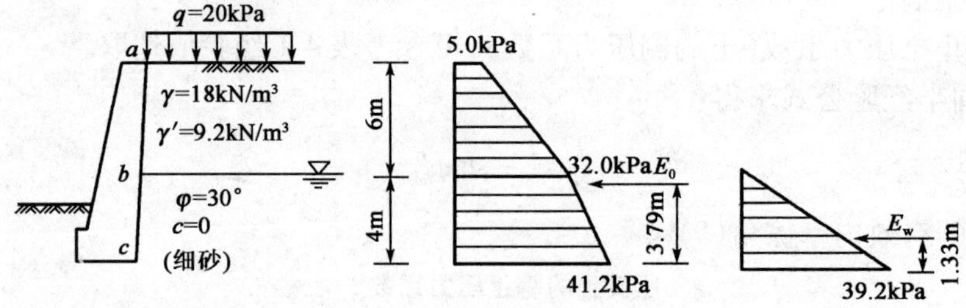


图 4-4　例 4-1 图

则各点的土压力强度为:

$$p_{0a} = \xi\sigma_{za} = 0.25 \times 20 = 5.0(\text{kPa})$$

$$p_{0b} = \xi\sigma_{zb} = 0.25 \times 128 = 32.0(\text{kPa})$$

$$p_{0c} = \xi\sigma_{zc} = 0.25 \times 164.8 = 41.2(\text{kPa})$$

$c$ 点静水压强:

$$p_{wc} = \gamma_w h_w = 9.8 \times 4 = 39.2(\text{kPa})$$

(4)求 $E_0$ 及 $E_w$。由计算结果绘出土压力强度 $p_0$ 及静水压强 $p_w$ 分布图,如图 4-4 所示。将 $p_0$ 分布图分为四块(矩形或三角形),分别求其面积,总和后即为 $E_0$:

$$E_{01} = p_{01}h_1 = 5.0 \times 6 = 30.0(\text{kN/m})$$

$$E_{02} = \frac{1}{2}(p_{0b} - p_{0a}) \times h_1 = \frac{1}{2}(32.0 - 5.0) \times 6 = 81.0(\text{kN/m})$$

$$E_{03} = p_{0b}h_2 = 32.0 \times 4 = 128.0(\text{kN/m})$$

$$E_{04} = \frac{1}{2}(p_{0c} - p_{0b}) \times h_2 = \frac{1}{2}(41.2 - 32.0) \times 4 = 18.4(\text{kN/m})$$

$$E_0 = E_{01} + E_{02} + E_{03} + E_{04} = 30.0 + 81.0 + 128.0 + 18.4 = 257.4(\text{kN/m})$$

$$E_w = \frac{1}{2}p_{wc}h_w = \frac{1}{2} \times 39.2 \times 4 = 78.4(\text{kN/m})$$

(5)求 $E_0$ 及 $E_w$ 的作用点位置：

$$z_{0c} = \frac{\sum E_{0i} \cdot z_i}{\sum E_{0i}} = \frac{E_{01}(h_2 + \frac{h_1}{2}) + E_{02}(h_2 + \frac{h_1}{3}) + E_{03} \cdot \frac{h_2}{2} + E_{04} \cdot \frac{h_2}{3}}{E_{0i}}$$

$$= \frac{30.0 \times (4 + \frac{6}{2}) + 81.0 \times (4 + \frac{6}{3}) + 128.0 \times \frac{4}{2} + 18.4 \times \frac{4}{3}}{257.4} = 3.79(\text{m})$$

$$z_{wc} = \frac{h_w}{3} = \frac{4}{3} = 1.33(\text{m})$$

## 二、朗金土压力理论

### 1. 计算原理

于 1857 年提出的朗金土压力理论，虽然不够完善，但由于计算简单，在一定条件下其计算结果与实际较符合，所以目前仍被广泛应用。

朗金土压力理论是从分析挡土结构物后面土体内部因自重产生的应力状态入手，去研究土压力的。如图 4-5a)所示，在半无限土体中任意取一竖直切面 $AB$ 即为对称面，而对称面上剪应力为零，即说明该面和与其垂直的水平面为主应力面，则 $AB$ 面上深度 $z$ 处的单元土体上的竖向应力 $\sigma_z$ 和水平应力 $\sigma_x$ 均为主应力。当土体处于弹性平衡状态时，$\sigma_z = \gamma z$，$\sigma_x = \xi\gamma z$，其应力圆如图 4-5d)所示，与土的抗剪强度线不相交。在 $\sigma_z$ 不变的条件下，若 $\sigma_x$ 逐渐减小，当土体达到极限平衡时，其应力圆将与抗剪强度线相切，如图 4-5d)中所示的 $MN_2$，$\sigma_z$ 和 $\sigma_x$ 分别为最大及最小主应力，此时的状态称为朗金主动极限平衡状态，土体中产生的两组滑动面与水平面成夹角$\left(45^\circ + \frac{\varphi}{2}\right)$，如图 4-5b)所示。在 $\sigma_z$ 不变的条件下，若 $\sigma_x$ 不断增大，当土体达到极限平衡时，其应力圆将与抗剪强度相切，如图 4-5d)中所示的 $MN_3$，此时 $\sigma_z$ 为最小主应力，$\sigma_x$ 为最大主应力，此时的状态称为朗金被动极限平衡状态，土体中产生的两组滑动面与水平面成夹角$(45^\circ - \frac{\varphi}{2})$，如图 4-5c)所示。朗金假定：把半无限土体中的任意竖直面 $AB$，看成是一个虚设的光滑（无摩擦）的挡土墙墙背。当该墙背产生位移时，使得墙后土体达到主动或被动极限平衡状态，此时作用在墙背上的土压力强度等于相应状态下的水平应力 $\sigma_x$。

朗金土压力公式适用于墙背竖直光滑（墙背与土体间不计摩擦力）、墙后填土表面水平且与墙顶齐平的情况。

### 2. 主动土压力

由上述分析可知，当挡土墙在墙后土体的作用下（土推墙）发生向前的位移，土体达到主动极限平衡状态时，$\sigma_x = \sigma_3 = p_a$，$\sigma_z = \sigma_1 = \gamma z$。根据极限平衡条件公式，可得出深度 $z$ 处的土压力强度为：

$$p_a = \sigma_z \tan^2\left(45° - \frac{\varphi}{2}\right) - 2c \cdot \tan\left(45^\circ - \frac{\varphi}{2}\right) \tag{4-5}$$

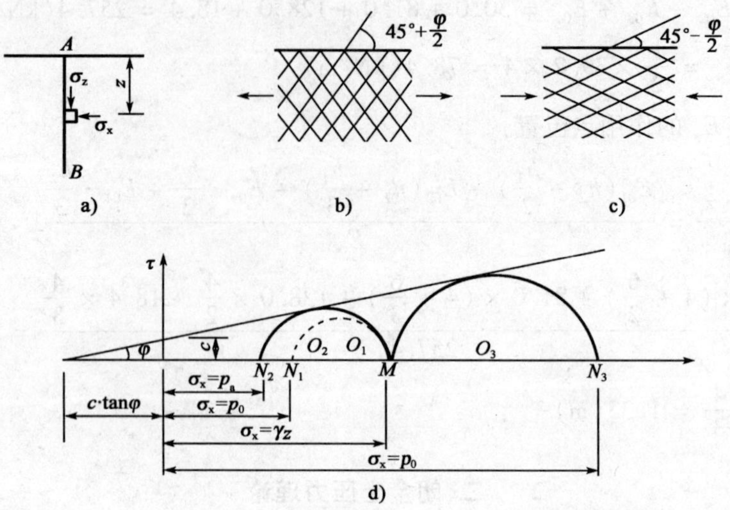


图 4-5 朗金极限平衡状态

或

$$p_a = \sigma_z m^2 - 2cm$$

式中：$p_a$——主动土压力强度；

$\sigma_z$——深度 $z$ 处的竖向应力；

$\varphi$——土体的内摩擦角；

$c$——土体的黏聚力；

$m$——土压力系数，其值为 $m=\tan(45^\circ-\frac{\varphi}{2})$，或由 $\varphi$ 值查表 4-2 得到。

（1）砂性土：黏聚力 $c=0$，由式（4-5）得 $p_a=\sigma_z m^2=\gamma z m^2$，$p_a$ 与 $z$ 成正比例，其分布图为三角形，如图 4-6a）所示，作用于每延米挡土墙上的主动土压力合力 $E_a$ 等于该三角形的面积。

土压力系数 表 4-2

| $\varphi$(°) | $m=\tan(45^\circ-\frac{\varphi}{2})$ | $m^2$ | $\frac{1}{m}$ | $\frac{1}{m^2}$ |
|---|---|---|---|---|
| 0 | 1.000 | 1.000 | 1.000 | 1.000 |
| 2 | 0.996 | 0.992 | 1.036 | 1.073 |
| 4 | 0.993 | 0.870 | 1.072 | 1.149 |
| 6 | 0.900 | 0.810 | 1.111 | 1.234 |
| 8 | 0.869 | 0.755 | 1.150 | 1.323 |
| 10 | 0.839 | 0.704 | 1.192 | 1.421 |
| 12 | 0.810 | 0.657 | 1.235 | 1.525 |
| 14 | 0.781 | 0.610 | 2.280 | 1.638 |
| 16 | 0.754 | 0.569 | 1.327 | 1.760 |
| 18 | 0.727 | 0.528 | 2.376 | 1.893 |
| 20 | 0.700 | 0.490 | 1.428 | 2.039 |
| 22 | 0.675 | 0.455 | 1.483 | 2.199 |
| 24 | 0.649 | 0.423 | 1.540 | 2.372 |
| 26 | 0.625 | 0.391 | 1.600 | 2.560 |
| 28 | 0.601 | 0.361 | 1.664 | 2.769 |
| 30 | 0.577 | 0.333 | 1.732 | 3.000 |

续上表

| $\varphi$(°) | $m=\tan(45°-\frac{\varphi}{2})$ | $m^2$ | $\frac{1}{m}$ | $\frac{1}{m^2}$ |
|---|---|---|---|---|
| 32 | 0.554 | 0.307 | 1.804 | 3.254 |
| 34 | 0.532 | 0.283 | 1.881 | 3.538 |
| 36 | 0.510 | 0.260 | 1.963 | 3.853 |
| 38 | 0.488 | 0.238 | 2.050 | 4.203 |
| 40 | 0.466 | 0.217 | 2.145 | 4.601 |
| 42 | 0.445 | 0.198 | 2.246 | 5.045 |
| 44 | 0.424 | 0.180 | 2.366 | 5.551 |
| 46 | 0.404 | 0.163 | 2.475 | 6.126 |
| 48 | 0.384 | 0.147 | 2.605 | 6.786 |
| 50 | 0.364 | 0.132 | 2.747 | 7.546 |

$E_a$ 的大小：

$$E_a = \frac{1}{2}(\gamma H m^2)H = \frac{1}{2}\gamma H^2 m^2 \tag{4-6}$$

$E_a$ 的方向：水平指向挡土墙墙背。

$E_a$ 的作用点：通过该面积形心，离墙角的高度为$\frac{H}{3}$，如图4-6a)所示。

(2)黏性土：黏聚力 $c\neq0$，由式(4-5)可知，当 $z=0$ 时，$\sigma_z=\gamma z=0$，$p_a=-2cm$；$z=H$ 时，$\sigma_z=\gamma H$，$p_a=\gamma Hm^2-2cm$，其分布图为两个三角形，如图4-6a)所示，其中面积为负的部分表示受拉，而墙背与土体间不可能存有拉应力，故计算土压力时，负值部分应省略不计。

假设 $p_a=0$ 处的深度为 $z_0$，则由式(4-5)得：

$$z_0 = \frac{2c}{\gamma m}$$

作用于每延米挡土墙上的主动土压力合力 $E_a$ 等于土中压力部分分布图三角形的面积。$E_a$ 的大小：

$$E_a = \frac{1}{2}(\gamma Hm^2 - 2cm)(H - z_0) = \frac{1}{2}\gamma H^2 m^2 - 2Hcm + \frac{2c^2}{\gamma} \tag{4-7}$$

$E_a$ 的方向：水平指向挡土墙墙背。

$E_a$ 的作用点：通过分布图形心，即作用点离墙角的高度为$\frac{H-z_0}{3}$。

3. 被动土压力

同理，当挡土墙在某种外力的作用下推动土体(墙推土)产生向后的位移，土体达到被动极限平衡状态时为：

$$p_p=\sigma_x=\sigma_1, \sigma_z=\gamma z=\sigma_3$$

根据极限平衡条件公式，可得出深度 $z$ 处的被动土压力强度：

$$p_p = \sigma_z \tan^2(45° + \frac{\varphi}{2}) + 2c \cdot \tan\left(45° + \frac{\varphi}{2}\right) \tag{4-8}$$

$$p_p = \sigma_z \frac{1}{m^2} + 2c\frac{1}{m}$$

式中：$p_p$——被动土压力强度(kPa)；

$\frac{1}{m}$——土压力系数，其值为$\frac{1}{m}=\tan(45°+\frac{\varphi}{2})$，也可按 $\varphi$ 值查表4-2得到；

其他符号意义同前。

(1)砂性土:黏聚力 $c=0,p_p=\sigma_z\frac{1}{m^2}=\frac{\gamma_z}{m^2},p_p$ 与 $z$ 成正比例,其分布图为三角形,如图 4-6b)所示,作用于每延米挡土墙上的合力 $E_p$ 等于该三角形的面积。

(2)黏性土:黏聚力 $c\neq0$,当 $z=0$ 时,$\sigma_z=0,p_p=\frac{2c}{m}$;当 $z=H$ 时,$\sigma_z=\gamma H,p_p=\frac{\gamma H}{m^2}+\frac{2c}{m}$,其分布图形为梯形,如图 4-6b)所示,作用于每延米挡土墙上的合力 $E_p$ 等于该梯形分布图的面积。

$E'_p$的大小:

$$E'_p=\frac{1}{2}\cdot\frac{\gamma H}{m^2}\cdot H=\frac{\gamma H^2}{2m^2} \tag{4-9}$$

$E'_p$的方向:水平指向挡土墙墙背。

$E'_p$的作用点:通过该面积形心,离墙角的高度为$\frac{H}{3}$,如图 4-6b)所示。

$E_p$ 的大小:

$$E_p=\frac{\gamma H^2}{2m^2}+\frac{2cH}{m} \tag{4-10}$$

$E_p$ 的方向:水平指向挡土墙。

$E_p$ 的作用点:通过分布图的形心。

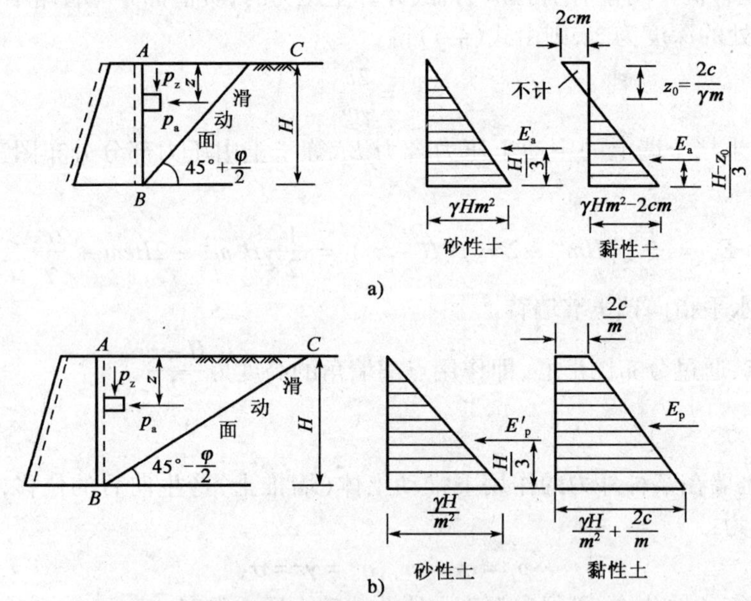


图 4-6 朗金土压力计算图式

a)主动土压力;b)被动土压力

4. 朗金土压力公式应用

1)填土面上作用有连续均布荷载

如图 4-7a)所示,当填土表面作用有连续均布荷载 $q$ 时,先求出深度 $z$ 处的竖向应力:

$$\sigma_z=q+\gamma z$$

$$p_a=\sigma_z m^2-2cm=(q+\gamma z)m^2-2cm$$

将上式代入式(4-5)得：

(1)砂性土：黏聚力 $c=0$，当 $z=0$ 时，$p_a=qm^2$；当 $z=H$ 时，$p_a=(q+\gamma H)m^2-2cm$，其土压力分布图为梯形，如图4-7b)所示。

(2)黏性土：黏聚力 $c\neq0$，当 $z=0$ 时，$p_a=qm^2-2cm$，若 $qm^2>2cm$，则 $p_a>0$，$p_a$ 分布图为梯形；若 $qm^2\leqslant2cm$，则 $p_a\leqslant0$，$p_a$ 分布图为三角形，如图4-7c)所示，负值部分仍不考虑。

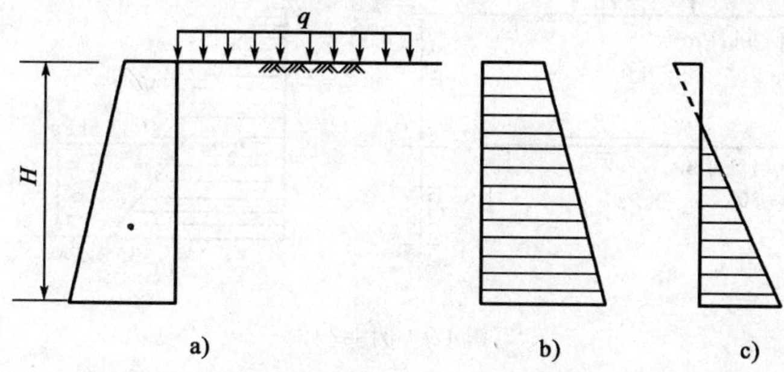


图4-7 填土表面作用有连续均布荷载 $q$ 时，主动土压力计算图式

2)墙后填土为多层土

如图4-8所示，当填土有两层或两层以上时，需分层计算其土压力。

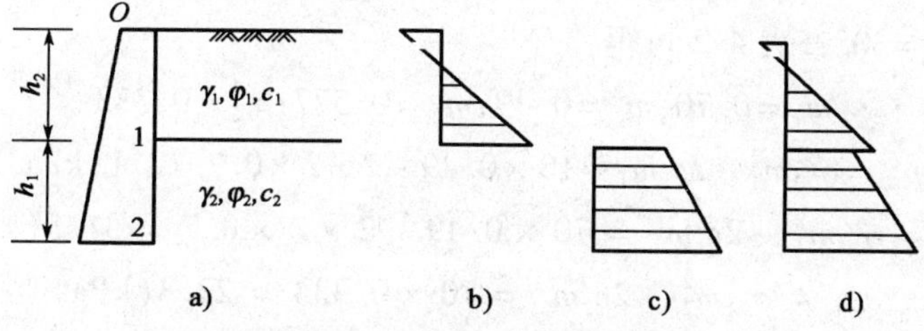


图4-8 多层土的主动压力计算图式

(1)上部土层产生的土压力按前述方法计算，对于黏性土：

$$p_{a0}=-2c_1m_1$$

$$p_{a1}=\sigma_{z1}m_1^2-2c_1m_1=\gamma_1h_1m_1^2-2c_1m_1$$

其分布图如图4-8b)所示。

(2)下部土层产生的土压力，可将上部土层视为均布荷载，即：

$$q=\sigma_{z1}=\gamma_1h_1$$

则：

$$\sigma_{z2}=\gamma_1h_1+\gamma_2h_2$$

$$p_{a1}=\sigma_{a1}m_2^2-2c_2m_2=\gamma_1h_1m_2^2-2c_2m_2$$

$$p_{a2}=\sigma_{a2}m_2^2-2c_2m_2=(\gamma_1h_1+\gamma_2h_2)m_2^2-2c_2m_2$$

其分布图如图4-8c)所示。

(3)将上下土层得到的土压力相加，即将图4-8b)与图4-8c)土压力分布图的面积相加，就得到整个挡土墙所承受的土压力 $E_a$，其 $E_a$ 作用方向水平，作用点通过该分布图的形心，如图4-8d)所示。

3)墙后填土中有地下水

将地下水位处看作是一个土层分界面，水位以下的土一般采用浮重度 $\gamma'$，土压力计算方法同上，但应注意需计算静水压力。

【例 4-2】 挡土墙后的填土面上作用于均布荷载 $q=10\text{kPa}$，填土分两层，其厚度和物理力学性质指标如图 4-9 所示，地下水位在土层界面处，$\gamma_2'=8\text{kN/m}^3$，试求作用在挡土墙上的主动土压力。

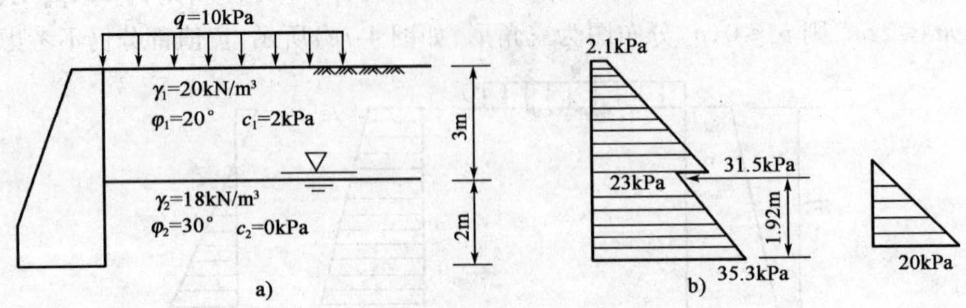


图 4-9 例 4-2 图

**解**：(1)先求各层面的竖向应力。

$$\sigma_{z0}=q=10(\text{kPa})$$

$$\sigma_{z1}=q+\gamma_1 h_1=10+20\times3=70(\text{kPa})$$

$$\sigma_{z2}=q+\gamma_1 h_1+\gamma'_2 h_2=70+8\times2=86(\text{kPa})$$

由 $\varphi_1=20°$，$\varphi_2=30°$查表 4-2 可得：

$$m_1=0.70;m_1^2=0.49;m_2=0.577;m_2^2=0.333$$

上层：
$$p_{a0}=\sigma_{z0}m_1^2-2c_1m_1=10\times0.49-2\times2\times0.7=2.1(\text{kPa})$$

$$p_{a1}=\sigma_{z1}m_1^2-2c_1m_1=70\times0.49-2\times2\times0.7=31.5(\text{kPa})$$

下层：
$$p_{a1}=\sigma_{z1}m_2^2-2c_2m_2=70\times0.333=23.3(\text{kPa})$$

$$p_{a2}=\sigma_{z2}m_2^2=86\times0.333=28.6(\text{kPa})$$

按计算结果绘出 $p_a$ 分布图[图 4-9b)]。

(2)求 $E_a$ 值及其作用点。

$p_a$ 分布图面积即为所求 $E_a$ 值：

$$\begin{aligned}E_a&=E_{a1}+E_{a2}+E_{a3}+E_{a4}\\&=2.1\times3+\frac{(31.5-2.1)\times3}{2}+23.3\times2+\frac{(28.6-23.3)\times2}{2}\\&=6.3+44.1+46.6+5.3=102.3(\text{kN/m})\end{aligned}$$

$E_a$ 作用方向水平指向挡土墙，作用点距挡土墙底的高度为：

$$z_c=\frac{\sum(E_{ai}\cdot z_i)}{\sum E_{ai}}=\frac{6.3\times(2+\frac{3}{2})+44.1\times(2+\frac{3}{3})+46.6\times\frac{2}{2}+5.3\times\frac{2}{3}}{102.3}=1.94(\text{m})$$

静水压力为：$E_w=\dfrac{1}{2}\times20\times2=20(\text{kN/m})$

总压力为：$E=E_a+E_w=102.3+20=122.3(\text{kN/m})$

总压力 $E_a$ 作用点距挡土墙底的高度为：

$$z_c'=\frac{\sum(E_{ai}\cdot z_i)}{\sum E_{ai}}=\frac{102.3\times1.94+20\times\frac{2}{3}}{122.3}=1.73(\text{m})$$

## 三、库仑土压力理论

1. 基本原理

1776 年库仑(C. A. Coulomb)根据挡土墙后土楔体处于极限平衡状态时力的平衡条件,提出了一种土压力计算方法,后被称为库仑土压力理论。由于该理论计算方法简便,计算结果较符合实际,且能适用各种填土面和不同的墙背条件,因此至今仍被广泛应用。

库仑土压力理论研究的条件是墙后填土为松散、匀质的砂性土,墙背粗糙(与土之间有摩擦力),墙背与墙后填土面均可以为倾斜的。其计算假定如下:

(1)墙体产生的位移,使墙后填土达到极限平衡状态,并形成一个滑动的刚性土楔体 $ABC$,如图 4-10a)所示。

(2)滑裂面为通过墙角的两个平面,一个是墙背 $AB$ 面,另一个是通过墙角的 $AC$ 面。有了上述条件和假定,根据刚性土楔体的静力平衡条件,即可解出墙背上的土压力。

2. 库仑主动土压力

如图 4-10a)所示,由库仑土压力计算假定可知,当墙背向前移动一定值时,墙后填土处于主动极限平衡状态,滑裂面为 $AB$ 和 $AC$,形成滑动的刚性土楔体 $ABC$。此时,作用于该土楔体上的力有:为阻止土楔体下滑,在 $AB$、$AC$ 面上均产生有摩阻力;土楔体自重 $G$;墙背 $AB$ 面上的反力 $Q$ 和 $AC$ 面的反力 $R$。$G$ 通过 $\triangle ABC$ 的形心,方向垂直向下;$Q$ 与 $AB$ 面的法线成 $\delta$ 角($\delta$ 是墙背与土体间的摩擦角),如表 4-3 所示,$Q$ 与水平面夹角为$(\alpha+\delta)$;$R$ 与 $AC$ 面的法线成 $\varphi$ 角($\varphi$ 为土的内摩擦角),$AC$ 面与竖直面成 $\theta$ 角,所以 $R$ 与竖直面夹角为$(90^\circ-\theta-\varphi)$。

**土与墙背间的摩擦角 $\delta$** 表 4-3

| 挡土墙情况 | 摩擦角 $\delta$ | 挡土墙情况 | 摩擦角 $\delta$ |
|---|---|---|---|
| 墙背平滑、排水不良 | $(0\sim0.33)\varphi$ | 墙背很粗糙、排水良好 | $(0.5\sim0.67)\varphi$ |
| 墙背粗糙、排水良好 | $(0.33\sim0.5)\varphi$ | 墙背与填土间不可能滑动 | $(0.67\sim1.0)\varphi$ |

注:$\varphi$ 为墙背填土的内摩擦角。

根据力的平衡原理可知:$G$、$Q$、$R$ 三个力应交于一点,且应组成闭合的力三角形,如图 4-10b)所示。在力三角形中,$\angle1=90^\circ-\theta-\varphi$,$\angle2=\varphi+\theta+\alpha+\delta$,$\angle3=90^\circ-\alpha-\delta$。由正弦定理得:

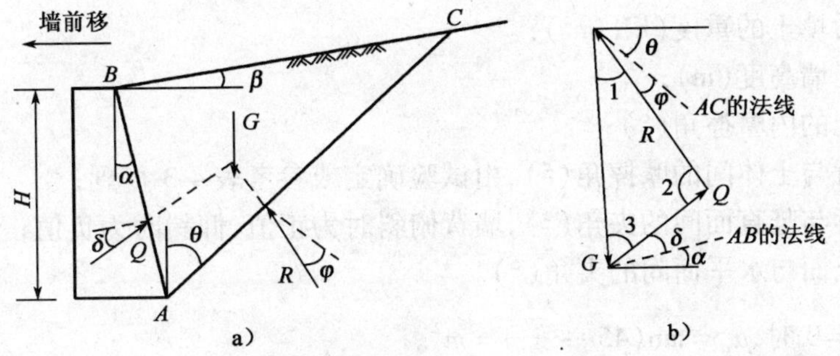


图 4-10 库仑主动土压力计算图示

$$Q=G\frac{\sin(90^\circ-\varphi-\theta)}{\sin(\varphi+\theta+\alpha+\delta)}=G\frac{\cos(\varphi+\theta)}{\sin(\varphi+\theta+\alpha+\delta)} \tag{4-11}$$

设$\triangle ABC$的底为$AC$、高为$h$，则：

$$G=\frac{1}{2}AC\cdot h\cdot\gamma$$

$$\frac{AC}{AB}=\frac{\sin(90°-\alpha-\beta)}{\sin[180°-(90°-\alpha+\beta)-(\alpha+\theta)]}=\frac{\cos(\alpha-\beta)}{\cos(\theta-\beta)}$$

$$AC=AB\frac{\cos(\alpha-\beta)}{\cos(\theta+\beta)}=H\sec\alpha\frac{\cos(\alpha-\beta)}{\cos(\theta+\beta)}$$

$$h=AB\sin(\alpha+\theta)=H\sec\alpha\sin(\alpha+\theta)$$

$$G=\frac{1}{2}\gamma H^2\sec^2\alpha\cos(\alpha-\beta)\frac{\sin(\alpha+\theta)}{\cos(\theta+\beta)}$$

将$G$代入式(4-11)得：

$$Q=\frac{1}{2}\gamma H^2\sec^2\alpha\cos(\alpha-\beta)\frac{\sin(\alpha+\theta)\cos(\theta+\varphi)}{\cos(\theta+\beta)\sin(\theta+\varphi+\delta+\alpha)} \tag{4-12}$$

在式(4-12)中，$\alpha$、$\beta$、$\varphi$、$\delta$均为常数，$Q$仅随$\theta$变化，$\theta$为滑裂面与竖直面的夹角，称为破裂角。当$\theta=-\alpha$时，$G=0$，即$\theta=0$；当$\theta=90°-\varphi$时，$R$与$G$重合，则$Q=0$。因此，$\theta$在$-\alpha$与$(90°-\varphi)$之间变化时，$Q$将有一个极大值，这个极大值$Q_{\max}$即为所求的主动压力$E_a$（$E_a$与$Q$是作用力与反作用力）。

为求极大值$Q_{\max}$，令$\frac{dQ}{d\theta}=0$，可求得破裂角$\theta$的计算公式为：

$$\tan(\theta+\beta)=-\tan(\omega-\beta)+\sqrt{[\tan(\omega-\beta)+\cot(\varphi-\beta)][\tan(\omega-\beta)-\tan(\alpha-\beta)]} \tag{4-13}$$

式中，$\omega=\alpha+\delta+\varphi$。

将式(4-13)代入式(4-12)得：

$$E_a=Q_{\max}=\frac{1}{2}\gamma H^2\mu_a \tag{4-14}$$

其中：
$$\mu_a=\frac{\cos^2(\varphi-\alpha)}{\cos^2\alpha\cos(\alpha+\delta)\left[1+\sqrt{\frac{\sin(\delta+\varphi)\sin(\varphi-\beta)}{\cos(\delta+\alpha)\cos(\alpha-\beta)}}\right]} \tag{4-15}$$

式中：$\mu_a$——库仑主动压力系数，由式(4-15)计算求出或查表4-4；

$\gamma$——墙后填土的重度（$kN/m^3$）；

$H$——挡土墙高度（m）；

$\varphi$——填土的内摩擦角（°）；

$\delta$——墙背与土体间的摩擦角（°），由试验确定或参考表4-3得到；

$\alpha$——墙背与竖直面间的夹角（°），墙背俯斜时为正值，仰斜时为负值；

$\beta$——填土面与水平面间的夹角（°）。

当$\beta=\alpha=\delta=0$时，$\mu_a=\tan(45°-\frac{\varphi}{2})=m^2$。

库仑土压力公式与朗金土压力公式计算结果是相同的，说明朗金土压力公式是库仑土压力的一种特例。

由式(4-14)可以看出，库仑主动土压力$E_a$是墙高$H$的二次函数，故主动土压力强度$p_a$是

沿墙高按直线规律变化的,即深度 $z$ 处:

$$p_a = \frac{\mathrm{d}E_a}{\mathrm{d}z}\mu_a \gamma z$$

式中,$\gamma z$ 是竖向应力 $\sigma_z$,故该式还可写为:

$$p_a = \mu_a \sigma_z = \mu_a \gamma z \tag{4-16}$$

**库仑主动压力系数 $\mu_a$ 值** 表 4-4

| 墙背坡度 | | 墙背与填土的摩擦角 $\delta$ | 主动压力系数 $\mu_a$ | | | | | |
|---|---|---|---|---|---|---|---|---|
| | | | 填土的内摩擦角 $\varphi$(°) | | | | | |
| | | | 20 | 25 | 30 | 35 | 40 | 45 |
| 俯斜式挡土墙 | 1:0.33 ($\alpha=18°26'$) | $\frac{1}{2}\varphi$ | 0.598 | 0.523 | 0.459 | 0.402 | 0.353 | 0.307 |
| | | $\frac{2}{3}\varphi$ | 0.594 | 0.522 | 0.461 | 0.408 | 0.362 | 0.321 |
| | 1:0.29 ($\alpha=16°10'$) | $\frac{1}{2}\varphi$ | 0.572 | 0.498 | 0.423 | 0.376 | 0.327 | 0.283 |
| | | $\frac{2}{3}\varphi$ | 0.569 | 0.496 | 0.435 | 0.381 | 0.334 | 0.295 |
| | 1:0.25 ($\alpha=14°02'$) | $\frac{1}{2}\varphi$ | 0.556 | 0.479 | 0.414 | 0.358 | 0.309 | 0.265 |
| | | $\frac{2}{3}\varphi$ | 0.550 | 0.477 | 0.414 | 0.361 | 0.331 3 | 0.277 |
| | 1:0.20 ($\alpha=11°19'$) | $\frac{1}{2}\varphi$ | 0.532 | 0.455 | 0.039 | 0.334 | 0.285 | 0.241 |
| | | $\frac{2}{3}\varphi$ | 0.525 | 0.452 | 0.389 | 0.336 | 0.289 | 0.249 |
| 仰斜式挡土墙 | 1:0.29 ($\alpha=16°10'$) | $\frac{1}{2}\varphi$ | 0.351 | 0.269 | 0.203 | 0.150 | 0.110 | 0.077 |
| | | $\frac{2}{3}\varphi$ | 0.340 | 0.260 | 0.190 | 0.147 | 0.108 | 0.076 |
| | 1:0.25 ($\alpha=14°02'$) | $\frac{1}{2}\varphi$ | 0.363 | 0.279 | 0.241 | 0.161 | 0.119 | 0.086 |
| | | $\frac{2}{3}\varphi$ | 0.352 | 0.271 | 0.208 | 0.157 | 0.117 | 0.085 |
| | 1:0.20 ($\alpha=11°19'$) | $\frac{1}{2}\varphi$ | 0.377 | 0.295 | 0.229 | 0.176 | 0.133 | 0.098 |
| | | $\frac{2}{3}\varphi$ | 0.366 | 0.237 | 0.223 | 0.173 | 0.132 | 0.098 |
| 竖直墙背挡土墙 | 1:0 ($\alpha=0$) | $\frac{1}{2}\varphi$ | 0.446 | 0.368 | 0.301 | 0.247 | 0.198 | 0.160 |
| | | $\frac{2}{3}\varphi$ | 0.439 | 0.361 | 0.297 | 0.245 | 0.199 | 0.162 |

填土表面处 $\sigma_z=0$,$p_a=0$,随深度 $z$ 的增加,$\sigma_z$、$p_a$ 呈直线增加,因此库仑主动土压力强度分布图为三角形,如图 4-11 所示。

$E_a$ 的作用点为 $p_a$ 分布图的形心,距墙角的高度 $z_c=\frac{H}{3}$;其作用线方向与墙背法线成 $\delta$ 角,并指向墙背。$E_a$(与水平面成 $\alpha+\delta$ 角)可分解为水平方向和竖直方向两个分量:

$$E_{ax} = E_a \cos(\alpha+\delta) \tag{4-17a}$$

$$E_{az} = E_a \sin(\alpha+\delta) \tag{4-17b}$$

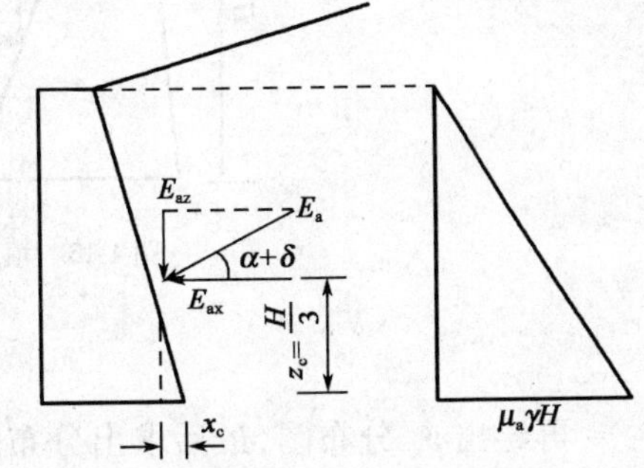


图 4-11 主动土压力计算图示

其中 $E_{ax}$ 至墙脚的水平距离为:

$$x_c = z_c \cdot \tan\alpha$$

3. 库仑被动土压力

如图 4-12 所示，由库仑土压力计算假定可知，当墙背向后移动一定值时，墙后填土处于被动极限平衡状态，滑裂面为 $AB$ 和 $AC$，形成滑动的刚性土楔体 $ABC$。此时，在 $AB$、$AC$ 面上作用的摩阻力均向下，与主动极限平衡状态时的方向刚好相反，根据 $G$、$Q$、$R$ 三力平衡条件，可推导出被动土压力公式：

$$E_p = \frac{1}{2}\gamma H^2 \mu_p \tag{4-18}$$

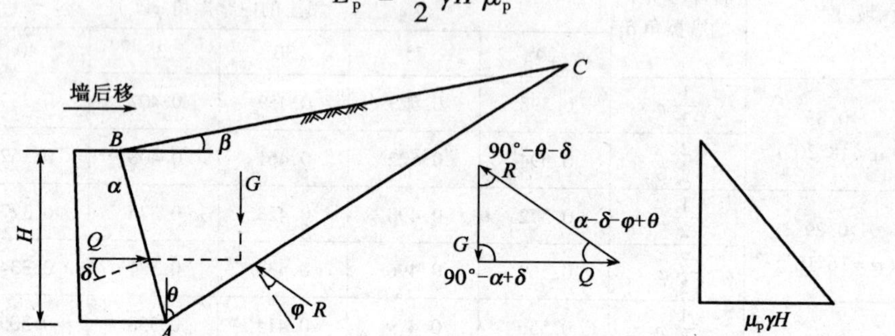


图 4-12 库仑被动土压力计算图示

式中，库仑被动土压力系数 $\mu_p$ 为：

$$\mu_p = \frac{\cos^2(\varphi + \alpha)}{\cos^2\alpha\cos(\alpha - \delta)\left[1 - \sqrt{\frac{\sin(\varphi + \delta)\sin(\varphi + \beta)}{\cos(\alpha - \delta)\cos(\alpha - \beta)}}\right]^2} \tag{4-19}$$

库仑被动土压力强度沿着墙高的分布图也呈三角形，故合力作用点距墙脚的高度也为$\frac{H}{3}$。

4. 库仑土压力理论的应用

1）填土面上有连续均布荷载作用

如图 4-13 所示，当填土面上有连续均布荷载 $q$ 作用时，同朗金土压力计算方法和步骤一样，先求出深度 $z$ 处的竖向应力和荷载强度：

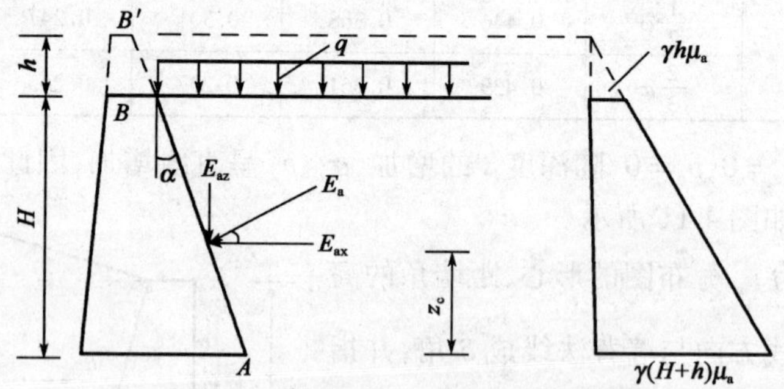


图 4-13 填土上有荷载时的库伦土压力计算图示

$$\sigma_z = q + \gamma z$$

$$p_a = \mu_a \sigma$$

再绘出 $p_a$ 分布图，最后求出分布图面积即得库仑土压力合力 $E_a$。但有时为方便计算，经常用厚度为 $h$、重度与填土 $\gamma$ 相同的等效土层来代替 $q$，即 $q = \gamma h$，于是等效土层的厚度为 $h =$

$\dfrac{q}{\gamma}$,同时假想有墙背 $AB'$,因而可绘出三角形的土压力强度分布图。

但 $BB'$ 段墙背是虚设的,高度 $h$ 范围内的侧压力不应计算,因此作用于墙背 $AB$ 上的土压力,应为实际墙高 $H$ 范围内的梯形面积,即:

$$E_0 = \frac{H}{2}[\mu_a\gamma h + \mu_a\gamma(H+h)]$$

所以:

$$E_a = \frac{1}{2}\mu_a\gamma H(H+2h) \tag{4-20}$$

$E_a$ 的作用点为梯形面积的形心,作用方向线与水平面成$(\alpha+\delta)$角,指向挡土墙。

**【例 4-3】** 某挡土墙如图 4-14 所示,填土为细砂,$\gamma = 19\text{kN/m}^3$,$\varphi = 30°$,$\delta = \dfrac{\varphi}{2} = 15°$,试按库仑理论求其主动土压力。

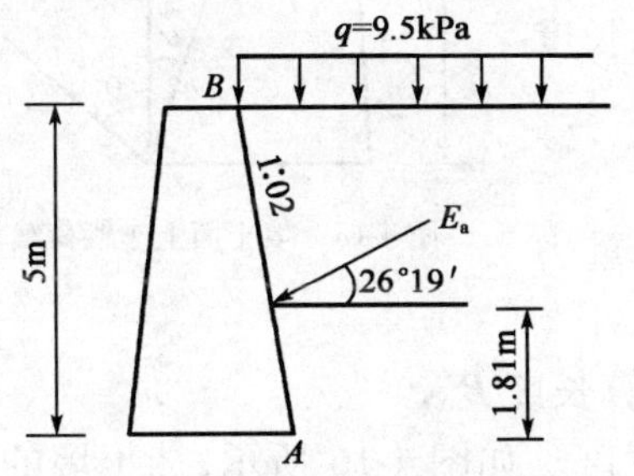


图 4-14　例 4-3 图

**解法 1:**

(1)先求出深度 $z$ 处的竖向应力和荷载强度:

$$\sigma_{zB} = q = 9.5(\text{kPa})$$

$$\sigma_{zA} = q + \gamma H = 9.5 + 19 \times 5 = 104.5(\text{kPa})$$

$$p_{aB} = \mu_a\sigma_{zB} = 0.390 \times 9.5 = 3.71(\text{kPa})$$

$$p_{aA} = \mu_a\sigma_{zA} = 0.390 \times 104.5 = 40.76(\text{kPa})$$

(2)再绘出 $p_a$ 分布图,如图 4-14 所示,求出分布图面积,即为库仑土压力合力 $E_a$:

$$E_a = E_{a1} + E_{a2} = 3.71 \times 5 + \frac{1}{2} \times (40.76 - 3.71) \times 5 = 18.6 + 92.6 = 111.2(\text{kN/m})$$

(3)$E_a$ 作用点为梯形面积的形心:

$$z_c = \frac{\sum E_{ai}z_i}{\sum E_{ai}} = \frac{18.6 \times \dfrac{5}{2} + 92.6 \times \dfrac{5}{3}}{111.2} = 1.81(\text{m})$$

$E_a$ 作用线与水平面的夹角为:$\alpha + \delta = 11°19' + 15° = 26°19'$

**解法 2:**

(1)用厚度为 $h$、重度与填土 $\gamma$ 相同的等效土层来代替 $q$:

$$h = \frac{q}{\gamma} = \frac{9.5}{19} = 0.5(\text{m})$$

(2)由 $\varphi = 30°$查表 4-4 得:$\mu_a = 0.390$,代入式(4-20)得库仑土压力值:

$$E_a = \frac{1}{2}\mu_a\gamma H(H+2h) = \frac{1}{2} \times 0.390 \times 19 \times 5(5 + 2 \times 0.5) = 111.2(\text{kN/m})$$

(3) $E_a$ 作用点为梯形面积的形心：$z_c = \frac{H}{3}\cdot\frac{H+3h}{H+2h} = \frac{5}{3}\times\frac{5+3\times0.5}{5+2\times0.5} = 1.81(\text{m})$

$E_a$ 作用线与水平面的夹角为：$\alpha+\delta = 11°19' + 15° = 26°19'$。

2）填土面上有车辆荷载作用

《公路桥涵设计通用规范》(JTG D60—2004)规定：桥台和挡土墙设计，均应计算填土面上车辆荷载作用引起的土压力。其计算方法是先将滑动土楔体范围内的车辆总重力，换算成厚度为 $h$、重度与填土 $\gamma$ 相同的等效土层来代替，再按库仑主动土压力公式计算，如图 4-15 所示。

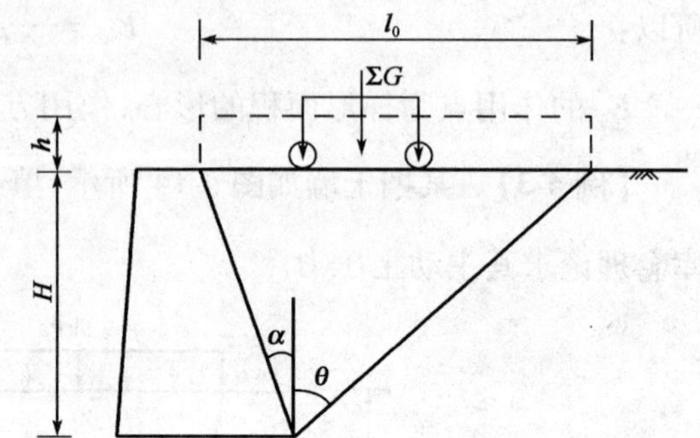

图 4-15 填土面上车辆荷载作用引起的土压力

等效土层厚度的计算公式为：

$$h = \frac{\sum G}{\gamma B l_0} \tag{4-21}$$

式中：$\gamma$——填土的重度(kN/m³)；

$B$——桥台的计算宽度或挡土墙的计算长度(m)；

$l_0$——滑动土楔体长度(m)；

$\sum G$——布置在 $B\times l_0$ 面积内的车轮总重力(kN)。

(1)确定桥台的计算宽度或挡土墙的计算长度 $B$。

桥台的计算宽度 $B$ 即为桥台横桥向的宽度。如图 4-16 所示，挡土墙的计算长度 $B$(实际为汽车的扩散长度)可按下列公式计算，但不应超过挡土墙分段长度：

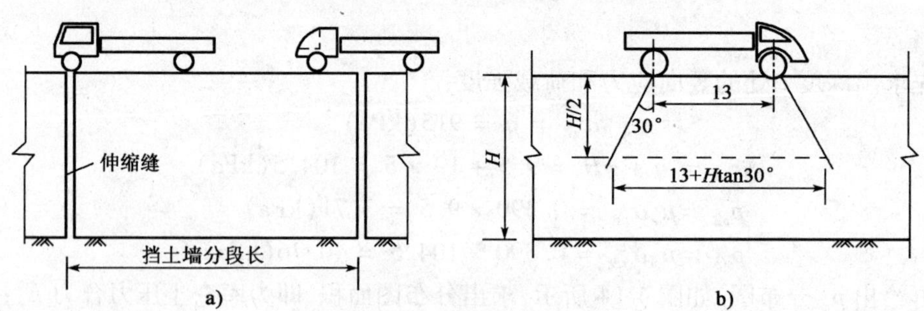

图 4-16 挡土墙计算长度 $B$ 的确定

a)挡土墙的分段长度；b)重车的扩散长度

$$B = 13 + H\tan30° \tag{4-22}$$

式中：$H$——挡土墙高度(m)，对于墙顶以上有填土的挡土墙，为墙顶填土厚度的两倍加墙高。

(2)确定滑动土楔体长度。

图 4-17 中，滑动土楔体长度 $l_0$ 的计算公式为：

$$l_0 = H(\tan\theta + \tan\alpha) \tag{4-23}$$

式中：$\alpha$——墙背倾斜角；如图 4-17a) 所示，俯斜墙背的 $\alpha$ 为正值；如图 4-17b) 所示，仰斜墙背 $\alpha$ 为负值；而竖直墙背的 $\alpha = 0$。

$\theta$——滑动面与竖直面间的夹角。

当填土面水平时，即 $\beta = 0$，将此代入式(4-13)得：

$$\tan\theta = -\tan(\varphi+\alpha+\delta) + \sqrt{[\cot\varphi + \tan(\varphi+\alpha+\delta)][\tan(\varphi+\alpha+\delta) - \tan\alpha]} \tag{4-24}$$

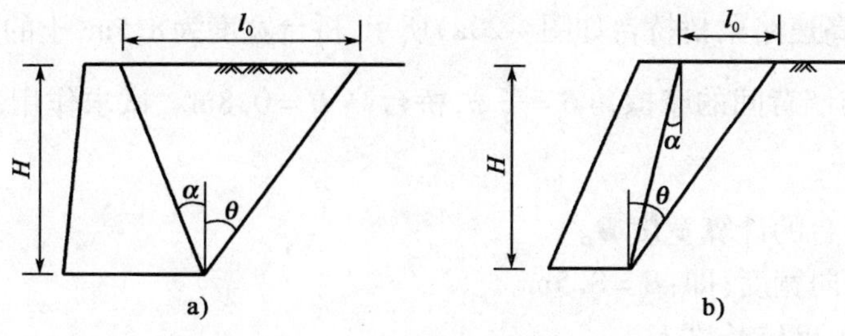


图 4-17　滑动土楔体长度 $l_0$ 的确定

(3)确定布置在 $B \times l_0$ 面积内的车轮总重力 $\sum G$。

①桥台和挡土墙土压力计算应采用车辆荷载。

②公路—I 级和公路—II 级采用相同的车辆标准值,如图 4-18 所示。

③车辆荷载横向布置如图 4-19 所示,外轮中线距路面边缘 0.5m。

④多车道加载时,车轮总重力应用表 4-5 和表 4-6 进行折减。

⑤在 $B \times l_0$ 面积内按不利情况布置轮重。

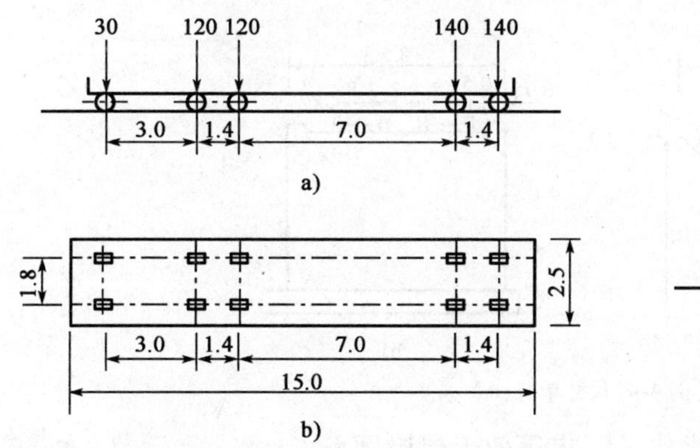


图 4-18　车辆荷载布置图(重力单位:kN;尺寸单位:m)
a)立面布置;b)平面尺寸

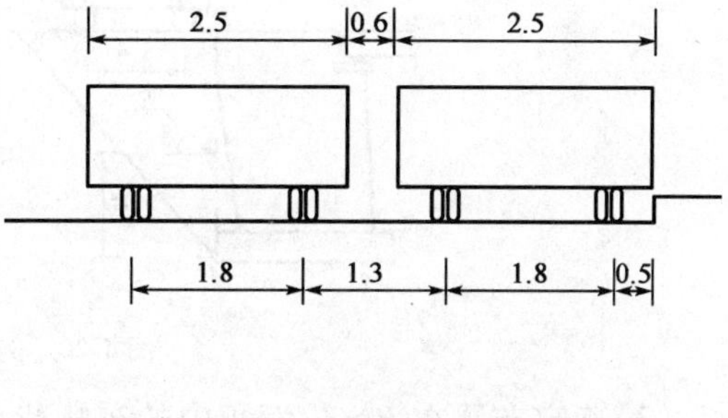

图 4-19　车辆荷载横向布置图(尺寸单位:m)

**横向折减系数**　　表 4-5

| 横向布置设计车道数(条) | 2 | 3 | 4 | 5 | 6 | 7 | 8 |
|---|---|---|---|---|---|---|---|
| 横向折减系数 | 1.00 | 0.78 | 0.67 | 0.60 | 0.55 | 0.52 | 0.50 |

**桥涵设计车道数**　　表 4-6

| 桥面宽度 B(m) | | 桥涵设计车道数 |
|---|---|---|
| 车辆单向行驶 | 车辆双向行驶 | |
| $B \leqslant 7.0$ | | 1 |
| $7.0 \leqslant B \leqslant 10.5$ | $6.0 \leqslant B \leqslant 14.0$ | 2 |
| $10.5 \leqslant B \leqslant 14.0$ | | 3 |
| $14.0 \leqslant B \leqslant 17.5$ | $14.0 \leqslant B \leqslant 21.0$ | 4 |
| $17.5 \leqslant B \leqslant 21.0$ | | 5 |
| $21.0 \leqslant B \leqslant 24.5$ | $21.0 \leqslant B \leqslant 28.0$ | 6 |
| $24.5 \leqslant B \leqslant 28.0$ | | 7 |
| $28.0 \leqslant B \leqslant 31.5$ | $28.0 \leqslant B \leqslant 35.0$ | 8 |

【例4-4】 某高速路梁桥桥台如图4-20a)所示，桥台宽度为8.5m，土的重度$\gamma = 18\text{kN/m}^3$，$\varphi = 35°$，$c = 0$，填土与墙背间的摩擦角$\delta = \frac{2}{3}\varphi$，桥台高$H = 0.8\text{m}$。试求作用于墙背($AB$)上的主动土压力。

**解**：(1)确定桥台的计算宽度$B$。

桥台$B$应取横向宽度，即：$B = 8.5\text{m}$。

(2)确定滑动土楔体长度$l_0$。

$AB$作为台背，$\alpha = 0$；台后填土面水平，即$\beta = 0$；$\delta = \frac{2}{3}\varphi = 23.33°$，则：

$$\begin{aligned}\tan\theta &= -\tan(\varphi + \delta) + \sqrt{[\cot\varphi + \tan(\varphi + \delta)]\tan(\varphi + \delta)} \\ &= -\tan(35° + 23.33°) + \sqrt{[\cot 35° + \tan(35° + 23.33°)]\tan(35° + 23.33°)} \\ &= -1.62 + 2.22 = 0.60\end{aligned}$$

$$l_0 = H\tan\theta = 8 \times 0.6 = 4.8(\text{m})$$

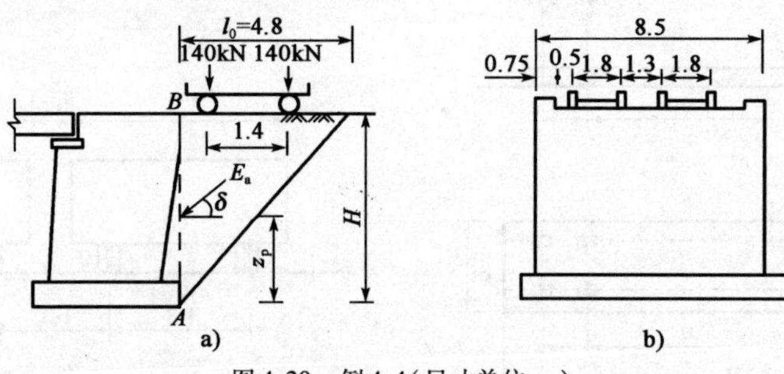


图4-20 例4-4(尺寸单位:m)

(3)确定布置在$B \times l_0$面积内的车辆荷载$\sum G$，求等效土层厚度$h$。

对于桥台$B \times l_0$面积内可能布置的车辆荷载。由图4-20a)可知，$l_0$范围内可布置一辆重车；由图4-20b)可知，$B$范围内可布置两列汽车。所以$B \times l_0$范围内可布置的车轮总重为：

$$\sum G = 2 \times (140 + 140) = 560(\text{kN})$$

$$h = \frac{\sum G}{\gamma B l_0} = \frac{560}{18 \times 8.5 \times 4.8} = 0.763(\text{m})$$

(4)求主动土压力。

将$\varphi = 35°$，$\delta = \frac{2}{3}\varphi$，$\alpha = 0$，代入式(4-15)计算得：$\mu_a = 0.245$。

再将$\mu_a$代入式(4-20)得：

$$E_a = \frac{1}{2}\gamma H(H + 2h)\mu_a = \frac{1}{2} \times 18 \times 8 \times (8 + 2 \times 0.763) \times 0.245 = 168.0(\text{kN/m})$$

$E_a$与水平面夹角为：$\alpha + \delta = 23.33°$

$E_a$作用点距离台脚的高度为：

$$z_c = \frac{H}{3} \cdot \frac{H + 3h}{H + 2h} = \frac{8}{3} \times \frac{8 + 3 \times 0.763}{8 + 2 \times 0.763} = 2.88(\text{m})$$

所以，作用于整个桥台上的主动土压力为：

$$B \times E_a = 8.5 \times 168 = 1\,428(\text{kN})$$

**【例 4-5】** 如图 4-21 所示为一级公路某段挡土墙，其分段长度为 15m，墙高 $H = 6\text{m}$，填土重度 $\gamma = 18\text{kN/m}^3$，$\varphi = 35°$，$c = 0$，$\alpha = 14°$，墙背与土之间的摩擦角 $\delta = \frac{2}{3}\varphi$。试求挡土墙上承受的主动土压力。

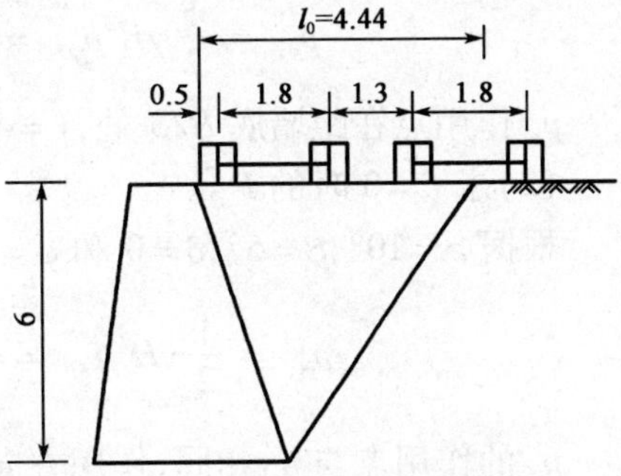

图 4-21 例 4-5(尺寸单位:m)

**解**:(1)确定挡土墙的计算长度:

$$B = 13 + H\tan 30° = 13 + 6 \times \tan 30° = 16.46(\text{m})$$

由于 $B$ 值大于挡土墙分段长度(15m)，根据规定应取 $B = 15\text{m}$。

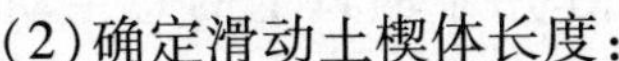

(2)确定滑动土楔体长度:

由已知 $\varphi = 35°$，$\alpha = 14°$，$\delta = \frac{2}{3}\varphi = 23.33°$，求得:

$$\varphi + \alpha + \delta = 35° + 14° + 23.33° = 72.33°$$

$$\tan\theta = -\tan(\varphi + \alpha + \delta) + \sqrt{[\cot 35° + \tan(\varphi + \alpha + \delta)][\tan(\varphi + \alpha + \delta) - \tan\alpha]}$$

$$= -\tan 72.33° + \sqrt{[\cot 35° + \tan 72.33°][\tan 72.33° - \tan 14°]} = 0.49$$

$$l_0 = H(\tan\alpha + \tan\theta) = 6 \times (\tan 14° + 0.49) = 4.44(\text{m})$$

(3)确定布置在 $B \times l_0$ 面积内的车辆荷载 $\sum G$，求出等效土层厚度 $h$。

纵向:由于 $B$ 取分段长度，故纵向布置一辆重车荷载;

横向:根据 $l_0 = 4.44\text{m}$，如图 4-21 所示，能布置 1.5 倍车长。

$$\sum G = 550 \times 1.5 = 825(\text{kN})$$

$$h = \frac{\sum G}{\gamma B l_0} = \frac{825}{18 \times 9.60 \times 4.44} = 1.075(\text{m})$$

(4)计算主动土压力。

将 $\varphi = 35°$，$\delta = \frac{2}{3}\varphi$，$\alpha = 14°$，代入式(4-15)计算得:$\mu_a = 0.361$。

再将 $\mu_a$ 代入式(4-20)得:

$$E_a = \frac{1}{2}\gamma H(H + 2h)\mu_a = \frac{1}{2} \times 18 \times 6 \times (6 + 2 \times 1.075) \times 0.361 = 158.9(\text{kN/m})$$

$E_a$与水平面夹角为:$\alpha + \delta = 14° + 23.33° = 37.33°$

$E_a$作用点离墙脚的高度为:

$$z_c = \frac{H}{3} \cdot \frac{H + 3h}{H + 2h} = \frac{6}{3} \times \frac{6 + 3 \times 1.075}{6 + 2 \times 1.075} = 2.26(\text{m})$$

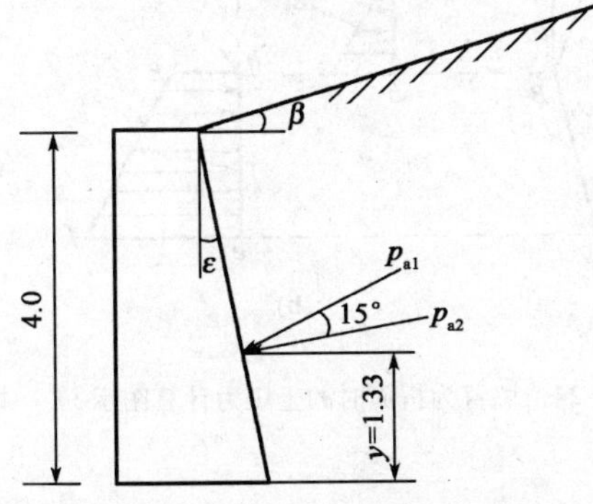


图 4-22 例 4-6(尺寸单位:m)

**【例 4-6】** 有一重力式挡土墙高 $H = 4.0\text{m}$，$\varepsilon = 10°$，$\beta = 5°$，墙后填砂土，$c = 0$，$\varphi = 30°$，$\gamma = 18\text{kN/m}^3$，如图 4-22 所示。试分别求出当 $\delta = \varphi/2$ 和 $\delta = 0$ 时，作用于墙背上的总主动土压力 $p_a$ 的大小、方向及作用点。

**解**:(1)求 $\delta = \frac{1}{2}\varphi$ 时的 $p_{a1}$。

根据 $\varepsilon = 10°$，$\beta = 5°$，$\delta = \frac{1}{2}\varphi = 15°$ 和 $\varphi = 30°$，由内

插法并查表 4-4 得 $\mu_{a1}=0.405$，则：

$$p_{a1}=\frac{1}{2}\gamma H^2\mu_{a1}=\frac{1}{2}\times 18\times 4^2\times 0.405=58.3(\mathrm{kN/m})$$

$p_{a1}$ 作用点在距墙底 $H/3$ 处，$y=4/3=1.33\mathrm{m}$；作用方向与墙背法线的夹角成 $\delta=15°$。

（2）求 $\delta=0$ 时的 $P_{a2}$。

根据 $\varepsilon=10°$，$\beta=5°$，$\delta=0$ 和 $\varphi=30°$；由内插法并查表 4-4 得 $\mu_{a2}=0.431$，则：

$$p_{a2}=\frac{1}{2}\gamma H^2\mu_{a2}=\frac{1}{2}\times 18\times 4^2\times 0.431=62.06(\mathrm{kN/m})$$

$p_{a2}$ 的作用点与 $p_{a1}$ 相同，作用方向与墙背垂直。

比较上述结果可知，当墙背与土之间的摩擦角 $\delta$ 减小时，作用于墙背上的总主动力将增大。

5. 库仑理论在复杂情况下的近似应用

前面介绍了填土面为一水平或倾斜平面、墙背为一竖直或不竖直的平面等边界条件较为简单时的库仑土压力的计算方法。在工程实践中，还常遇到其他挡土墙：如墙背为折面或阶梯形、填土表面不是一个平面、填土由多层土组成等较复杂的情况，下面简单介绍在这些情况下库仑土压力的简化近似计算方法。

1）阶梯形墙背的土压力

如图 4-23 所示的挡土墙，可先假定墙背为竖直面 $CC'$ 上的主动土压力 $E_a$，其作用点高度仍假设为 $\frac{H}{3}$，方向假定平行于填土表面；然后再计算填土 $CBC'$ 部分的土体自重 $G$，取 $G$ 与 $E$ 的合力作为作用于墙背上的主动土压力。

如图 4-24 所示的挡土墙，当两段墙背倾斜度相差不超过 10°时，可先将 $AB$ 段墙背视为单向墙背，根据 $\alpha_1$、$\beta$ 等数值求绘出 $AB$ 段的主动土压力强度分布图，如图 4-24a）所示；然后延长下部墙背 $CB$ 至填土面交于 $A'$ 看作假想墙背，按 $\alpha_2$、$\beta$ 等数值求绘出 $A'C$ 面上的主动土压力强度分布图，如图 4-24a）所示；合并三角形 $abc$ 和梯形 $hgfe$，即可得到该挡土墙的土压力分布图，如图 4-24b）所示；然后由两段分布图面积求出作用于两段墙上的主动土压力（注意：作用于两段墙背上的主动土压力方向不同），最后求出总和。

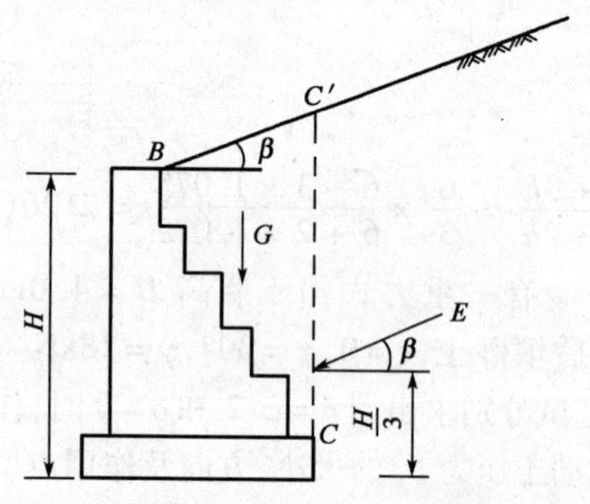

图 4-23　阶梯墙背后的土压力计算图示

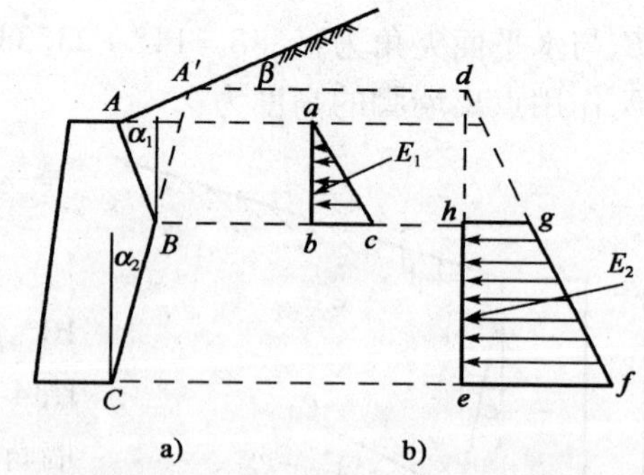

图 4-24　墙背为折面时的土压力计算图示

2）填土表面为折面时的土压力

如图 4-25 所示的挡土墙，可先按填土面倾角为 $\beta$ 时，求出 $\mu_{a1}$ 及其土压力强度分布图，如

图 4-25a）所示；然后虚设墙背 $A'B$ 及填土面为水平时，再求出 $\mu_{a2}$ 及其土压力强度分布图，如图 4-25b）所示。设深度 $z_1$ 处用两种方法求出的土压力强度相等，则：

由 $\gamma z_1\mu_{a1}=\gamma(z_1+h)\mu_{a2}$ 可得：$z_1=\dfrac{\mu_{a2}}{\mu_{a1}-\mu_{a2}}h$。

图 4-25a）中 $z_1$ 以上的三角形 $abc$ 和图 4-25b）中 $z_1$ 以下梯形 $bcde$，合并成如图 4-25c）所示的图形，即为该挡土墙承受的压力分布图以上的土压力分布图。

求出图 4-25c）的面积和形心高度即为该挡土墙承受的土压力 $E_a$ 及合力作用点高度 $z_c$。

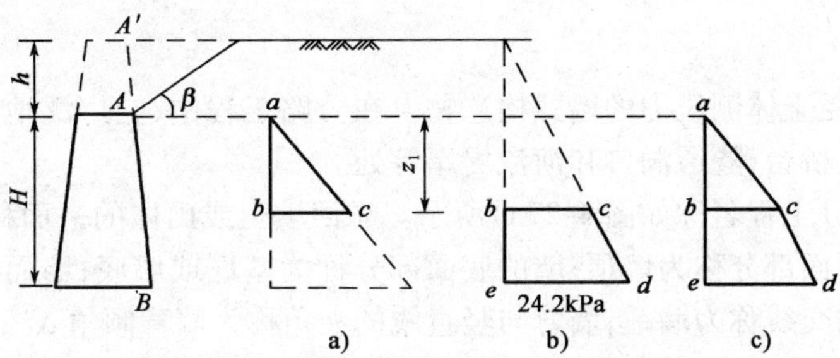


图 4-25　路堤式挡土墙的土压力计算图示

3）墙背后填为多层土时的土压力

如图 4-26 所示，设墙背填土分上下两层，与其有关的各项指标为 $\gamma_1$、$\varphi_1$、$\delta_1$ 和 $\gamma_2$、$\varphi_2$、$\delta_2$，层厚为 $h_1$ 和 $h_2$，可采用如下简化方法计算土压力：先分层绘出水平土压力强度分布图，由分布图面积求出上下两层的 $E_{ax}$ 及相应的作用点位置，再求出两土层的 $E_{ax}$ 即可。

图 4-26 中 $O$、$A$、$B$ 三点处的土压力强度如下。

$O$ 点：　$p_{axo}=0$

$A$ 点：　$p_{ax\,A1}=\gamma_1h_1\mu_{a1}\cos(\alpha+\delta_1)$

$p_{ax\,A2}=\gamma_1h_1\mu_{a2}\cos(\alpha+\delta_2)$

$B$ 点：　$p_{axB}=(\gamma_1h_1+\gamma_2h_2)\mu_{a2}\cos(\alpha+\delta_2)$

由以上几点的土压力强度值绘出 $p_{ax}$ 分布图，利用前面介绍过的方法，按分布图面积形状，就可求得上下两层土各自对墙背的土压力的水平分力 $E_{ax1}$ 和 $E_{ax2}$ 及相应的作用点位置，然后用下式求得土压力的竖向分力：

$$E_{ax1}=E_{ax1}\tan(\alpha+\delta_1)$$

$$E_{ax2}=E_{ax2}\tan(\alpha+\delta_2)$$

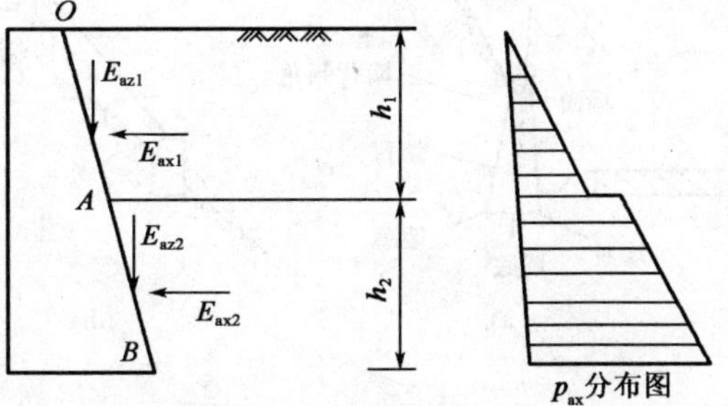


图 4-26　成层土的库仑压力计算图示

当填土由多层土组成时，显然可用同样的方法求得各层土对墙背的土压力。

如遇更复杂的一些情况，其土压力的计算可参考有关专著或计算手册，本教材不再赘述。

6. 库仑土压力公式应用中的几个问题

库仑理论研究的挡土墙后填土是砂土，但在实际中大多情况下墙后填土是非砂性土，这时可将 $\varphi$ 值适当提高，采用“等值内擦角 $\varphi'$”近似计算土压力，以反映黏聚力 $c$ 对土压力的影响。《公路设计手册（路基）》建议：取 $\varphi'=30°\sim35°$ 或取 $\varphi'=\varphi+(5°\sim10°)$。采用上述方法换算内摩擦角，对于矮挡土墙是偏于安全的，但对于高挡有时是偏于危险的。因此，对于高挡土墙，应按墙高酌情降低换算内摩擦角 $\varphi'$ 的数值。

库仑主动土压力公式所计算出的结果，一般情况下都比较接近实际情况，且计算简便，适应范围较为广泛。因此，目前铁路、公路桥涵设计规范都推荐采用库仑公式计算主动土压力。但库仑被动土压力计算结果常常偏大，$\delta$ 值愈大，偏差也愈大，故偏于危险，所以实践中一般不采用库仑被动土压力公式。

## 四、挡土墙的基本知识

### 1. 挡土墙用途

挡土墙是指承受土体侧压力的墙式构造物。在公路工程中，它广泛地应用于支撑路堤填土或路堑边坡，以及桥台、隧道洞口和河流堤岸等处。

挡土墙的各部分工程名称如图4-27a)所示。靠回填土或山体的一面称为墙背；外露的一面称为墙面，墙的顶面部分称为墙顶；墙的底面部分称为基底或墙底；墙面与墙底的交线称为墙趾；墙背与墙底的交线称为墙踵；墙背与竖直线的夹角称为墙背倾角 $\alpha$。

按照挡土墙位置设置的不同，其用途也不相同。

路堑墙设置在路堑边坡底部，主要用于支撑开挖后不能自行稳定的边坡，同时可减少挖方数量，降低挖方边坡的高度，见图4-27a)。

路堤墙设置在高填土路堤或陡坡路堤的下方，可以防止路堤边坡或基底滑动，同时还可以收缩路堤坡脚，减少填方数量以及拆迁和占地面积，见图4-27b)。

路肩墙设置在路肩部位，墙顶是路肩的组成部分，其用途与路堤墙相同。它还可以保护临近路线既有的重要建筑物，见图4-27c)。沿河路堤，在傍水的一侧设置挡土墙，可以防止水流对路基的冲刷和侵蚀，也是减少压缩河床的有效措施之一，见图4-27d)。

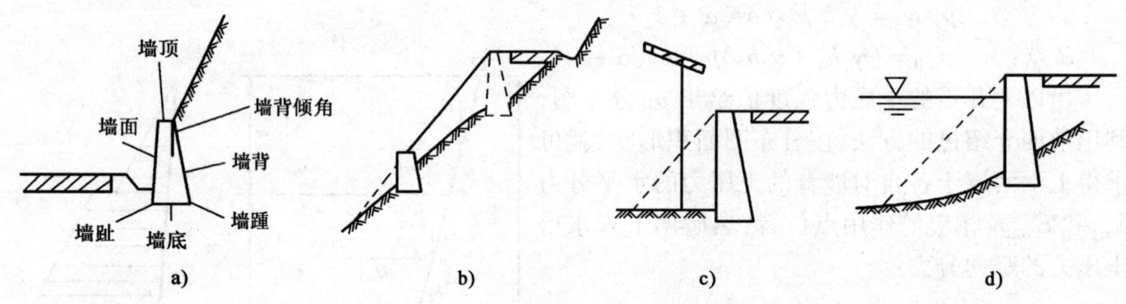


图4-27　设置挡土墙的位置

### 2. 挡土墙的分类及适用条件

按照挡土墙设置的位置，挡土墙可分为路堑墙、路堤墙、路肩墙和山坡墙等类型；按照挡土墙的结构形式，挡土墙可分为重力式挡土墙、锚定式挡土墙、薄壁式挡土墙、加筋土挡土墙等；按照挡土墙的墙体材料，挡土墙可分为石砌挡土墙、混凝土挡土墙、钢板挡土墙等。

### 3. 挡土墙的适用条件

根据挡土墙结构形式的不同，其适用条件也不同。

1)重力式挡土墙

重力式挡土墙是指依靠墙身自重抵抗土体侧压力来维持其稳定的挡土墙。一般多用片(块)石砌筑,在缺乏石料的地区有时也用混凝土修建。如图4-27所示的挡土墙均为重力式挡土墙。重力式挡土墙形式简单,施工方便,可就地取材,适应性较强,故被广泛应用,但其圬工数量较大,对地基的承载有力要求较高。

2)加筋土挡土墙

加筋土挡土墙是填土、拉筋、面板三者的结合体,如图4-28所示。填土和拉筋之间的摩擦改善了土的物理力学性质,使得填土与拉筋结合为一个整体;在这个整体中起控制作用的是填土与拉筋之间的摩擦力。面板的作用是阻挡填土坍落挤出,迫使填土与拉筋结合为整体。加筋土挡土墙属于柔性结构,对地基变形适应性大,建筑高度大,具有省工、省料、施工方便、快速等优点,适用于填土路基。

3)锚定式挡土墙

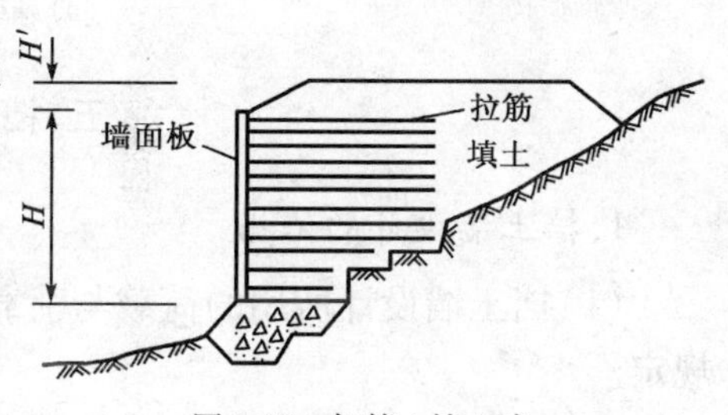

图4-28　加筋土挡土墙

锚定式挡土墙可分为锚杆式和锚定板式两种,锚杆式挡土墙是指由钢筋混凝土墙板和锚杆组成,依靠锚固在岩层内锚杆的水平拉力来承受土体侧压力的挡土墙,如图4-29a)所示。锚杆的一端与立住连接,另一端被锚固在山坡深处的稳定岩层或土层中,墙后侧向土压力由挡土板传给立柱,锚杆与稳定岩层或土层之间的锚固力,使墙获得稳定。它适用于墙高较大,缺乏石料或挖基困难的地区,以及具有锚固条件的路堑挡土墙。

锚定板式挡土墙是指由钢筋混凝土墙板、拉杆和锚定板组成,借埋置在破裂面后部稳定土层内的锚定板和拉杆的水平拉力,来承受土体侧压力的挡土墙,从而保持墙的稳定,如图4-29b)所示。锚定板式挡土墙的特点在于构件断面小,节省工程量,不受地基承载力的限制,构件可预制,有利于结构轻型化和施工机械化的实现。它适用于缺乏石料地区的路肩墙或路堤墙。

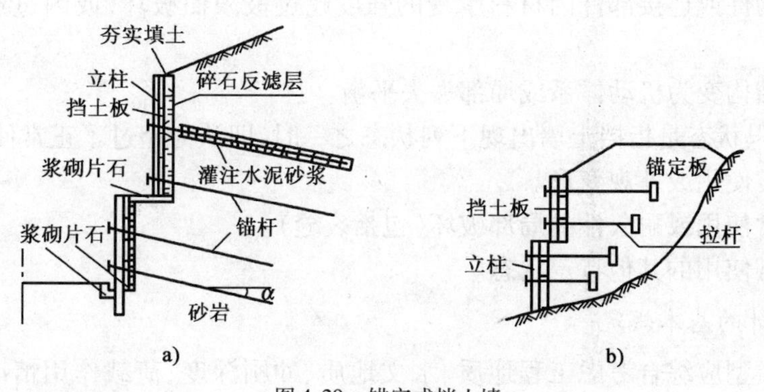

图4-29　锚定式挡土墙

a)锚杆式挡土墙;b)锚定板式挡土墙

4)薄壁式挡土墙

薄壁式挡土墙属于钢筋混凝土结构,可以分为悬臂式和扶壁式两种。悬臂式挡土墙是指由立壁、趾板、踵板三个钢筋混凝土悬壁式构件组成的挡土墙,如图4-30a)所示;扶壁式挡土墙是指沿悬壁式挡土墙的立壁,每隔一定距离加一道扶壁,将立壁与踵板连接起来的挡土墙,如图4-30b)所示。薄壁式挡土墙结构的稳定不是依靠其本身的重量,而是主要依靠墙踵板上的填土重量来保证的。它具有断面尺寸较小，自重轻，能修建在较弱的地基上等优点，适用于城市或缺乏石料的地区；其缺点是需耗用一定数量的水泥和钢筋，施工工艺较复杂。

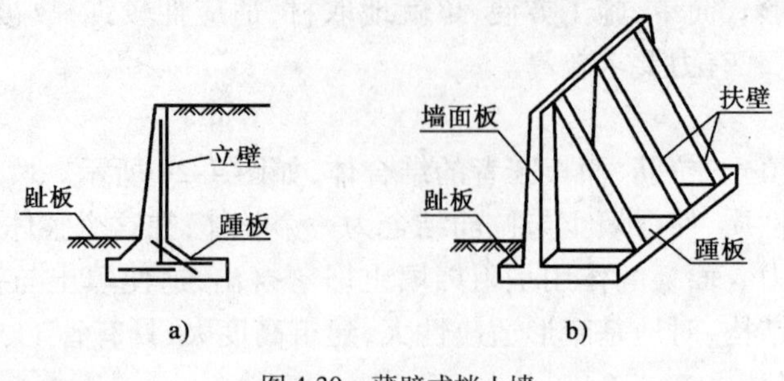


图 4-30　薄壁式挡土墙

a）悬壁式挡土墙；b）扶壁式挡土墙

## 五、挡土墙的设计依据和原则

1. 挡土墙设计的依据

（1）挡土墙设计所用的荷载与荷载组合按《公路桥涵设计通用规范》（JTG D60—2004）的规定。

（2）地基容许承载力按《公路桥涵地基与基础设计规范》（JTG D63—2007）的规定验算。

（3）加筋挡土墙按《公路路基施工技术规范》（JTG F10—2006）的规定进行验算。

2. 挡土墙设计的原则

挡土墙按"极限状态分项系数法"进行设计。其设计极限状态可分为构件承载力极限状态和正常使用极限状态。承载力极限状态是当挡土墙出现以下任何一种状态时，即认为超过了承载力极限状态：

（1）整个挡土墙或挡土墙的一部分作为刚体失去平衡。

（2）挡土墙构件或连接部件因材料承受的强度超过极限而破坏，或因过量塑性变形而不适于继续承载。

（3）挡土墙结构变为机动体系或局部失去平衡。

正常使用极限状态是指挡土墙出现下列状态之一时，即认为超过了正常使用极限状态：

（1）影响正常使用或外观变形。

（2）影响正常使用或耐久性的局部破坏（包括裂缝）。

（3）影响正常使用的其他特定状态。

3. 挡土墙设计的基本规定

（1）挡土墙类型应综合考虑工程地质、水文地质、冲刷深度、荷载作用情况、环境条件、施工条件、工程造价等因素。

（2）在勘察设计阶段，应对挡土墙地基进行综合地质勘察，查明地基地质条件和地基承载力；在设计过程中应分析预测挡土墙对环境产生的影响，确定必要的环境保护方案和植物种植措施；在施工阶段应采用合理的施工方法，尽量减少对环境和相邻路基段的不利影响。

（3）挡土墙可采用锥坡与路堤连接，墙端应伸入路堤内不小于0.75m，锥坡坡率宜与路堤边坡一致，并宜采用植草防护措施。挡土墙端部嵌入路堑原地层的深度，土质地层不应小于1.5m；风化软质岩层不应小于1.0m；微风化岩层不应小于0.5m。

(4)应根据挡土墙墙背的渗水量合理布置排水构造物。具体整体式墙面的挡土墙应设置伸缩缝和沉降缝。

(5)挡土墙墙背的填料宜采用渗水性强的砂性土、砂砾、碎(砾)石、粉煤灰等材料,严禁采用淤泥、腐殖土、膨胀土,不宜采用黏土作为填料。在季节性冻土地区,不应采用冻胀性材料作为填料。

(6)路肩式挡土墙的顶面宽度不应占据硬路肩、行车道及路缘带的中基宽度范围,并应设置护栏。高速公路和一级公路的护栏设计应符合《公路交通安全设施设计规范》(JTG D81—2006)。

(7)挡土墙设计所用的荷载与荷载组合按交通部部颁标准《公路桥涵设计通用规范》(JTG D60—2004)的规定采用。

挡土墙的验算是按平面问题取单位长度进行的。验算项目和指标要求如表 4-7 所示。

**挡土墙验算项目及控制指标** 表 4-7

| 要　求 | 项　目 | 指　标 |
|---|---|---|
| 不产生墙身沿基底的滑动破坏 | 滑动稳定性 | (1)荷载组合Ⅰ,Ⅱ,Ⅲ,Ⅳ时:$K_c \geqslant 1.3$;<br>(2)荷载组合Ⅴ时:$K_c \geqslant 1.2$ |
| 不产生墙身绕墙趾倾覆 | 倾覆稳定性 | (1)荷载组合Ⅰ时:$K_0 \geqslant 1.5$;<br>(2)荷载组合Ⅱ,Ⅲ,Ⅳ时:$K_0 \geqslant 1.3$;<br>(3)荷载组合Ⅴ时:$K_0 \geqslant 1.2$ |
| 地基不出现过大的沉陷 | 基底应力 | 基底最大压应力小于地基容许承载力:$\sigma_{max} \leqslant [\sigma_0]$ |
| 不出现基底不均匀沉陷而引起墙身倾斜 | 偏心距 | 作用于基底合力的偏心距 $e$<br>(1)荷载组合Ⅰ时,非岩石地基:$e \leqslant 0.75 \times B/6$;<br>(2)荷载组合Ⅱ,Ⅲ,Ⅳ时:<br>非岩石地基　$e_0 \leqslant B/6$<br>岩石地基　$e_0 \leqslant (1.2 \sim 1.5)B/6$ |
| 墙身不产生开裂破坏 | 墙身断面强度 | 墙身断面压应力和剪应力:<br>最大压应力$\leqslant \sigma_a$;<br>最大剪应力$\leqslant \tau$ |

注:1. 荷载组合见《公路桥涵设计通用规范》(JTG D60—2004)。

2. 地基容许承载力、偏心距限制见《公路桥涵地基与基础设计规范》(JTG D63—2007)。

## 六、重力式挡土墙设计

### 1. 挡土墙的设计步骤

(1)根据具体情况,通过技术和经济比较,确定墙址位置。

(2)测绘墙址处的纵向地面线,核对路基横断面图,收集墙址处的地质和水文资料。

(3)选择墙后填料,确定填料的物理力学计算参数和地基计算参数。

(4)进行挡土墙断面形式、构造和材料设计,确定有关计算参数。

(5)进行挡土墙的纵向布置。

(6)用计算法或套用标准图确定挡土墙的断面尺寸。

(7)绘制挡土墙立面、横断面和平面图。

### 2. 重力式挡土墙设计计算

在挡土墙的位置、墙高和断面形式确定后,挡土墙的断面尺寸可通过试算的方法确定,其

程序是:

(1)根据经验或标准图,初步拟订断面尺寸。

(2)计算侧向土压力。

(3)进行基底应力、偏心距与稳定性验算。

(4)当验算结果满足要求时,初拟断面尺寸可作为设计尺寸。

当验算结果不能满足要求时,可采取适当的措施使其满足要求,或重新拟订断面尺寸,重新计算,直至满足要求为止。

3. 重力式挡土墙的构造

常用的重力式挡土墙,一般由墙身、基础、排水设施和沉降、伸缩缝等几部分组成。

1)墙身

(1)墙背。根据墙背倾斜方向的不同,墙身断面形式可分为仰斜、垂直、俯斜、凸形折线式和衡重式等,如图4-31所示。

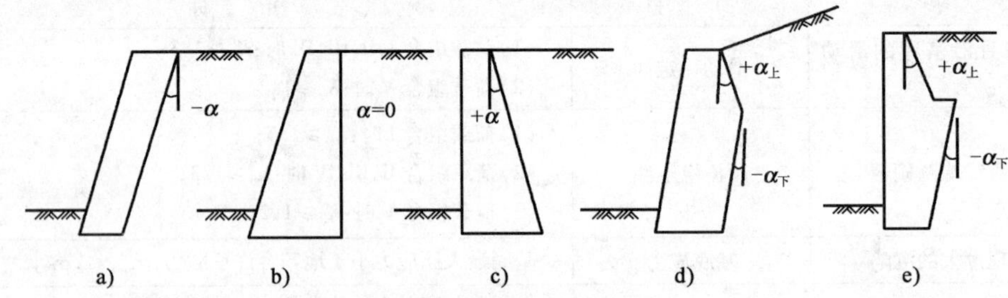


图4-31 重力式挡土墙的断面形式

a)仰斜;b)垂直;c)俯斜;d)凸形折线式;e)衡重式

经分析仰斜、垂直和俯斜式三种不同形式的墙背所受的土压力可知,在墙高和墙后填料等条件相同时,仰斜墙背所受的土压力为最小,垂直墙背次之,俯斜墙背较大;因此仰斜式的墙身断面较经济。当用于路堑墙时,墙背与开挖的临时边坡较贴合,开挖量与回填量均较小。但当墙趾处地面横坡较陡时,采用仰斜式墙背会增加墙高,增大断面。故仰斜式墙背适用于路堑墙及墙趾处地面平坦的路肩墙或路堤墙。仰斜墙背的坡度愈缓,所受的土压力愈小,但施工也就愈困难,故仰斜墙背的坡度不宜缓于1:0.3。

俯斜式墙背所受的土压力较大,相对而言,俯斜式墙背的断面比仰斜式要大。但当地面横坡较陡时,俯斜式挡土墙可采用陡直的墙面,从而减小墙高。俯斜墙背的坡度缓些固然对施工有利,但所受的土压力亦随之增加,致使断面增大,因此墙背坡度不宜过缓,通常控制 $\alpha<21°48'$ (1:0.4)。

垂直墙背的特点介于仰斜和俯斜墙背之间。

凸形折线式墙背是将仰斜式挡土墙的上部墙背改为俯斜,以减小上部断面尺寸,故其断面较为经济,多用于路堑墙,也可用于路肩墙。

衡重式墙背可视为在凸形折线式的上下墙之间设一衡重台,并采用陡直的墙面。上墙俯斜墙背的坡度通常为1:0.25~1:0.45,下墙仰斜墙背的坡度一般在1:0.25左右,上下墙的墙高比一般为2:3。它适用于山区地形陡峻处的路肩墙和路堤墙,也可用于路堑墙。

(2)墙面。墙面一般为平面,墙面坡度除应与墙背的坡度相协调外,还应考虑到墙趾处地面的横坡度(影响挡土墙的高度)。当地面横坡度较陡时,墙面可直立或外斜1:0.05~1:0.20,以减少墙高;当地面横坡平缓时,一般采用1:0.20~1:0.35较为经济。

(3)墙顶。重力式挡土墙可采用浆砌或干砌圬工。墙顶最小宽度,浆砌时不应小于50cm;干砌时不应小于60cm。干砌挡土墙的高度一般不宜大于6m。浆砌挡土墙墙顶应用M5砂浆抹平,或用较大石块砌筑,并勾缝。浆砌路肩墙墙顶宜采用粗料石或混凝土做成顶帽,厚度取40cm。干砌挡土墙顶部厚度50cm内,宜用M5砂浆砌筑,以确保稳定。

(4)护栏。为增加驾驶员心理上的安全感,保证行车安全,在地形险峻地段的路肩墙,或墙顶高出地面6m以上且连续长度大于20m的路肩墙,或弯道处的路肩墙的墙顶应设置护栏等防护设施。护栏分墙式和柱式两种,所采用的材料,护栏高度、宽度,视实际需要而定。护栏内侧边缘距路面边缘的距离,应满足路肩最小宽度的要求。

2)基础

地基不良和基础处理不当,往往会引起挡土墙的破坏,因此应重视挡土墙的基础设计。基础设计的程序是:首先应对地基的地质条件进行详细调查,必要时需做挖探或钻探,然后再来确定基础类型与埋置深度。

(1)基础的类型(图4-32)。当地基承载力不足且墙趾处地形平坦时,挡土墙为直接砌筑在天然地基上的浅基础。为减少基底应力和增加抗倾覆稳定性,常常采用扩大基础,如图4-32a)所示,将墙趾部分加宽成台阶,或墙趾墙踵同时加宽,以加大承压面积。加宽宽度视基底应力需要减少的程度和加宽后的合力偏心距的大小而定,一般不小于20cm。台阶高度按基础材料的刚性角的要求确定,对于砖、片石、块石、粗料石,当用低于M5的砂浆砌筑时,刚性角应不大于35°;对于混凝土基础,刚性角不应大于40°。

台阶的高宽比不应大于2:1,台阶宽度不宜小于50cm。最下一级台阶的宽度应满足偏心距的有关规定,并不宜小于1.5~2.0m。

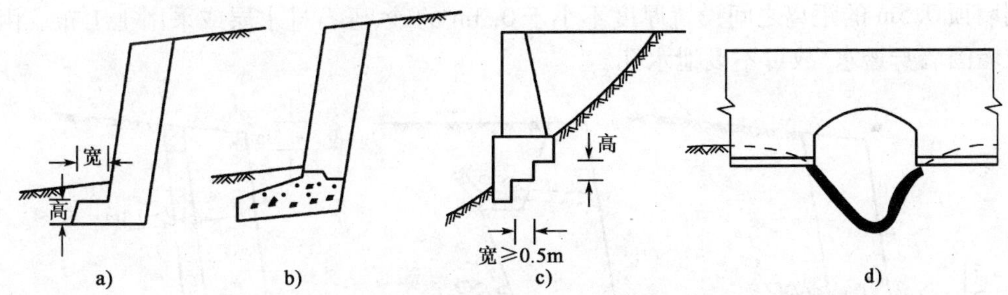


图4-32　挡土墙的基础形式

a)加宽墙趾;b)钢筋混凝土底板;c)台阶基础;d)拱形基础

如地基有短段缺口(如深沟等)或挖基困难(如局部地段地基软弱等)时,可采用拱形基础,如图4-32d)所示,以石砌拱圈跨过,再在其上砌筑墙身。但应注意土压力不宜过大,以免横向推力导致拱圈开裂。设计时应对拱圈予以验算。

当地基为软弱土层,如淤泥、软黏土等时,可采用砂砾、碎石、矿渣或石灰土等材料予以换填,以扩散基底压应力,使之均匀地传递到下卧软弱土层中。

(2)基础埋置深度。挡土墙基础,应视地形、地质条件埋置足够的深度,以保证挡土墙的稳定性。设置在土质地基上的挡土墙,基底埋置深度应符合下列要求:

①无冲刷时,一般应在天然地面下不小于1.0m。

②有冲刷时,应在冲刷线下不小于1.0m。

③受冻胀影响时，应在冰冻线以下不小于0.25m。非冰胀土层中的基础，例如岩石、卵石、砾石、中砂或粗砂等，埋置深度可不受冻深的限制。

挡土墙基础设置在岩石上时，应清除表面风化层；当风化层较厚难以全部清除时，可根据地基的风化程度及其相应的容许承载力将基底埋在风化层中。当墙趾前地面横坡较大时，基础埋置深度用墙趾前的安全襟边宽度1m控制，以防地基剪切破坏。

3）排水设施

挡土墙的排水处理是否得当，直接影响到挡土墙的安全及使用效果。因此，挡土墙应设置排水设施，以疏干墙后坡料中的水分，防止地表水下渗造成墙后积水，从而使墙身免受额外的静水压力；消除黏性土填料因含水率增加产生的膨胀压力；减少季节性冰冻地区填料的冻胀压力。

挡土墙的排水设施通常由地面排水和墙身排水两部分组成。

地面排水可设置地面排水沟，引排地面水；夯实回填土顶面和地面松土，防止雨水和地面水下渗，必要时可加设铺砌；对路堑挡土墙墙趾前的边沟应予以铺砌加固，以防止边沟水渗入基础。

墙身排水主要是为了迅速排除墙后积水。浆砌挡土墙应根据渗水量在墙身的适当高度处布置泄水孔，如图4-33所示。泄水孔尺寸可视泄水量大小分别采用5cm×10cm、10cm×10cm、15cm×20cm的方孔，或直径5~10cm的圆孔。泄水孔间距一般为2~3m，上下交错设置。最下排泄水孔的底部应高出墙趾前地面0.3m；当为路堑墙时，出水口应高出边沟水位0.3m；若为浸水挡土墙，则应高出常水位以上0.3m，以避免墙外水流倒灌。为防止水分渗入地基，在最下一排泄水孔的底部应设置30cm厚的黏土隔水层。在泄水孔进口处应设置粗粒料反滤层，以避免堵塞孔道。当墙背填土透水性不良或有冻胀的可能时，应在墙后最下一排泄水孔到墙顶0.5m的距离之间设置厚度不小于0.3m的砂、砾石排水层或采用土工布。由于干砌挡土墙围墙身透水，故可不设泄水孔。

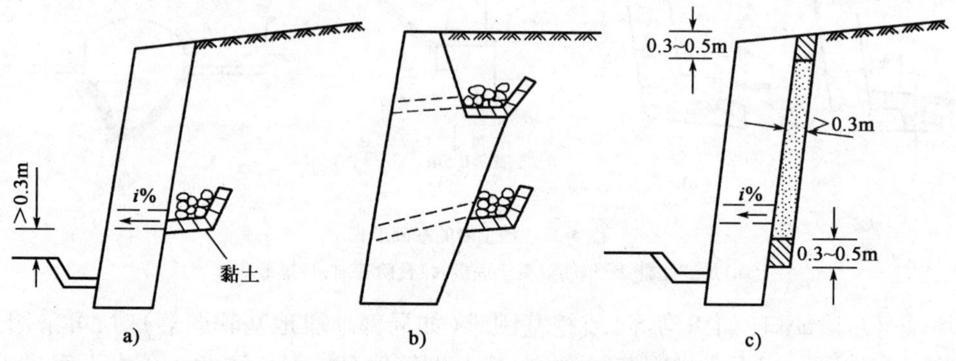


图4-33 挡土墙排水孔及反滤层的构造

4）沉降缝和伸缩缝

为了防止因地基不均匀沉陷而引起墙身开裂，应根据地基的地质条件及墙高、墙身断面的变化情况设置沉降缝；为了防止圬工砌体因砂浆硬化收缩和温度变化而产生裂缝，需设置伸缩缝。通常把沉降缝与伸缩缝合并在一起，统称为沉降伸缩缝或变形缝。沉降伸缩缝的间距按实际情况而定，对于非岩石地基，宜每隔10~15m设置一道沉降伸缩缝；对于岩石地基，其沉降伸缩缝间距可适当增大。沉降伸缩缝的缝宽一般为2~3cm。浆砌挡土墙的沉降伸缩缝内可用胶泥填塞，但在渗水量大、冻害严重的地区，宜用沥青麻筋或沥青木板等材料，沿墙内、外、顶三边填塞，填深不宜小于15m；当墙背为填石且冻害不严重时，可仅留空隙，不嵌填料。对于干砌挡土墙，沉降伸缩缝两侧应选平整石料砌筑，使其形成垂直通缝。

4. 挡土墙的布置

挡土墙的布置是挡土墙设计的一个重要内容，通常在路基横断面图和墙趾纵断面图上进行，对于个别复杂的挡土墙尚应作平面布置。

1）横向布置

横向布置主要是在路基横断面图上进行，其内容有：选择挡土墙的位置、确定断面形式、绘制挡土墙横断面图等。

（1）挡土墙的位置选择。路堑挡土墙，大多设置在边沟的外侧。路肩墙应保证路基宽度布设。路堤墙应与路肩墙进行技术经济比较，以确定墙的合理位置。当路堤墙与路肩墙的墙高或圬工数量相近，且其基础情况亦相仿时，宜做路肩，因为采用路肩墙可减少填方和占地；但当路堤墙的墙高或圬工数量比路肩墙显著降低，且基础可靠时，则宜做路堤墙。浸水挡土墙应结合河流情况布置，以保持水流顺畅，不致挤压河道而引起局部冲刷。山坡挡土墙应考虑设在基础可靠处，墙的高度应保证墙后墙顶以上边坡的稳定性。

（2）确定断面形式，绘制挡土墙横断面图。不论是路堤墙，还是路肩墙，当地形陡峻时，可采用俯斜式或衡重式；地形平坦时，则可采用仰斜式。对于路堑墙来说，宜采用仰斜式或折线式。

挡土墙横断面图的绘制，选择在起讫点、墙高最大处、墙身断面或基础形式变化处，以及其他必须设置桩号处的横断面图上进行。根据墙身形式、墙高和地基与填料的物理力学指标等设计资料，进行设计或套用标准图，确定墙身断面尺寸、基础形式和埋置深度，布置排水设施，指定墙背填料的类型等。

2）纵向布置

纵向布置主要是在墙趾纵断面图上进行，如图4-34所示，布置后绘制挡土墙正面图。

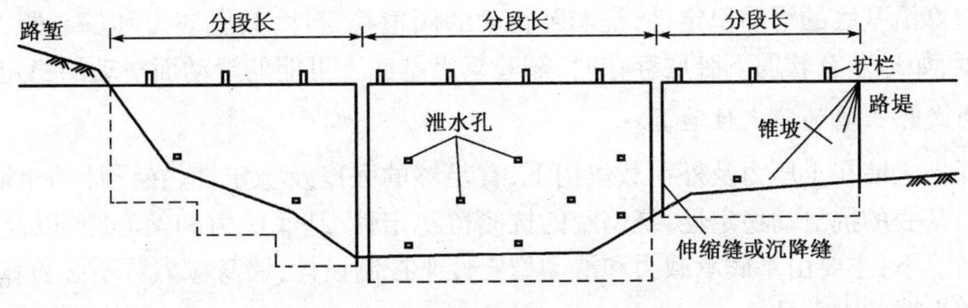


图4-34　挡土墙纵断面图

路肩墙与路堑连接应嵌入路堑中2～3m；与路堤连接时可采用锥坡进行衔接；与桥台连接时，为了防止墙后回填土从桥台尾端与挡土墙连接处的空隙中溜出，应在台尾与挡土墙之间设置隔墙及接头墙。

确定挡土墙的起讫点和墙长，选择挡土墙与路基或其他结构物的连接方式。

路堑挡土墙在隧道洞口应结合隧道洞门、翼墙的设置情况平顺衔接；与路堑边坡衔接时，一般将墙顶逐渐降低到2m以下，使边坡坡脚不至于伸入边沟内，有时也可用横向端墙连接。

（1）按地基及地形情况进行分段，布置沉降伸缩缝的位置。

（2）布置各段挡土墙的基础。

当沿挡土墙长度方向有纵坡时，挡土墙的纵向基底宜做成坡率不大于5%的纵坡。当墙址地面纵坡坡率不超过5%时，基底可按此纵坡设置；若坡率大于5%时，应在纵向挖成台阶，台阶的尺寸随地形而变化，但其高宽比不宜大于1:2。当地基为岩石时，纵坡坡率虽不大于5%，但为减少开挖，也可在纵向做成台阶。

(3)确定泄水孔和护栏(护桩或护墙)的位置，包括数量、尺寸和间距。

(4)标注各特征断面的桩号，以及墙顶、基础、基底、冲刷线、冰冻线、设计洪水位的高程等。

3)平面布置

对于个别复杂的挡土墙，如高的、长的沿河挡土墙和曲线路段的挡上墙，除进行横、纵向布置外，还应作平面布置，并绘制平面布置图。

在平面图上，应标出挡土墙与路线平面位置的关系和与挡土墙有关的地物、地貌等情况；沿河挡土墙还应标出河道及水流方向，以及其他防护、加固工程等。

在挡土墙设计图纸上，应附有简要说明，说明选用挡土墙设计参数的依据、主要工程数量、对材料和施工的要求及注意事项等，以便指导施工。

### 5.重力式挡土墙的破坏形式及稳定性要求

重力式挡土墙的破坏形式及原因如下：

(1)由于基础滑动而造成的破坏。

(2)由于绕墙趾转动所引起的倾覆。

(3)因基础产生过大或不均匀沉陷而引起的墙身倾斜。

(4)因墙身材料强度不足而产生的墙身剪切破坏。

(5)沿通过墙踵的某一滑动圆弧的浅层剪切破坏和沿基底下某一深度(如通软土下卧层底面)的滑动圆弧的深层破坏。

为避免挡土墙发生上述破坏，并保证其具有足够的整体稳定性和强度，在设计挡土墙时，一般均应验算沿基底的滑动稳定性，绕墙趾转动的倾覆稳定性，其底应力和偏心距，以及墙身断面的强度，如地基有软弱下卧层存在时，需验算沿基底下可能的滑动面滑动的稳定性。

### 6.重力式挡土墙的稳定性验算

为保证挡土墙在土压力及外荷载作用下，有足够的强度及稳定性，在设计挡土墙时，应验算挡土墙沿基底的抗滑动稳定性，绕墙趾的抗倾覆稳定性，基底应力和偏心距，以及墙身强度等。一般情况下，主要由基底承载力和滑动稳定性来控制设计，墙身应力可不必验算。取单位长度进行挡土墙的力学计算。

1)作用于挡土墙的力系

确定作用于挡土墙上的力系是挡土墙设计的关键，其中主要是确定土压力。作用于挡土墙上的力系，按其作用性质可分为主要力系、附加力系和特殊力系。主要力系是经常作用于挡土墙上的各种力，如图4-35所示。主要力系包括以下内容：

(1)挡土墙自重及作用于墙上的恒载。

(2)墙后土体的主动土压力。

(3)基底的法向反力和摩擦力。

(4)墙前土体的被动土压力。

对于浸水挡土墙还应包括常水位时的静水压力和浮力。

附加力系是指季节性地作用于挡土墙上的各种力。如洪水时的静水压力和浮力，动水压力、波浪冲击力及冻胀压力等。特殊力系是指偶然出现的力，如地震力、水流漂浮物撞击力等。

在一般地区，挡土墙设计仅需考虑主要力系；但在浸水地区还应考虑附加力系，而在地震地区则应考虑地震对挡土墙的影响。各种力的取舍，应根据挡土墙所处的工作条件，按最不利荷载组合作为设计的依据。

2）挡土墙稳定性验算

在挡土墙稳定性验算中一般不计墙前被动土压力，使挡土墙处于最不利受力条件。

（1）抗滑稳定性验算。为保证挡土墙的抗滑稳定性，应验算在土压力及其他外力作用下，基底摩阻力抵抗挡土墙滑移的能力，用抗滑稳定系数 $K_c$ 表示，即抗滑力 $(G+E_y)\cdot f$ 与滑动力 $E_x$ 的比值。如图 4-36 所示，抗滑稳定数为：

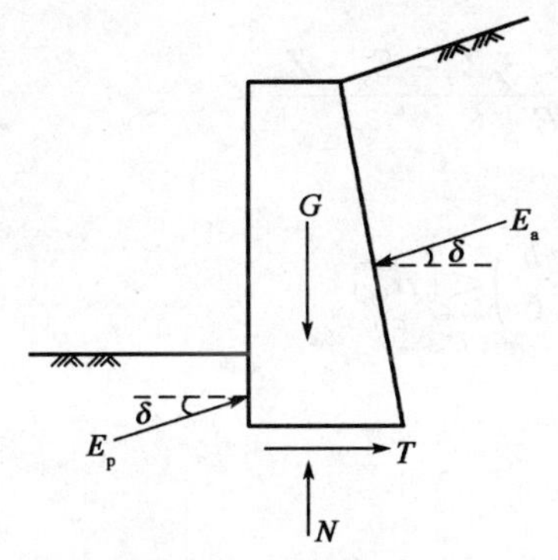

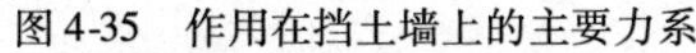

图 4-35　作用在挡土墙上的主要力系

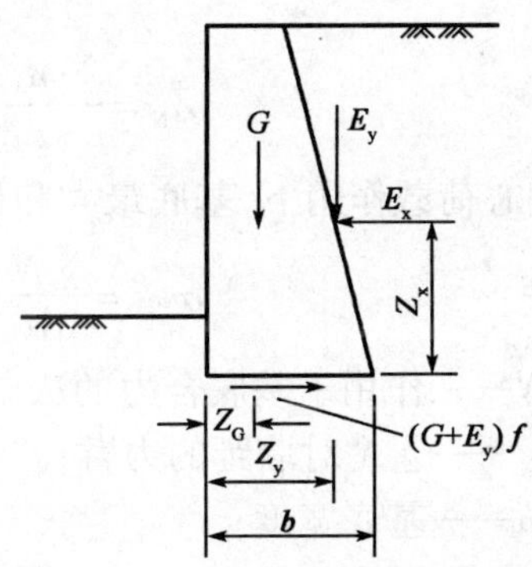


图 4-36　挡土墙的滑动与倾覆稳定

$$K_c=\frac{(G+E_y)}{E_x}\cdot f\geqslant[K_c] \tag{4-25}$$

式中：$G$——挡土墙自重；

$E_x,E_y$——墙背主动土压力的水平与垂直分力；

$f$——基底摩阻系数，可通过现场试验确定，无试验资料时，可参考表 4-8 的经验数据；

$[K_c]$——容许抗滑稳定系数，见表 4-7。

**基底摩阻系数 $f$**　　表 4-8

| 地基土名称 | | 摩阻系数 $f$ |
|---|---|---|
| 黏性土 | 软塑状态 | 0.25 |
| | 硬塑状态 | 0.30 |
| | 半坚硬状态 | 0.30～0.40 |
| 轻亚黏土 | | 0.30～0.40 |
| 砂土 | | 0.40 |
| 石质土 | | 0.50 |
| 软质岩石 | | 0.40～0.60 |
| 硬质岩石 | | 0.60～0.70 |

（2）抗倾覆稳定性验算。为保证挡土墙的抗倾覆稳定性，必须验算它抵抗墙身绕墙趾向外转动倾覆的能力，用抗倾覆稳定系数 $K_0$ 表示，即稳定力系对墙趾的总稳定力矩 $\sum M_y$ 与倾覆力系对墙趾的总倾覆力矩 $\sum M_0$ 的比值。

$$K_0=\frac{\sum M_y}{\sum M_0}=\frac{G\cdot Z_G+E_y\cdot Z_y}{E_x\cdot Z_x}\geqslant[K_0] \tag{4-26}$$

式中：$[K_0]$——容许抗倾覆稳定系数，见表4-7。

在验算挡土墙稳定性时，一般均未计入墙趾前的被动土压力。若验算结果 $K_c<[K_c]$ 或 $K_0<[K_0]$，则表明挡土墙的抗滑动稳定性或抗倾覆稳定性不够，应采取措施予以加强。

7. 基底应力及合力偏心距验算

为了保证挡土墙基底应力不超过地基容许承载力，应进行基底应力验算；同时，为了避免挡土墙不均匀沉陷，应控制作用于挡土墙基底合力的偏心距。

如图4-37所示，作用于基底合力的偏心距 $e$ 为：

$$e=\frac{b}{2}-Z_N\leqslant[e] \tag{4-27}$$

$$Z_N=\frac{\sum M_y-\sum M_0}{\sum N}=\frac{G\cdot Z_G+E_y\cdot Z_y-E_x\cdot Z_x}{G+E_y} \tag{4-28}$$

在偏心荷载作用下，基底最大和最小法向应力为：

$$\sigma_{\substack{max\\min}}=\frac{\sum N}{A}\pm\frac{\sum M}{W}=\frac{G+E_y}{A}\left(1\pm\frac{b}{6}\right)\leqslant[\sigma_0] \tag{4-29}$$

式中：$\sum N$——作用于基底合力的法向分力；

$Z_N$——$\sum N$ 对墙趾的力臂；

$b$——基底宽度；

$A$——基底面积，对于1m长的墙，$A=b$；

$\sum M$——各力对基底中性轴的力矩和；

$W$——基底截面模量，$W=b^2/6$；

$e$——合力偏心距，其限制见表4-9；

$[\sigma_0]$——容许压应力。

**偏心距的限制** 表4-9

| 荷载情况 | 地基条件 | 合力偏心距 |
|---|---|---|
| 荷载Ⅰ | 非岩石地基 | $e_0\leqslant 0.75\rho$ |
| 组合荷载Ⅱ,Ⅲ,Ⅳ | 非岩石地基 | $e_0\leqslant\rho$ |
| | 石质差的岩石地基 | $e_0\leqslant 1.2\rho$ |
| | 紧密岩石地基 | $e_0\leqslant 1.5\rho$ |

注：表中 $\rho$ 为基底截面核心，且 $\rho=W/A$，其中 $A$ 为基底面积，$W$ 为基底截面模量。

由式(4-29)可知，当 $e>\frac{b}{6}$ 时，$\sigma_2$ 为负，即在基底一侧出现了拉应力，如图4-38所示。

但在一般情况下，地基与基础的接触面上是不容许出现拉应力的，故需按无拉应力的平衡条件重新分配压应力，即按应力重分布计算基底最大压应力，将应力分布图变为三角形，如图4-38所示，总压应力等于 $\sum N$，而且 $\sum N$ 的作用线必定通过应力图形的重心。则：

$$\sum N=\frac{1}{2}\sigma_{max}\cdot 3Z_N$$

最大压应力为：

$$\sigma_{max}=\frac{2}{3}\cdot\frac{\sum N}{Z_N}=\frac{2}{3}\cdot\frac{(G+E_y)}{\left(\frac{b}{2}-e\right)}\leqslant[\sigma_0] \tag{4-30}$$

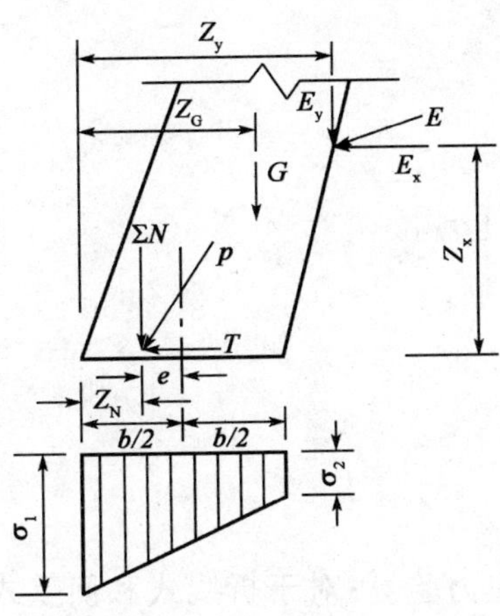


图 4-37　基底应力及合力偏心距

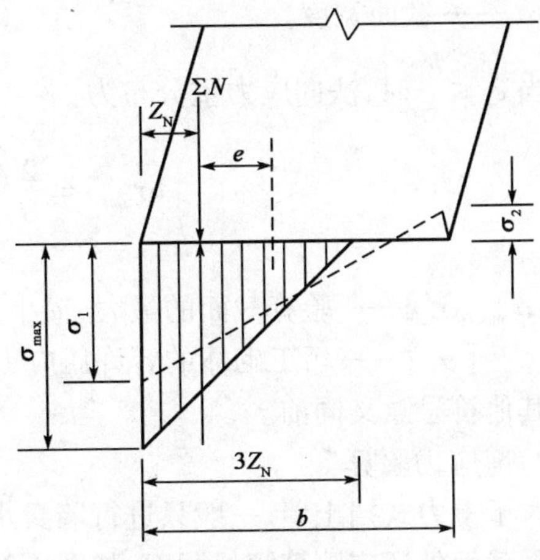


图 4-38　基底应力重分布

从上述分析可以看出，合力偏心距 $e$ 直接影响基底应力的大小和性质（拉或压）。如偏心距过大，即使基底应力仍小于地基容许承载力，但由于基底应力分布的显著差异，亦可能引起基础产生不均匀沉陷，从而导致墙身过分倾斜。为此，应控制偏心距，使其满足表 4-9 的要求。

8. 墙身截面强度

为保证墙身具有足够的强度应根据经验选择 1 ~ 2 个控制性截面进行验算。验算截面，一般可选择在距墙身底部 1/2 墙高和截面急剧变化处，如图 4-39 所示。

1）法向应力验算

如图 4-40 所示，选择 1-1 截面为验算截面。若作用在此截面以上墙背的主动土压力为 $E_1$，墙身自重为 $G_1$，二者的合力为 $R_1$，则可将 $R_1$ 分解为 $N_1$ 和 $T_1$。截面的法向应力验算，应视偏心距大小，分别按下式计算：

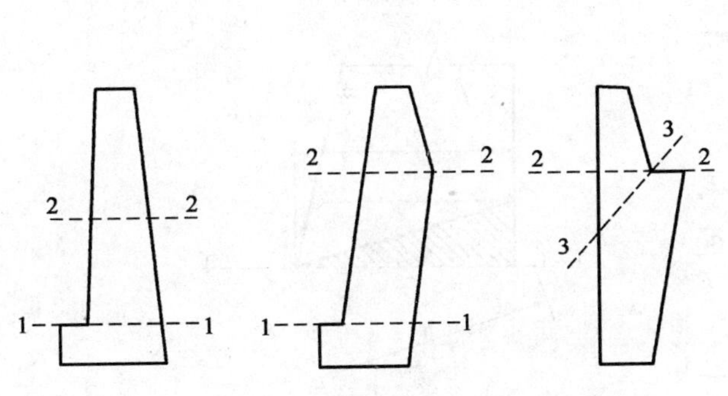


图 4-39　验算截面的选择

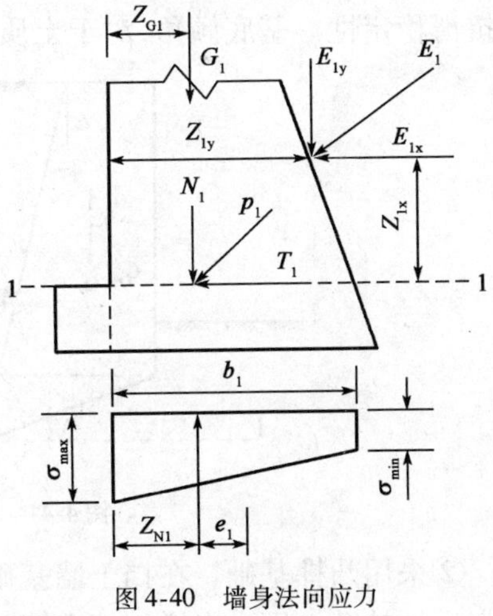

图 4-40　墙身法向应力

当 $e_1 = \dfrac{b_1}{2} - \dfrac{G_1 \cdot Z_{G1} + E_{1y} \cdot Z_{1y} - E_{1x} \cdot Z_{1x}}{G_1 + E_{1y}} \leqslant \dfrac{b_1}{6}$时，

$$\sigma_{\substack{max \\ min}} = \frac{G_1 + E_{1y}}{A_1}\left(1 \pm \frac{b_1}{6}\right) \leqslant [\sigma_0] \tag{4-31}$$

式中：$b_1$——截面宽度。

当 $e_1 \leqslant \frac{b_1}{6}$ 时，法向应力重分布为：

$$\sigma_{max} = \frac{2}{3}\frac{(G_1 + E_{1y})}{\left(\frac{b_1}{2} - e_1\right)} \leqslant [\sigma_a] \tag{4-32}$$

式中：$\sigma_{max}$、$\sigma_{min}$——验算截面的最大、最小法向应力；

$[\sigma_a]$——圬工砌体的容许压应力；

其他符号意义同前。

2）剪应力验算

对于重力式挡土墙，一般只进行墙身水平截面的剪应力验算；对于折线式和衡重式，除验算水平截面外还应验算倾斜截面，如图 4-39 中所示的 3-3 截面。

水平截面的剪应力为：

$$\tau = \frac{T_1}{A_1} = \frac{E_{1x}}{b_1} \leqslant [\tau] \tag{4-33}$$

式中：$A_1$——受剪面积，$A_1 = b_1 \times l$；

$[\tau]$——圬工砌体容许剪应力；

其他符号意义同前。

当墙身截面出现拉应力时，应考虑裂缝对受剪面积的折减。

9. 提高挡土墙稳定性的措施

（1）当 $K_c < [K_c]$，表明挡土墙的抗滑稳定性不足，故可考虑采用下列措施，以增加其抗滑动稳定性。

①采用倾斜基底（图 4-41）。设置向内倾斜的基底，可增加抗滑力和减少滑动力，从而增加抗滑稳定性。基底倾角，对于土质地基不陡于 1∶5；对于岩石地基不陡于 1∶3。

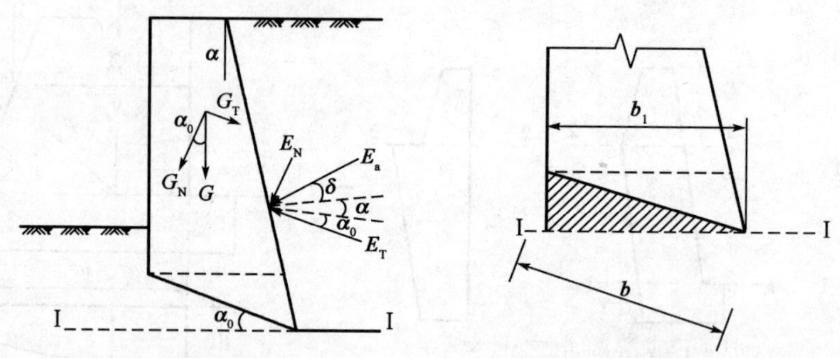


图 4-41　采用倾斜基底增加挡土墙抗滑稳定性

②采用凸榫基础。在挡土墙基础底面设置混凝土凸榫，与基础连成整体，利用凸榫前土体所产生的被动土压力来增加挡土墙的抗滑稳定性。

③更换基底土层，以增大基础底面与地基之间的摩擦系数。

④改变墙身断面形式和尺寸，以增大垂直力系。但单纯扩大断面尺寸，效果不大，也不经济。

（2）当 $K_0 < [K_0]$，表明挡土墙的抗倾覆稳定性不足，故可考虑采用下列措施，以增加其抗

倾覆稳定性。

①加宽墙趾,即在墙趾处加宽基础,以增大力臂。但当墙趾前地面横坡较陡时,会因加宽墙趾而使墙高增加。

②减缓墙面坡度,以增加力臂。

③增大墙背坡度,以减少土压力。

④墙背设置衡重台,以增加抗倾覆力矩。

## 七、加筋土挡土墙设计计算

### 1.加筋土挡土墙的构造

加筋土挡土墙一般由加筋体、基础、排水设施和沉降伸缩缝等几部分构成。

1)加筋体

加筋体墙面的平面线形可采用直线、折线和曲线。相邻墙面的内夹角不宜小于70°。加筋体筋带一般应水平布设并垂直于面板,当一个结点有两条以上筋带时,应呈扇状分开。当相邻墙面的夹角小于90°时,宜将不能垂直布设的筋带逐渐斜放,必要时在角隅处增设加强筋带。当双面加筋土挡土墙的筋带相互插入时,应错开铺设避免重叠。在拱涵顶部的双面加筋土挡土墙,其下部宜增加筋带用量或采用防止拱两端墙面变位的其他措施。

加筋体的横断面形式一般应采用矩形。当受地形、地质条件限制时也可采用上宽下窄或上窄下宽的阶梯形。断面尺寸由计算确定,底部筋带长度不应小于3m,同时不小于0.4$H$($H$为墙高)。

加筋土挡土墙顶部一般应按路线要求设置纵坡;路堤式挡土墙,也可调整两端与路线的水平距离,变更墙高,将墙顶设计成平坡。设置纵坡的加筋土挡土墙顶部可按纵坡要求设置异形面板,也可将需设异形面板的缺口用浆砌片石或现浇混凝土补齐。

加筋体填料的压实度是保证加筋体稳定性的重要因素之一,应按相关规范的要求采用。

浸水地区的加筋体应采用渗水性良好的土体作为填料。在面板内侧应设置反滤层或铺设透水土工织物。季节性冰冻地区的加筋体宜采用非冻胀性土填料,否则应在墙面板内侧设置厚度不小于0.5m的砂砾防冻层。

当加筋土挡土墙高度大于12m时,填料应慎重选择,且墙高的中部宜设宽度不小于1m的错台。当墙高大于20m时,应进行特殊设计。

2)基础

加筋体墙面下部应设置宽度不小于0.3m,厚度不小于0.2m的混凝土基础,但属下列情况之一者可不设:

(1)面板筑于石砌圬工或混凝土之上。

(2)地基为基岩。

加筋体面板基础底面的埋置深度,对于一般土质地基不应小于0.6m;当设置在岩石上时,应清除表面风化层。当风化层很厚难以全部清除时,可采用土质地基的埋置深度。浸水地区和冰冻地区的基础埋置深度要求同重力式挡土墙。

软弱地基上的加筋土挡土墙,当地基承载力不能满足要求时,应进行地基处理。加筋土挡土墙的基底可做成水平或结合地形做成台阶形。

3)排水设施

对可能危害加筋体的地表水和地下水,应采取适当的排水或防水措施。当加筋体背后有地下水渗入时,应设置通向加筋体的排水层,如图 4-42 所示。排水层采用砂砾,其厚度不小于 0.5m。当加筋体顶面有渗水可能时,应采用防渗封闭措施。

4)沉降缝和伸缩缝

加筋土挡土墙应根据地形、地质、墙高等条件设置沉降缝,沉降缝间距:土质地基为 10 ~ 30m,岩石地基可适当增大。当设置整体式路檐板时,应酌情设置伸缩缝,其间距一般与沉降缝一致。沉降缝、伸缩缝宽度一般为 1 ~ 2cm,可采用沥青板、软木板或沥青麻絮等填塞。

2. 加筋土挡土墙的破坏形式及稳定性要求

加筋土挡土墙的破坏形式有如下三种:

(1)拉筋断裂造成的破坏。当拉筋的强度不足,或拉筋与连接螺栓的尺寸偏小,或拉筋因腐蚀而强度逐渐下降时,拉筋可能部分或全部被拉断,从而导致加筋体失去内部稳定性。

(2)填料与拉筋间的摩擦力不足造成的破坏。当填料与拉筋间的摩擦力不足以平衡拉筋所受拉力时,拉筋与填料可能产生相对滑动,致使挡土墙发生严重变形。

以上两种破坏形式均与加筋土挡土墙的内部稳定性有关。

(3)加筋体的滑动和倾覆破坏。当加筋体的外部稳定性不足时,将会导致加筋体整体产生过大的沿基底的滑动变形或绕墙趾的倾覆变形。为此,要保证加筋土挡土墙在使用过程中发挥应有的作用,设计时应进行内部稳定性和外部稳定性计算。

加筋土挡土墙设计的首要问题是确定破裂面的形状和位置。由实验室模型试验和实地加筋土挡土墙原型试验测定的结果表明:拉筋上的最大拉力点不是出现在拉筋与墙面板的连接处,而是在墙体内部,连接处的拉力约为最大拉力的 0.75;各层拉筋最大拉力点的连线通过墙面板脚,其形状近似对数螺旋线。在挡土墙的上部,最大拉力线与墙面间距离$\leqslant 0.3H$($H$ 为墙高)。

在加筋体中,各层拉筋最大拉力点的连线就是可能的破坏面。为了简化计算,可近似地认为破裂面是一条通过墙面板脚,在挡土墙的上部距面板背向距离为 $0.3H$ 的折线,如图 4-43 所示。

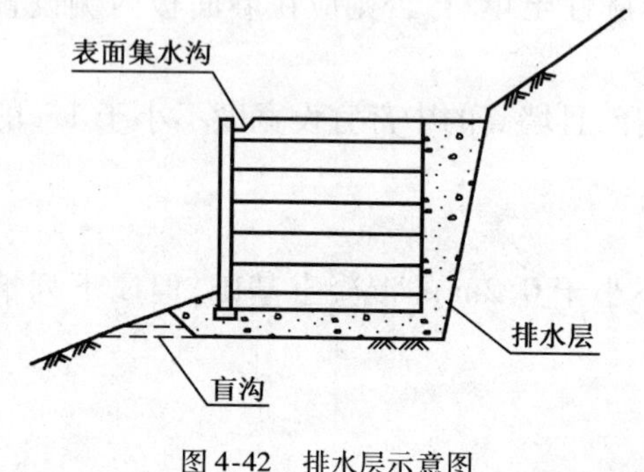


图 4-42　排水层示意图

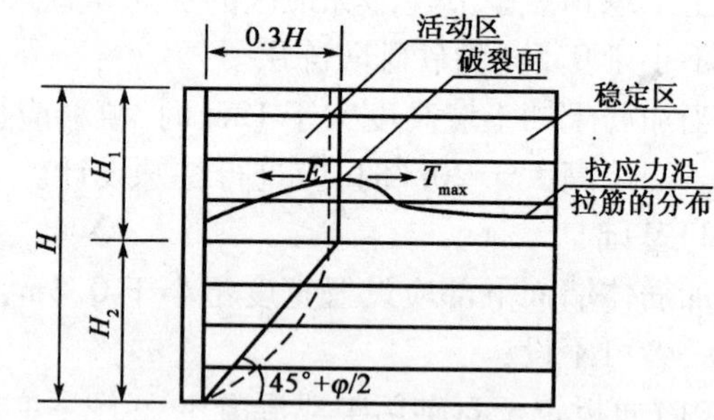


图 4-43　简化破裂面

3. 加筋土挡土墙内部稳定性分析

加筋土挡土墙的内部稳定性分析方法有很多,包括局部应力分析法、滑裂面法、剪胀区法等。目前,局部应力分析法应用最为广泛。

1)筋带拉力与长度计算

筋带拉力与长度计算的基本方法是局部应力平衡法。局部应力平衡法的原理是根据作用在填料中最大拉应力点上的应力,计算筋带最大拉应力 $T_{max}$。如图 4-43 所示,在最大拉应力

点 $E$ 上不存在剪应力，主要是垂直应力 $\sigma_V$ 和水平应力 $\sigma_H$。加筋层某一深度的水平应力 $\sigma_H$ 用筋带来局部平衡。此时，距墙顶面深度为 $Z_i$ 的第 $i$ 层拉筋所受的最大拉应力 $T_i$ 为：

$$T_i = \sigma_{Hi} S_x S_y \tag{4-34}$$

$$\sigma_{Hi} = K_i \sigma_{Vi} \tag{4-35}$$

式中：$\sigma_{Hi}$——加筋体内深度 $Z_i$ 处的水平应力(kPa)；

$\sigma_{Vi}$——加筋体内深度 $Z_i$ 处的垂直应力(kPa)；

$K_i$——加筋体内深度 $Z_i$ 处的土压力系数；

$S_x$——筋带结点的水平间距(m)；

$S_y$——筋带结点的垂直间距(m)。

加筋体内垂直应力的计算方法较多，我国采用的是垂直应力均匀分布法，垂直应力 $\sigma_V$ 按下式计算：

路肩式挡土墙：
$$\sigma_{Vi} = \gamma_1 Z_i + \gamma_1 h \tag{4-36}$$

路堤式挡土墙：
$$\sigma_{Vi} = \gamma_1 Z_i + \gamma_2 h_1 + \sigma_{ai} \tag{4-37}$$

式中：$\gamma_1$——加筋体填料的湿重度(kN/m$^3$)；

$\gamma_2$——加筋体上填土的湿重度(kN/m$^3$)；

$h_1$——加筋体上填土换算成等效均布土层的厚度(m)，$h_1 = \frac{1}{n}(H/2 - b_b)$，当 $h_1 > H'$ 时，取 $h_1 = H'$；

$\sigma_{ai}$——车辆荷载作用下，加筋体内深度 $Z_i$ 处的垂直应力(kPa)，$\sigma_{ai} = \gamma_1 h \frac{L_c}{L_{ci}}$；

$L_c$——结构计算时采用的荷载布置宽度(m)；

$L_{ci}$——深度 $Z_i$ 处应力扩散宽度(m)，当 $Z_i + H' \leqslant 2b_c$ 时，$L_{ci} = L_c + H' + Z_i$；当 $Z_i + H' > 2b_c$ 时，$L_{ci} = L_c + b_c + \frac{H' + Z_i}{2}$；

$b_c$——面板背面至路基边缘的距离(m)。

加筋体中侧向土压力系数 $K_i$ 随 $Z_i$ 的变化规律如图 4-44 所示。

$$\left.\begin{aligned} &当\ Z_i \leqslant 6\text{m}\ 时，K_i = K_0\left(1 - \frac{Z_i}{6}\right) + K_a \frac{Z_i}{6} \\ &当\ Z_i > 6\text{m}\ 时，K_i = K_a \end{aligned}\right\} \tag{4-38}$$

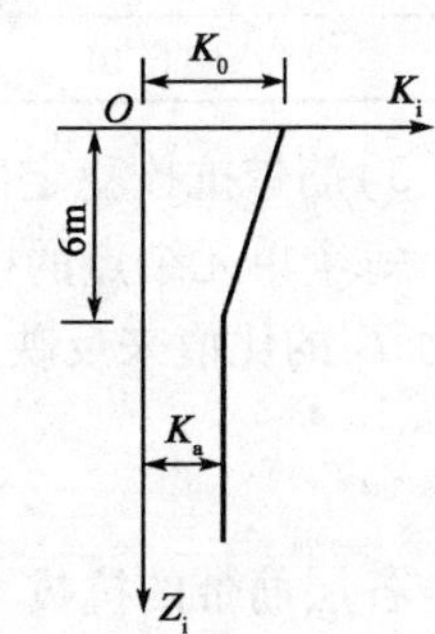

图 4-44　土压力系数计算图示

式中：$K_i$——加筋体内深度 $Z_i$ 处土压力系数；

$K_0$——静止土压力系数，$K_0 = 1 - \sin\varphi$；

$K_a$——主动土压力系数，$K_a = \tan^2\left(45° - \frac{\varphi}{2}\right)$。

一般情况下的加筋土挡土墙，筋带所受压力按下列公式计算：

$$\left.\begin{aligned} &路肩式挡土墙：T_i = K_0(\gamma_1 Z_i + \gamma_1 h) S_x S_y \\ &路堤式挡土墙：T_i = K_i(\gamma_1 Z_i + \gamma_2 h + \sigma_{ai}) S_x S_y \end{aligned}\right\} \tag{4-39}$$

式中：$T_i$——第 $i$ 单元筋带所受的拉力(kN)。

筋带的总长度由活动区长度和锚固区长度两部分组成。筋带锚固长度计算不计车辆荷载引起的抗拔力，锚固长度按式(4-39)计算。

$$\left.\begin{aligned}&\text{路肩式挡土墙}:L_{1i}=\frac{[K_f]T_i}{2fb_i\gamma_1Z_i}\\&\text{路堤式挡土墙}:L_{1i}=\frac{[K_f]T_i}{2fb_i(\gamma_1Z_i+\gamma_2h_1)}\end{aligned}\right\}\tag{4-40}$$

式中：$[K_f]$——筋带要求的抗拔稳定系数，参阅相关规范确定；

$f$——筋带与填料的摩擦系数；

$b_i$——第 $i$ 单元筋带宽度总和(m)。

筋带活动区长度为：

当 $0<Z_i\leqslant H_1$ 时，$L_{2i}=bH$；当 $H_1<Z_i\leqslant H_2$ 时，$L_{2i}=\dfrac{H-Z_i}{\tan\beta}$。

则筋带长度：$L_i=L_{1i}+L_{2i}$

2)筋带设计断面的计算

根据每个单元(第 $i$ 层)筋带所受的拉力，可按下式计算该单元(第 $i$ 层)筋带的设计断面。即：

$$A_i=\frac{T_i\times10^3}{\mu\cdot[\sigma_t]}\tag{4-41}$$

式中：$A_i$——第 $i$ 层筋带的断面面积($mm^2$)；

$\mu$——筋带容许拉应力提高系数，见表 4-10；

$[\sigma_t]$——筋带容许拉应力(MPa)。

**容许拉应力提高系数** 表 4-10

| 荷载组合 \ 拉筋类别 | 钢带、钢筋混凝土带 | 聚丙烯土工带 |
|---|---|---|
| 组合 I | 1.00 | 1.00 |
| 组合 II | 1.25 | 1.30 |
| 组合 III | 1.50 | 2.00 |

3)筋带抗拔稳定性验算

每个单元结点的抗拔能力用该结点所具有的抗拔力(不计车辆荷载)$S_i$ 与它所受到的拔出力 $T_i$ 的比值来反映。这个比值称为抗拔安全系数 $K_f$，要求 $K_f\geqslant[K_f]$，即：

$$K_t=\frac{S_i}{T_i}\geqslant[K_f]\tag{4-42}$$

各层筋带的抗拔力 $S_i$ 按下式计算：

$$S_i=2b_i(\gamma_1h_i+\gamma_2h_F)f^*\cdot l_{ei}\tag{4-43}$$

式中：$f^*$——筋带与土的视摩擦系数；

$l_{ei}$——第 $i$ 层深度结点处稳定区筋带长度。其值为：

$$l_{ei}=l_i-(H-h_i)\tan(45°-\varphi/2)\qquad(H_1<h_i\leqslant H)$$

其中：

$$H_1=\left[1-0.3\tan\left(45°+\frac{\varphi}{2}\right)\right]H$$

若 $K_f<[K_f]$，表明抗拔稳定性不够。此时应根据地形、地质、材料来源等情况，采取增加筋带长度，或增加筋带数量，或改用内摩擦阻力较大的材料等措施来提高安全系数，使其达到

$K_f \geqslant [K_f]$的要求。

4. 加筋土挡土墙外部稳定性验算

加筋体外部稳定性计算包括基础底面地基承载力验算，基底抗滑稳定性验算和抗倾覆稳定性验算。计算时假定加筋体结构为刚体，计算方法同重力式挡土墙。

山坡上的加筋体容易出现整体滑动，必要时可增加整体滑动稳定性验算，验算方法同"圆弧滑动面法"。

对于墙高大于12m的加筋土挡土墙，为增加高墙的安全性，应采用总体平衡法进行验算。因计算工作量很大，此处不再赘述。

## 完成工作任务

1. 任务

设计××高速路第三合同段一重力式挡土墙。

2. 基本资料

某二级公路在桩号K1+350～K1+400段为填方路堤，为保证路堤边坡稳定，少占地拆迁，故设置路堤挡土墙，拟采用重力式挡土墙。

(1) K1+350～K1+400路堤段，地表较平坦，其中K1+350地面高程为175.3m，K1+400处地面高程为174.4m。

(2) 挡土墙在横断面上的布置及经验尺寸如图4-45所示。

(3) 地基为密实的硬塑亚黏土，其容许承载力$[\sigma]=300\text{kPa}$，地基摩阻系数$f=0$。

(4) 墙后填料的重度$\gamma=18\text{kN/m}^3$，计算内摩擦角$\varphi=35°$。

(5) 墙体材料为M5砂浆砌筑30号片石，其重度$\gamma=22\text{kN/m}^3$，填料与墙背间的摩擦角$\delta=(2/3)\varphi$。

(6) 荷载：计算荷载，公路—II级；验算荷载，挂车—100。

(7) 挡土墙分段长度为13m。

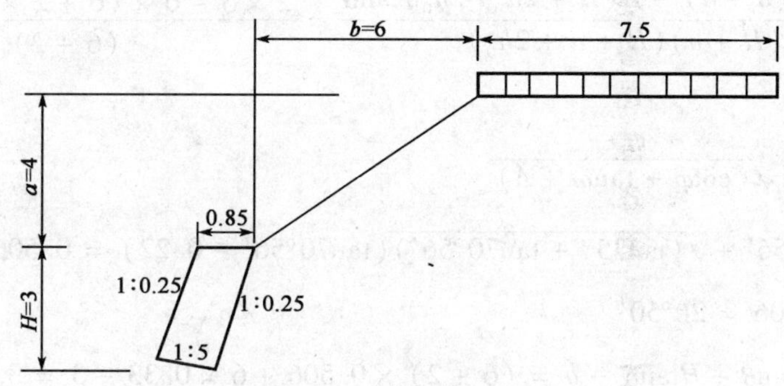


图4-45 重力式挡土墙横断面布置图（尺寸单位：m）

3. 要求

(1) 拟订挡土墙的结构形式及断面尺。

(2) 拟订挡土墙基础的形式及尺寸。

(3) 拟订车辆荷载。

(4) 进行土压力计算。

4. 案例分析

**【案例4-1】** 重力式挡土墙设计计算示例：某二级公路，路基宽8.5m，拟设计一段路堤挡土墙。

1）计算资料

（1）墙身构造。拟采用浆砌片石重力式路堤墙，如图4-46所示，墙高$H=6\text{m}$，填土高$a=2\text{m}$，填土边坡1∶1.5（$\beta=33°41'$），墙背俯斜，倾角$\alpha=18°26'$（1∶0.33），墙身分段长度10m，初拟墙顶宽$b_1=0.94\text{m}$，墙底宽$b_2=3.59\text{m}$。

（2）车辆荷载：计算荷载，公路—II级；验算荷载，挂车—100。

（3）填料：砂土，湿重度$\gamma=18\text{kN/m}^3$，计算内摩擦角$\varphi=35°$，填料与墙背的摩擦角$\delta=\dfrac{\varphi}{2}$。

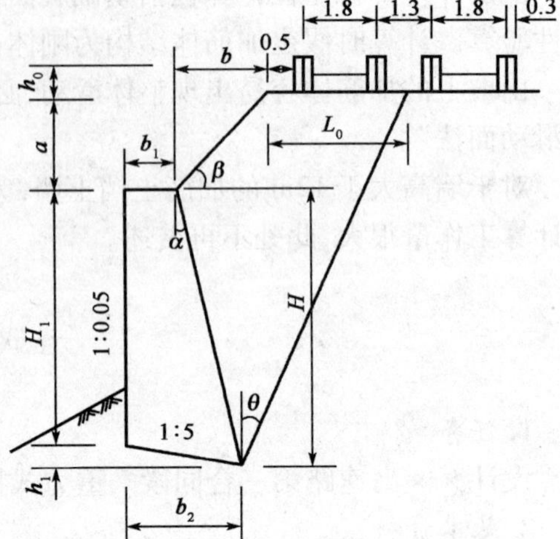

图4-46 重力式路堤墙计算图示（尺寸单位：m）

（4）地基情况：中密砾石土，容许承载力$[\sigma_0]=500\text{kPa}$，基底摩擦系数$f=0.5$。

（5）墙身材料：M5水泥砂浆砌片石，砌体重度$\gamma_a=22\text{kN/m}^3$，容许压应力$[\sigma_a]=1\,250\text{kPa}$，容许剪应力$[\tau]=175\text{kPa}$。

2）计算步骤

（1）车辆荷载换算

①计算荷载。

a. 求破裂棱体宽度$L_0$（不计车辆荷载，$h_0=0$）。

假设破裂面交于荷载内，$\omega=\varphi+\alpha+\delta=35°+18°26'+17°30'=70°56'$，求不计车辆荷载作用时的破裂棱体宽$L_0$：

$$A=\frac{ab+2h_0(b+d)-H(H+2a+2h_0)\tan\alpha}{(H+a)(H+a+2h_0)}=\frac{2\times3-6\times(6+2\times2)\tan18°26'}{(6+2)^2}$$

$$=-0.22$$

$$\tan\theta=-\tan\omega+\sqrt{(\cot\varphi+\tan\omega+A)}$$

$$=-\tan70°56'+\sqrt{(\cot35°+\tan70°56')}(\tan70°56'-0.22)=0.506$$

$$\theta=\arctan0.506=26°50'$$

$$L_0=(H+a)\tan\theta+H\tan\alpha-b=(6+2)\times0.506+6\times0.33-3=3.03(\text{m})$$

b. 求纵向分布长度$B$。

一辆重车的扩散长度为：

$$B=5.6+(H+2a)\tan30°=5.6+(6+2\times2)\tan30°=11.37(\text{m})$$

大于挡土墙分段长度，取计算长度$B=11.37\text{m}$。纵向布置一辆重车，总重力为300kN。

c. 计算等效均布土层厚度。

车轮中心距路基边缘0.5m，$L_0=3.03\text{m}$，重车在破裂棱体内能布置一辆。

$$h_0=\frac{\sum G}{BL_0\gamma}=\frac{300}{11.37\times3.03\times18}=0.48(\mathrm{m})$$

②验算荷载。

挂车—100，$h_0=0.80\mathrm{m}$，布置在路基全宽。

(2)主动土压力计算

①设计荷载。

$$A=\frac{2\times3+2\times0.48\times(3+0.5)-6\times(6+2\times2+2\times0.48)\times0.33}{(6+2)\times(6+2+2\times0.48)}=-0.172$$

$$\tan\theta=-\tan70°56'+\sqrt{(\cot35°+\tan70°56')(\tan70°56'-0.172)}=0.536$$

$$\theta=\arctan0.536=28°11'$$

破裂棱体宽度：$L_0=(6+2)\times0.536+6\times0.33-3=3.27(\mathrm{m})$

荷载外缘至路基内侧边缘的距离为$5.5+0.5=6.0\mathrm{m}$，大于破裂棱体宽度$L_0$，破裂面仍交于荷载内，与原假定相符，所以选用的公式正确。

$$K=\frac{\cos(\theta+\varphi)}{\sin(\theta+\omega)}(\tan\theta+\tan\alpha)=\frac{\cos(28°11'+35°)}{\sin(28°11'+70°56')}\times(0.536+0.33)=0.396$$

$$h_1=\frac{b-a\tan\theta}{\tan\theta+\tan\alpha}=\frac{3-2\times0.536}{0.536+0.33}=2.226(\mathrm{m})$$

$$h_2=\frac{d}{\tan\theta+\tan\alpha}=\frac{0.5}{0.536+0.33}=0.577(\mathrm{m})$$

$$h_3=H-h_1-h_2=6-2.226-0.577=3.197(\mathrm{m})$$

$$K_1=1+\frac{2a}{H}\left(1-\frac{h_1}{2H}\right)+\frac{2h_0h_3}{H^2}=1+\frac{2\times2}{6}\times\left(1-\frac{2.226}{2\times6}\right)+\frac{2\times0.48\times3.197}{6^2}=1.628$$

$$E=\frac{1}{2}\gamma H^2KK_1=\frac{1}{2}\times18\times6^2\times0.396\times1.628=208.88(\mathrm{kN})$$

$$E_x=E\cos(\alpha+\delta)=208.88\times\cos(18°26'+17°30')=169.1(\mathrm{kN})$$

$$E_y=E\sin(\alpha+\delta)=208.88\times\sin(18°26'+17°30')=122.6(\mathrm{kN})$$

土压力作用点：

$$Z_x=\frac{H}{3}+\frac{a(H-h_1)^2+h_0h_3(3h_3-2H)}{3H^2K_1}$$

$$=\frac{6}{3}+\frac{2\times(6-2.226)^2+0.48\times3.197\times(3\times3.197-2\times6)}{3\times6^2\times1.628}=2.14(\mathrm{m})$$

$$Z_y=b_2-Z_x\tan\alpha=3.19-2.14\times0.33=2.48(\mathrm{m})$$

②验算荷载。

$$A=\frac{2\times3+2\times0.8\times3-6\times(6+2+2\times0.8)\times0.33}{(6+2)\times(6+2\times0.8+2)}=-0.158$$

$$\tan\theta=-\tan70°56'+\sqrt{(\cot35°+\tan70°56')(\tan70°56'-0.158)}=0.545$$

$$\theta=\arctan0.545=28°35'$$

破裂棱体宽度：$L_0=(6+2)\times0.545+6\times0.33-3=3.34(\mathrm{m})$，破裂面交于荷载内。

$$K=\frac{\cos(28°35'+35°)}{\sin(28°35'+70°56')}\times(0.545+0.33)=0.395$$

$$h_1 = \frac{3 - 2 \times 0.545}{0.545 + 0.33} = 2.183(\text{m})$$

$$h_2 = 0$$

$$h_3 = 6 - 2.183 - 0 = 3.817(\text{m})$$

$$K_1 = 1 + \frac{2 \times 2}{6} \times \left(1 - \frac{2.183}{2 \times 6}\right) + \frac{2 \times 0.8 \times 3.817}{6^2} = 1.715$$

$$E = \frac{1}{2} \times 18 \times 6^2 \times 0.395 \times 1.715 = 219.49(\text{kN})$$

$$E_x = 219.49 \times \cos(18°26' + 17°30') = 177.72(\text{kN})$$

$$E_y = 219.49 \times \sin(18°26' + 17°30') = 128.8(\text{kN})$$

土压力作用点：

$$Z_x = \frac{6}{3} + \frac{2 \times (6 - 2.183)^2 + 0.8 \times 3.817 \times (3 \times 3.817 - 2 \times 6)}{3 \times 6^2 \times 1.715} = 2.15(\text{m})$$

$$Z_y = 3.19 - 2.15 \times 0.33 = 2.48(\text{m})$$

比较设计荷载与验算荷载的计算结果可知，验算荷载时的土压力较大，而且主动土压力的作用点与计算荷载时的作用点相近，故墙身断面尺寸应由验算荷载（挂车—100）控制。应当注意的是，一般情况下，墙身断面尺寸是由验算荷载控制，还是由计算荷载控制不易直接判别，应通过计算决定。

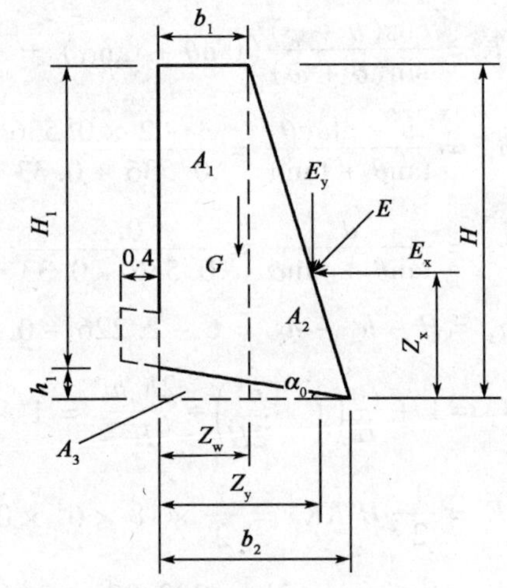

图 4-47 墙身重及力臂计算图式

（3）稳定性验算。

一般情况下，挡土墙的抗倾覆稳定性较易满足，墙身断面尺寸主要由抗滑动稳定性和基底承载力来控制。故选择基底倾斜 1∶5（$\alpha_0 = 11°18'$）。

①计算墙身重 $G$ 及力臂 $Z_w$（取墙长 1m 计）。

墙身重 $G$ 及力臂 $Z_w$ 计算图式如图 4-47 所示。

$$G = \gamma_a \cdot A \times 1 = \gamma_a \cdot \left(\frac{b_1 + b}{2}H - \frac{b \times h_1}{2}\right) = 22 \times \left(\frac{0.94 + 3.19}{2} \times 6 - \frac{3.19 \times 0.64}{2}\right)$$

$$= 250.12(\text{kN})$$

由力矩平衡原理得：

$$G \cdot Z_w = \left[A_1 \cdot \frac{b_1}{2} + A_2 \cdot \left(\frac{b - b_1}{3} + b_1\right) - A_3 \cdot \frac{b}{3}\right] \cdot \gamma_a$$

$$= \left[b_1 \cdot H \cdot \frac{b_1}{2} + \frac{b - b_1}{2} \cdot H \cdot \left(\frac{b - h_1}{3} + b_1\right) - \frac{b \cdot h_1}{2} \cdot \frac{b}{3}\right] \cdot \gamma_a$$

求解得：$Z_w = 1.14(\text{m})$

②抗滑稳定性验算。

$$K_0 = \frac{[G\cos\alpha_0 + E\sin(\alpha + \delta + \alpha_0)]f}{E\cos(\alpha + \delta + \alpha_0) - G\sin\alpha_0}$$

$$= \frac{[250.12\cos 11°18' + 219.49\sin(18°26' + 17°30' + 11°18')] \times 0.5}{219.49\cos(18°26' + 17°30' + 11°18') - 250.12\sin 11°18'}$$

$$= 2.03 > [K_c] = 1.3\text{，满足要求。}$$

③抗倾覆稳定性验算。

$$K_0=\frac{GZ_w+E_y\cdot Z_y}{E_x(Z_x-h_1)}=\frac{250.12\times1.14+128.81\times2.48}{177.72\times(2.15-0.64)}=2.25>[K_0]=1.5,满足要求。$$

④基底应力与偏心距验算。

$$N=G\cos\alpha_0+E\sin(\alpha+\delta+\alpha_o)=406.40(\text{kN})$$

$$Z_N=\frac{GZ_w+E_y\cdot Z_y-E_x(Z_x-h_1)}{N}$$

$$=\frac{250.12\times1.14+128.81\times2.48-177.72\times(2.15-0.64)}{406.40}=0.83(\text{m})$$

$$e_0=\frac{b}{2}-Z_N=0.77(\text{m})>\frac{b}{6}=0.53(\text{m}),不满足要求。$$

将墙趾加宽成0.4m,高0.6m的台阶后再进行验算:

$$Z_N=\frac{250.12\times1.54+128.81\times2.88-177.72\times(2.15-0.72)}{406.40+3.96}=1.22(\text{m})$$

$$e_0=\frac{3.59}{2}-1.22=0.58(\text{m})<\frac{3.59}{6}=0.60(\text{m}),满足要求。$$

$$\sigma_{\max\atop\min}=\frac{N}{b_2}\left(1\pm\frac{6e}{b_2}\right)=\frac{410.36}{3.59}\times\left(1\pm\frac{6\times0.58}{3.59}\right)=\frac{255.1}{3.5}(\text{kPa})<1.25[\sigma_a]$$

满足要求。

⑤墙身应力验算。

墙面直线,最大应力将接近基底处,从基底应力验算可知,其基底应力与偏心距均可满足要求,墙身截面应力也能满足墙身材料的要求,故可不进行验算。

通过上述验算,决定采用的断面尺寸为:

墙顶宽 $b_1=0.94$m,墙底宽 $b_2=3.95$m,墙趾加宽台高为0.6m,宽为0.4m。

**【案例4-2】** 加筋土挡土墙设计计算示例:拟在$\text{II}_5$区某地的二级公路上修建一座路肩式加筋土挡土墙,如图4-48所示。

根据调查,挡土墙不受浸水影响,已确定挡土墙全长为80m,沉降缝间距采用20m,挡土墙高度为6m。

计算资料如下:

(1)路基宽12m,路面宽9m。

(2)荷载标准为公路—II级。

(3)面板选用2.0m×1.0m矩形混凝土,板厚12cm,混凝土等级C 20。

(4)筋带采用聚丙烯土工带,带宽为18mm,厚1.0mm,容许拉应力$[\sigma_L]=50$MPa,视摩擦系数$f^*=0.4$,筋带要求抗拔稳定系数$[K_i]=2.0$。

(5)筋带结点的水平间距$S_x=0.5$m,垂直间距$S_y=0.5$m。

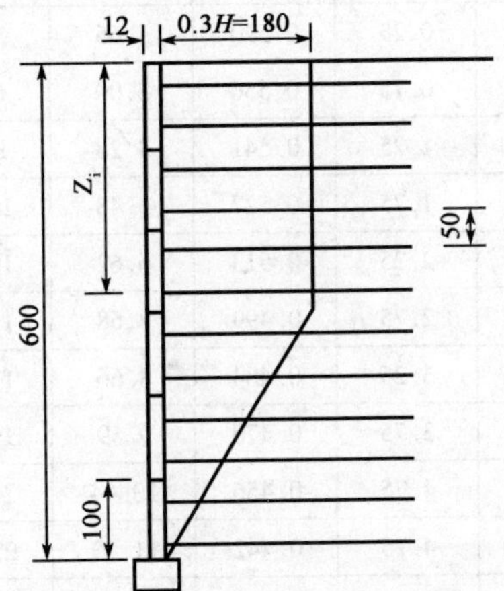

图4-48 加筋土挡土墙计算图示

(尺寸单位:cm)

(6)填料为砂性土,湿重度$\gamma=20\text{kN/m}^3$,内摩擦角$\varphi=25°$。

(7)地基为中低液限粉土,内摩擦角$\varphi=25°$,黏聚力$c=55$kPa,湿重度$\gamma=18\text{kN/m}^3$,容许

承载力$[\sigma_0]=500\text{kPa}$。

**解**:按荷载组合I进行结构计算。

(1)计算在荷载标准为公路—II级作用下的等效土层厚度$h$。

①按路基全宽布置汽车荷载求$h'$。

因路面宽为9.0m,横向可布置三辆重车,$\sum G=3\times300=900(\text{kN})$,$L_0=12\text{m}$,

故$h'=\dfrac{900}{9.06\times12\times20}=0.33(\text{m})$

②按活动区宽度布置汽车荷载求$h'$。

因破裂面进入路面内0.42m,仅能布置一侧重车车轮的一半,故取$\sum G=300/4=75(\text{kN})$,$L_0=1.8\text{m}$,$B=9.06\text{m}$则:

$$h'=\frac{75}{9.06\times1.8\times20}=0.23(\text{m})$$

取$h=0.33\text{m}$

(2)计算各层拉筋的土压力系数$K_i$。

静止土压力系数$K_0$:$=1-\sin\varphi=1-\sin25°=0.577$

主动土压力系数$K_a$:$=\tan^2\left(45°-\dfrac{\varphi}{2}\right)=0.406$

以第6层拉筋为例计算$K_6$,其他各层拉筋的土压力系数计算结果见表4-11。

$Z_6=2.75$,由$K_i=K_0\left(1-\dfrac{Z_i}{6}\right)+K_a\dfrac{Z_i}{6}$可得:

$$K_6=0.577\times\left(1-\frac{2.75}{6}\right)+0.406\times\frac{2.75}{6}=0.499$$

**筋带拉力、根数、长度计算表** 表4-11

| 筋带层号 | 计算值 | | | | | | | | 采用值 | |
|---|---|---|---|---|---|---|---|---|---|---|
| | $Z_i$ (m) | $K_i$ | $T_i$ (m) | $A_i$ ($\text{mm}^2$) | $n_i$每束筋带根数 | $L_{1i}$ (m) | $L_{2i}$ (m) | $L_i$ (m) | $n_i$ (根) | $L_i$ (m) |
| 1 | 0.25 | 0.570 | 1.65 | 33.0 | 2 | 22.92 | 1.80 | 24.7 | 15 | 5 |
| 2 | 0.75 | 0.556 | 3.00 | 60.0 | 4 | 6.94 | 1.80 | 8.7 | 10 | 5 |
| 3 | 1.25 | 0.541 | 4.28 | 85.6 | 5 | 4.76 | 1.80 | 6.6 | 8 | 5 |
| 4 | 1.75 | 0.527 | 5.48 | 109.6 | 7 | 3.11 | 1.80 | 4.9 | 8 | 5 |
| 5 | 2.25 | 0.513 | 6.62 | 132.4 | 8 | 2.55 | 1.80 | 4.4 | 8 | 5 |
| 6 | 2.75 | 0.499 | 7.68 | 153.6 | 9 | 2.15 | 1.80 | 4.0 | 12 | 5 |
| 7 | 3.25 | 0.484 | 8.66 | 173.2 | 10 | 1.85 | 1.75 | 3.6 | 12 | 5 |
| 8 | 3.75 | 0.470 | 9.59 | 191.8 | 11 | 1.61 | 1.43 | 3.0 | 12 | 5 |
| 9 | 4.25 | 0.456 | 10.44 | 208.8 | 12 | 1.42 | 1.11 | 2.5 | 12 | 5 |
| 10 | 4.75 | 0.442 | 11.23 | 224.6 | 13 | 1.26 | 0.80 | 2.1 | 14 | 5 |
| 11 | 5.25 | 0.427 | 11.91 | 238.2 | 14 | 1.13 | 0.48 | 1.6 | 14 | 5 |
| 12 | 5.15 | 0.413 | 12.55 | 251.0 | 14 | 1.08 | 0.16 | 1.2 | 14 | 5 |

(3)计算各层拉筋所受的拉力$T_i$。

第6层拉筋所受的拉力为:

$$T_6 = K_6\gamma(Z_6 + h)S_x S_y = 0.499 \times 20 \times (2.75 + 0.33) \times 0.5 \times 0.5 = 7.68(\mathrm{kN})$$

(4)设计筋带断面及每束筋带根数。

已知筋带容许应力$[\sigma_L]$=50MPa,筋带宽度为18mm,厚度为1.0mm,当按荷载组合Ⅰ进行计算时,筋带容许应力提高系数$K=1.0$。

第6层筋带设计断面积为:

$$A_6 = \frac{T_6 \times 10^3}{K[\sigma_L]} = \frac{7.68 \times 10^3}{1 \times 50} = 153.6(\mathrm{mm}^2)$$

第6层筋带每束需要的根数为:

$$n = \frac{153.6}{18 \times 1} = 8.5 \approx 9(\text{根})$$

(5)计算筋带长度$L_i$。

每束筋带的长度由活动区长度和锚固区长度两部分组成。

第6层筋带锚固区长度$L_{16}$为:

$$L_{16} = \frac{[K_f]T_6}{2fb_i\gamma Z_i} = \frac{2.0 \times 7.68}{2 \times 0.4 \times 9 \times 0.018 \times 20 \times 2.75} = 2.15(\mathrm{m})$$

第6层筋带活动区长度为:$L_{26}=1.8\mathrm{m}$

第6层筋带总长为:$L_6 = L_{16} + L_{26} = 3.95(\mathrm{m})$

(6)确定墙体断面、筋带长度及筋带数量。

从表4-11可以看出,各层筋带长度自上而下逐渐减小,而且第一层筋带长度与最底层筋带长度相差很大,考虑到施工方便,各层筋带长度应取一致,即墙体采用矩形断面。为此,各层筋带长度均采用5m。为了保证锚固区有足够数量的筋带,故应对每层每束筋带的数量予以调整,调整后的筋带数量见表4-11。

(7)面板厚度验算。

取最底层面板进行验算,可假定每块面板单独受力,土压力均匀分布并由拉筋平均承担,按板厚计算公式计算所需板厚,此处不再赘述。

(8)加筋体整体稳定性验算。

方法与重力式挡土墙相同,故此处不再赘述。

5. 分组讨论

(1)何谓静止土压力、主动土压力和被动土压力?为什么要把土压力分成这几种?

(2)静止土压力强度如何计算?其分布图形有何特点?

(3)朗金压力理论的基本假定是什么?其主动土压力强度和被动土压力强度计算公式是根据什么原理得出的?

(4)按朗金理论如何求土压力合力包括大小、方向和作用点?当填土表面连续均布荷载,或填土由多层土组成,或有地下水时,应如何处理?

(5)试述库仑土压力理论的基本假定及其与朗金理论的主要差别?

(6)如何求库仑主动土压力包括大小、方向和作用点?

(7)当填土为黏性土时,库仑理论是如何处理的?

(8)什么是等效土层厚度?当填土面上有连续均布荷载作用时,如何换算成等效土层厚度?

6. 实战演练

(1)挡土墙及填土情况如图4-49所示,试绘出静止、主动和被动土压力强度分布图,并按分布图求出土压力 $E_0$、$E_a$、$E_p$(大小、方向、作用点)。

(2)挡土墙及填土情况如图4-50所示,墙高为 $H=6m$,天然重度为 $\gamma=18kN/m^3$,内摩擦角为 $\varphi=30°$,黏聚力为 $c=0$,地下水位在距墙顶3m处,试用朗金理论计算作用于挡土墙上的主动土压力 $E_a$(大小、方向、作用点)。

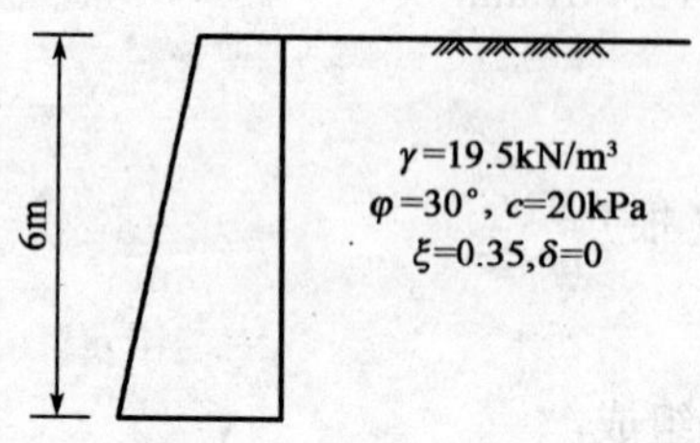


图4-49　挡土墙及填土情况(一)

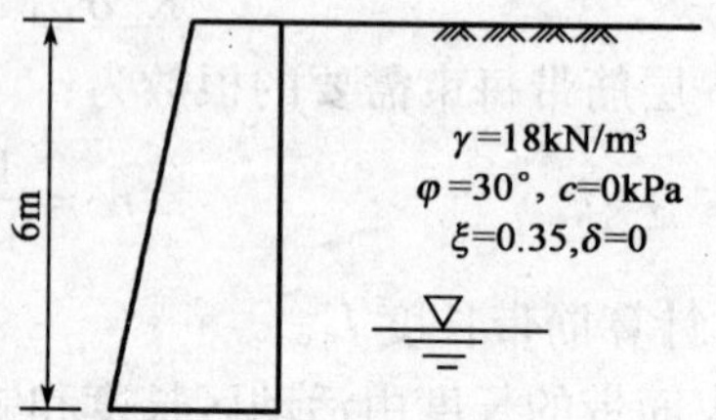


图4-50　挡土墙及填土情况(二)

(3)挡土墙墙背填土分两层,填土面作用有连续均布荷载,如图4-51所示,试用库仑理论求主动土压力。

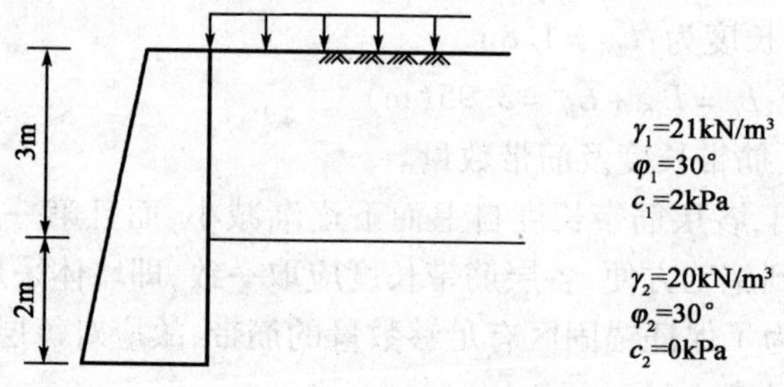


图4-51　挡土墙及填土情况(三)

(4)某挡土墙及填土情况如图4-51所示,分别用朗金理论和库仑理论计算其被动土压力。

(5)进行重力式路堤挡土墙设计,并绘制挡土墙构造图。

7. 考核评价

(1)学生自评:由教师根据该项目中的知识和技能出5个测试题目,学生完成自我测试并填写本任务的自评表(评价表参见附录)。

(2)小组评价:主讲教师根据班级人数、学生学习情况等因素合理分组,然后以学习小组为单位完成分组讨论题目,做答案演示,并完成小组测评表(评价表参见附录)。

(3)教师评价:由教师综合学生自评、小组评价以及任务完成情况对学生进行评价(评价表参见附录)。

# 项目五　土质边坡的稳定性评估

## 学习目标

1. 了解土质边坡的破坏形式；
2. 知道土质边坡的设计原则和开挖规定；
3. 熟悉土质边坡稳定性分析的计算参数；
4. 掌握土质边坡和陡坡路堤的稳定性分析方法；
5. 完成土质边坡稳定性评估的工作任务。

## 任务描述

在这一项目中，首先学习土质边坡的破坏形式、影响因素、设计原则、开挖规定等基本知识，然后学习土质边坡稳定性分析的计算参数的选择，再学习土质边坡和陡坡路堤的稳定性分析方法，最后完成××高速路边坡稳定性评估的工作任务。

## 学习引导

本任务沿着以下脉络进行学习：

1. 情境导入（介绍评估边坡稳定的意义以及所需知识和技能）；
2. 课堂教学（学习边坡的破坏形式、边坡设计原则和边坡稳定分析的方法）；
3. 分组讨论（分组完成讨论题目）；
4. 完成××高速路土质边坡的稳定分析任务；
5. 课后思考与总结（完成实战演练内容，提交学习总结）；
6. 教师考核（根据分组讨论、实战演练和任务完成情况进行考核）。

## 学习相关知识

### 一、土质边坡的破坏形式

1. 土质边坡破坏的成因

在道路、桥梁等土建工程中经常会遇到路堑、路堤或基坑开挖时边坡的稳定问题。如图5-1所示，土坡在自身重力作用下，有可能发生边坡失稳破坏，即土体 $ABCDEA$ 沿着土中某一滑动面 $AED$ 向下滑动而产生破坏。土坡滑动失稳的原因一般有两种：一是土的抗剪强度由于受到外界各种因素的影响而降低，使土坡失稳破坏。如雨水的浸入使土湿化，导致土坡强度降低；温度的变化使土产生冻结与融化，导致土坡变松强度降低；土坡附

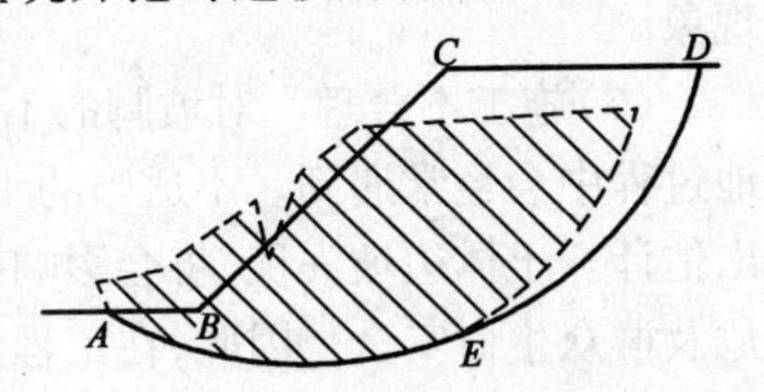

图5-1　土体滑动破坏

近的外力作用,引起土的液化或触变,导致土的强度降低。二是土坡内原来的静力平衡状态由于受到外力的作用而破坏,使土坡失稳破坏。如路堑或基坑的开挖,使土自身的重力发生变化,改变了土体原有的应力平衡状态;土坡面上有外荷载作用,或土坡内水的渗流力、地震力的作用,破坏了土体原有的应力平衡状态。

研究路堑、路堤或基坑开挖时边坡的稳定问题,目的是分析所设计的土坡断面是否安全合理。通常缓坡可增加其稳定性,但会使土方量增加;而陡坡虽然可减少土方量,但有可能会发生坍滑,使土坡丧失稳定性。土坡的稳定安全度是用稳定安全系数 $K$ 表示的,它是指土的抗剪强度 $\tau_f$ 与土坡中可能滑动面上产生的剪应力 $\tau$ 的比值,即:

$$K = \frac{\tau_f}{\tau}$$

在土坡稳定问题中,尚有一些不确定因素有待研究。如滑动面形式的确定,抗剪强度指标如何按实际情况合理取用,土的非均匀性和土坡内有水渗流时的影响等。

2. 土质边坡稳定的影响因素

土坡包括天然的山坡和由于平整场地或开挖基坑而形成的人工斜坡。在建筑工程中,挖土、填土常会形成土坡,由于土坡表面倾斜,在岩土体自重及其他外力作用下,整个岩土体都有从高处向低处滑动的趋势。如果土坡太陡,则很容易发生塌方或滑坡;而土坡太平缓,则又会增加许多土方施工量,或超出建筑界线,或影响建筑物的使用及安全。所以边坡稳定在建筑工程中也是非常重要和实际的问题。本节简单介绍一下边坡稳定的影响因素和分析方法等问题。

土坡的滑动一般是指边坡在一定范围内整体沿某一滑动面向下和向外滑动而丧失稳定性。影响土坡稳定的主要因素有:

(1)岩土的性质及地质构造。边坡中存在软弱夹层、泥化层,掩埋处有古河道、冲沟口等,岩质边坡岩层向边坡倾斜,或有平行于边坡发育的卸荷裂隙分布等,均对边坡的稳定不利。

(2)边坡的坡形与坡度。边坡的坡形呈上缓下陡时对稳定不利,坡度越陡对稳定越不利,岩质边坡当地形坡度大于同向的地层倾角时对稳定不利。

(3)边坡作用力发生变化。如在天然坡顶堆放材料或建造建筑物使坡顶受荷,或因打桩、车辆行驶、爆破、地震等引起震动而改变原有的平衡状态。

(4)土体抗剪强度降低。如受雨、雪等自然天气的影响,土中含水率或孔隙水压力增加,有效应力降低,导致土体抗剪强度降低,抗滑力减小。此外,饱和粉细砂的振动液化等,也将使土体抗剪强度急剧下降。

(5)水压力的作用。如雨水、地表水流入边坡中的竖向裂缝,将对边坡产生侧向压力;浸入坡体的水还将对滑动面起到润滑作用,使抗滑力进一步降低。此外,若地下水丰富,则地下水会向低处渗流,对边坡土体产生动水力。动水力对土体稳定性极为不利,严重的会引起流沙现象。

(6)施工不合理。对坡脚的不合理开挖或超挖,将使土坡体的被动抗力减少,这在平整场地过程中会经常遇到。不适当的工程措施引起古滑坡的复活等,均需预先对坡体的稳定性作出估计。土体边坡失稳,将会影响工程的顺利进行和施工安全,对相邻建筑物构成威胁,甚至危及群众生命安全。因此,在工程建设中,必须根据场地的工程地质和水文地质条件进行调查与评价,排除有潜在威胁或有直接危害的整体不稳定山坡地带,并对周围环境及施工影响等因素进行分析,判断其是否存在失稳的可能性,并采取相应的预防措施。

3. 土质边坡设计原则

工程土坡应按照如下原则设计：

(1)边坡设计应保护和整治边坡环境，边坡水系应因势利导，设置排水设施。对于稳定的边坡，应采取保护及营造植被的防护措施。

(2)建筑物的布局应依山就势，防止大挖大填。场地平整时，应采取确保周边建筑物安全的施工顺序和工作方法。由于平整场地而出现的新边坡，应及时进行支挡或构造防护。

(3)边坡工程设计前，应进行详细的工程地质勘察，并应对边坡的稳定性作出准确评价；对周围环境的危害性作出预测；对岩石边坡的结构面调查清楚，指出主要结构面的所在位置；提供边坡设计所需要的各项参数。

(4)边坡的支挡结构应进行排水设计。对于可以向坡外排水的支挡结构，应在支挡结构上设置排水孔，如图 5-2 所示。

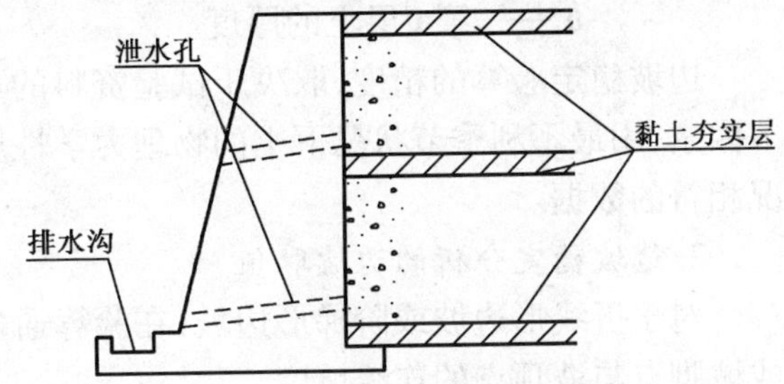

图 5-2　挡土墙排水措施

4. 土质边坡开挖规定

在山坡整体稳定的条件下，土质边坡的开挖应符合下列规定：

(1)在山坡整体稳定的条件下，土质边坡的开挖应符合边坡的坡度允许值，可根据当地经验，参照同类土层的稳定坡度确定。当土质良好且均匀、无不良地质现象，地下水不丰富时，边坡坡度允许值可按表 5-1 确定。

土质边坡坡度允许值　　表 5-1

| 土 的 类 别 | 密实度或状态 | 坡度允许值(高宽比) | |
|---|---|---|---|
| | | 坡高在 5m 以内 | 坡高在 5 ~ 10m 之间 |
| 碎石土 | 密实 | 1:0.35 ~ 1:0.50 | 1:0.50 ~ 1:0.75 |
| | 中密 | 1:0.50 ~ 1:0.75 | 1:0.75 ~ 1:1.00 |
| | 稍密 | 1:0.75 ~ 1:1.00 | 1:1.00 ~ 1:1.25 |
| 黏性土 | 坚硬 | 1:0.75 ~ 1:1.00 | 1:1.00 ~ 1:1.25 |
| | 硬塑 | 1:1.00 ~ 1:1.25 | 1:1.25 ~ 1:1.50 |

(2)土质边坡开挖时，应采取排水措施，边坡的顶部应设置截水沟。任何情况下都不允许在坡脚及坡面上有积水。

(3)边坡开挖时，应由上往下，依次进行开挖。弃土应分散处理，不得将弃土堆置在坡顶及坡面上。当必须在坡顶或坡面上设置弃土转运站时，应进行坡体稳定性验算，严格控制堆积的土方量。

(4)边坡开挖后，应立即对边坡进行防护处理。

## 二、土质边坡稳定性分析的计算参数

1. 土坡稳定性分析的主要参数

边坡稳定分析所需土的计算参数包括：土的重度 $\gamma$(kN/m$^3$)、内摩擦角 $\varphi$(°)、黏聚力 $c$(kPa)。

对于均匀土层的稳定性验算参数，可通过对土(路堑或天然边坡取原状土，路堤边坡取与现场压实度一致的压实土)进行试验测定。

对于多层土体的稳定性验算参数，可采用以层厚为权重的加权平均值，见式(5-1)。

$$\left.\begin{aligned} c &= \frac{c_1 h_1 + \cdots + c_n h_n}{\sum h_i} \\ \varphi &= \frac{\varphi_1 h_1 + \cdots + \varphi_n h_n}{\sum h_i} \\ \gamma &= \frac{\gamma_1 h_1 + \cdots + \gamma_n h_n}{\sum h_i} \end{aligned}\right\} \tag{5-1}$$

式中：$c_i$、$\varphi_i$、$\gamma_i$——第 $i$ 层土的黏聚力、内摩擦角、重度；

$h_i$——第 $i$ 层土的厚度。

边坡稳定验算的精度，取决于试验资料的可靠度。因此，试验资料应据当地气候条件、季节因素，用最不利季节状况下土的物理力学性质进行调整，以确保采取与将来路基实际使用情况相符的数据。

2. 边坡稳定分析的边坡取值

对于折线形边坡或阶梯形边坡，在验算通过坡脚破裂面的稳定性时，一般可取坡度平均值或坡脚点与坡顶点的连线坡度。

对于多层土体边坡稳定分析的边坡取值，可采用以层厚为权重的加权平均值，见式(5-2)。

$$i = \frac{i_1 h_1 + \cdots + i_n h_n}{\sum h_i} \tag{5-2}$$

3. 汽车荷载当量换算

路堤除承受自重作用外，同时还承受行车荷载的作用。在进行边坡稳定性分析时，需要将车辆按最不利情况排列，并将车辆的设计荷载换算成当量土柱高(以相等压力的土层厚度来代替荷载)，用 $h_0$ 表示。

当量土柱高度 $h_0$ 的计算式为：

$$h_0 = \frac{NQ}{\gamma BL} \tag{5-3}$$

式中：$N$——横向分布的车辆数，单车道 $N=1$，双车道 $N=2$；

$Q$——每一辆车的重力(kN)；

$\gamma$——路基填料的重度，(kN/m$^3$)；

$L$——汽车前后轴的总距(m)，公路—I 级和公路—II 级汽车荷载，$L=12.8$m；

$B$——横向分布车辆轮胎最外缘之间的总距(m)，其值为

$$B = Nb + (N-1)d$$

其中：$b$——每一车辆的轮胎外缘之间的距离(m)；

$d$——相邻两辆车轮胎之间的净距(m)。

荷载分布宽度，在行车道(路面)的范围内，考虑到实际行车可能有横向偏移或车辆停放在路肩上的情况，故也可认为 $h_0$ 厚的当量土层分布在整个路基宽度上。

## 三、土质边坡稳定性分析的方法

1. 土质边坡稳定性分析原理

路基边坡的稳定性，与岩土性质、结构、边坡高度和坡度等因素有关。根据对边坡发生滑塌现象的大量观测可知，在边坡发生滑塌破坏时，会形成一滑动面。滑动面的形状主要因土质

而异,有的近似直线平面,有的呈曲面,有的则可能是不规则的折线平面。为简化计算,可近似地将滑动破裂面与路基横断面的交线假设为直线、圆曲线或折线。砂性土及砾石土,因有较大的内摩擦角 $\varphi$ 及较小的黏聚力 $c$,故其破坏滑动面近似于直线平面。若黏性土的黏聚力 $c$ 较大,而其内摩擦角 $\varphi$ 较小,则边坡滑塌时,滑动面近似于圆曲面。

路基边坡稳定分析与验算的方法有很多,归纳起来有力学验算法和工程地质法两大类。力学验算法又称为极限平衡法,是假定边坡沿某一开头滑动面破坏,按力平衡原理建立计算式进行判断。按边坡滑动面形状不同,可分为直线、曲线、折线三种。力学验算法采用以下假定进行近似计算:

(1)不考虑滑动土体本身内应力的分布。

(2)认为平衡状态只在滑动面上达到,滑动土体成整体下滑。

(3)极限滑动面位置要通过试算来确定。

一般情况下,路基边坡稳定分析可只考虑破裂面通过坡脚的稳定性;当路基底面以下含有软弱夹层时,还应考虑滑动破裂面通过坡脚以下的可能;若边坡为折线形,必要时应对通过变坡点的滑动面进行稳定验算。验算时可根据不同的土质,区分不同情况加以选择。

2. 无黏性土质边坡稳定性分析

1)均质路堤边坡

如图 5-3a)所示,验算时先通过坡脚或变坡点,假设一直线滑动面 $AD$,路堤土楔体 $ABD$ 沿假设破裂面 $AD$ 滑动,其稳定系数 $K$ 按下式计算:

$$K = \frac{R}{T} = \frac{Q\cos\omega\tan\varphi + cL}{Q\sin\omega} \tag{5-4}$$

式中:$R$——沿破裂面的抗滑力(kN);

$T$——沿破裂面的下滑力(kN);

$Q$——土楔重力及路基顶面换算土柱的荷载之和(kN);

$\omega$——破裂面对于水平面的倾斜角(°);

$\varphi$——路堤土体的内摩擦角(°);

$c$——路堤土体的单位黏聚力(kPa);

$L$——破裂面 $AD$ 的长度(m)。

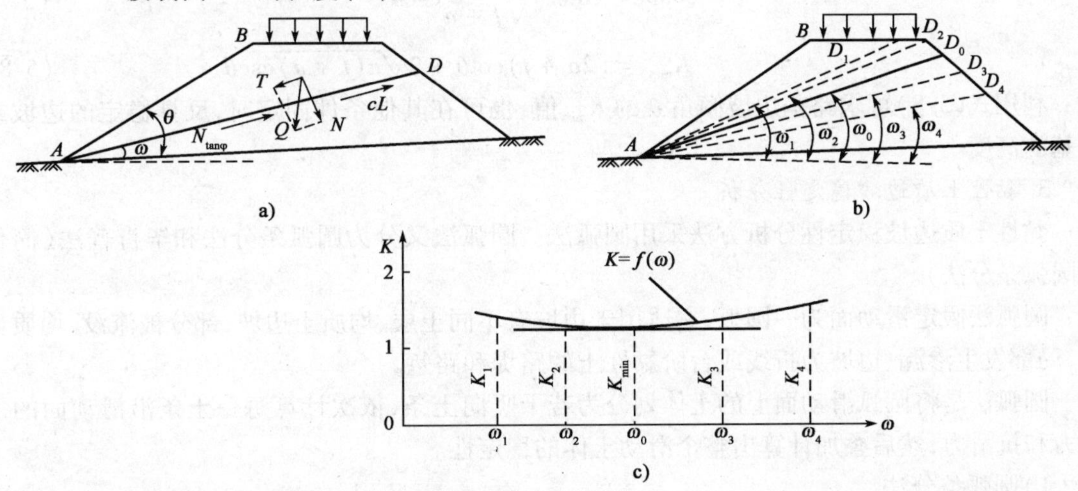


图 5-3　路堤直线法计算图示

进行边坡稳定性分析时，先假定路堤边坡值，然后通过坡脚点 $A$，假定 3 ~4 个可能的破裂面 $\omega_i$，如图 5-3b）所示，按式（5-4）求出相应的稳定系数 $K_i$ 值，得出 $K_i$ 与 $\omega_i$ 的关系曲线，如图 5-3c）所示。在 $K=f(\omega)$ 关系曲线上找到最小稳定系数值 $K_{min}$，以及对应的极限破裂面倾斜角 $\omega$ 值。

由于土工试验所得的 $c$、$\varphi$ 值有一定的局限性，为保证边坡有足够的安全储备量，稳定系数 $K_{min}>1.25$，但 $K$ 值亦不宜过大，以免工程不经济，所以 $K$ 值一般取 1.25 ~1.5。

由于砂类土黏聚力很小，一般可忽略不计，即取 $c=0$，则式（5-4）可表达为：

$$K=\frac{R}{T}=\frac{Q\cos\omega\tan\varphi+cL}{Q\sin\omega}=\frac{\tan\varphi}{\tan\omega} \tag{5-5}$$

由式（5-5）可知，当 $K=1$ 时，$\tan\varphi=\tan\omega$，抗滑力等于下滑力，滑动面土体处于极限平衡状态，此时路堤的极限坡度等于砂类土的内摩擦角，该角相当于自然休止角。当 $K>1$ 时，路堤边坡处于稳定状态，且与边坡高度无关；当 $K<1$ 时，则不论边坡高度大小，都不能保持稳定。

2）均质路堑边坡

如图 5-4 所示，路堑边坡土楔体 $ABD$ 沿假设破裂面 $AD$ 滑动，其稳定系数 $K$ 按下式计算：

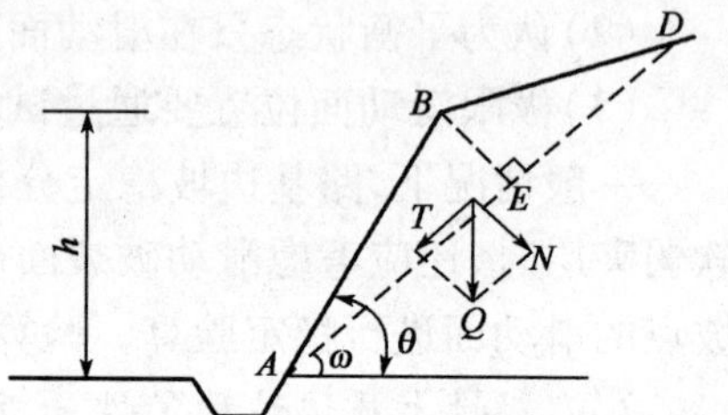

图 5-4　路堑直线法计算图示

$$K=\frac{R}{T}=\frac{Q\cos\omega\tan\varphi+cL}{Q\sin\omega}=(f+a)\cot\omega+a\cot(\theta-\omega) \tag{5-6}$$

式中：$Q$——土楔体 $ABD$ 的重力（kN），按 1m 长度计算；

$\theta$——边坡倾斜角（°）；

$\varphi$——路堤土体的内摩擦角（°）；

$c$——路堤土体的单位黏聚力（kPa）；

$a$——参数，$a=2c/\gamma h$，$\gamma$ 为路堤土体的重度；

其他符号意义同前。

对式（5-6）求导，取 $\mathrm{d}K/\mathrm{d}\omega=0$，则得 $K_{min}$ 对应的最危险滑动面倾角 $\omega_0$ 值及 $K_{min}$ 值为：

$$\cot\omega=\cot\theta+\sqrt{\frac{a}{f+a}}\csc\theta \tag{5-7}$$

$$K_{min}=(2a+f)\cot\theta+2\sqrt{a(f+a)}\csc\theta \tag{5-8}$$

利用式（5-8）可求路基边坡倾角 $\theta$ 的 $K_{min}$ 值，也可在其他条件固定时，反算稳定的边坡或路基的高度。

3. 黏性土质边坡稳定性分析

黏性土质边坡稳定性分析方法采用圆弧法。圆弧法又分为圆弧条分法和毕肖普法（简化的圆弧条分法）。

圆弧法假定滑动面为一圆弧，它适用于边坡有不同土层、均质土边坡，部分被淹没、均质土坝，局部发生渗漏、边坡为折线或台阶黏性土的路堤和路堑。

圆弧法是将圆弧滑动面上的土体划分为若干竖向土条，依次计算每一土条沿滑动面的下滑力和抗滑力，然后叠加计算出整个滑动土体的稳定性。

1）圆弧条分法

圆弧条分法又称瑞典法，有数解法及其简化的表解和图解法。由于数解法最为常用，故下面主要介绍这一方法。

圆弧法的计算精度主要与分段数量有关,分段越多则计算结果越精确。分段还可以结合横断面特性,如划分在边坡或地面坡度变化之处,以便简化计算。

(1)基本原理。采用圆弧条分法分析边坡稳定时,一般假定土为均质和各向同性;滑动面通过坡脚;不考虑土体的内应力分布与各土条之间相互作用力的影响,土条间无侧向力作用,或虽有侧向力,但与滑动面圆弧的切线方向平行。

(2)验算步骤。

①通过坡脚任意选定一个可能的圆弧滑动面,其半径为 $R$,取路线纵向为单位长度 1m。将滑动土体分成若干宽度大致相等的垂直土条,其宽度一般为 2 ~4m,如图 5-5 所示。

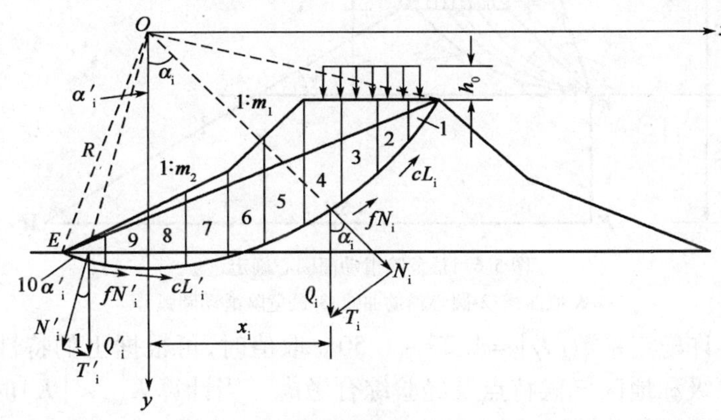


图 5-5　条分法边坡稳定性验算图示

②计算出每个土条的土体重 $Q_i$,并引至圆弧线上,分解为:

切向分力:$T = Q_i \sin\alpha_i$ (5-9)

法向分力:$N = Q_i \cos\alpha_i$ (5-10)

式中:$\alpha_i$——通过第 $i$ 条土体重心引垂线与圆弧相交,即交点法线与铅垂线的夹角;

其他符号意义同前。

为简化计算,可取第 $i$ 条圆弧的中点法线与铅垂线的夹角。

由 $\sin\alpha_i = x_i / R$,得 $\alpha_i = \arcsin x_i / R$

③以圆心 $O$ 点为转动圆心,半径 $R$ 为力臂,计算滑动面上各力对 $O$ 点的滑动力矩。要注意的是,在 $Oy$ 轴右侧的土条 $T_i$ 值为正;而在 $Oy$ 轴左侧的土条 $T'_i$ 值为负,力矩与滑动方向相反,起到抗滑作用,应在滑动力矩中扣除。由此,绕圆心 $O$ 点的滑动力矩 $M_s$ 为:

$$M_s = R(\sum T_i - \sum T') \tag{5-11}$$

④绕圆心 $O$ 点的抗滑力矩 $M_r$ 为:

$$M_r = R(\sum N_i f + \sum cL) \tag{5-12}$$

式中:$L$——滑动圆弧的总长度(m);

$f$——内摩阻系数,$f = \tan\varphi$;

$c$——黏聚力(kPa)。

⑤求稳定系数 $K$。

⑥依上述方法,绘出若干个可能的滑动圆弧,分别求出各个滑动面的稳定系数 $K$,从中得出 $K_{min}$ 值。$K_{min}$ 值所对应的滑动面就是最危险滑动面。

a. 最危险滑动面的确定。

最危险滑动面的求法是在圆心辅助线 $MI$ 上，先定 $O_1$、$O_2 \cdots O_n$ 为圆心，通过坡脚作对应的圆弧，计算各滑动面的稳定系数 $K_1$、$K_2 \cdots K_n$，通过 $O_1$、$O_2 \cdots O_n$ 分别作 $MI$ 的垂线，并按一定比例表示各点 $K_i$ 的数值，绘出 $K=f(O)$ 的关系曲线，找到 $K_{min}$ 对应的圆心就是最危险滑动圆心及最危险滑动面，如图 5-6 所示。

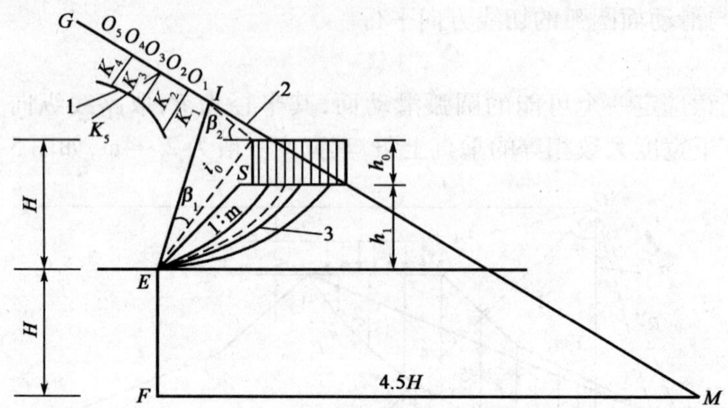


图 5-6　最危险滑动面圆心确定

1-K 值曲线；2-圆心辅助曲线；3-最危险滑动圆弧

一般情况下，容许稳定系数 $[K]=1.25 \sim 1.50$。取值时，可根据土的特性、抗剪强度指标的可靠程度、公路等级和地区气候特点及经验综合考虑。当计算 $K_{min}<[K]$ 时，可采取相应的措施如放缓边坡、更换填料等，重新按上述方法进行稳定性验算。

b. 危险圆心辅助线的确定。

为了迅速地找到最危险滑动圆心，减少试算工作量，根据经验可知，最危险滑动面圆心在一条辅助线上。确定圆心辅助线方法有 4.5$H$ 法和 36°法。

4.5$H$ 法如图 5-6 所示，具体步骤如下：

自坡脚 $E$ 点向下作垂直线，垂线长度 $H=h_1+h_0$（若不考虑荷载则 $H=h_1$）得 $F$ 点；自 $F$ 点向右作水平线，在水平线上量取 4.5$H$ 得 $M$ 点，$M$ 点为圆心辅助线上一点；计算平均边坡 $i_0$，并连接 $E$、$S$ 虚线（不考虑荷载时，$S$ 点为路肩外边缘点，$H=h_1$），根据 $i_0$ 值查表 5-2 得 $\beta_1$ 和 $\beta_2$。

自 $E$ 点以 $ES$ 线为一边，逆时针转 $\beta_1$ 角得一边线；自 $S$ 点以水平线为边线，顺时针转 $\beta_2$ 角得另一边线。两边线的延长线相交于 $I$ 点，$I$ 点即为圆心辅助线上的另一点。

连接 $M$、$I$ 点，并向左上角延长至 $G$ 点，则 $MG$ 即为圆心辅助线。

如果 $\varphi=0$，$I$ 点即为最危险滑动面的圆心；如果 $\varphi>0$，则最危险滑动面的圆心在 $MI$ 辅助线的延长线上。

**辅助线作图角值表**　　表 5-2

| 边坡坡度 $i_0$ | 边坡倾斜角 $\alpha$ | $\beta_1$ | $\beta_2$ | 边坡坡度 $i_0$ | 边坡倾斜角 $\alpha$ | $\beta_1$ | $\beta_2$ |
|---|---|---|---|---|---|---|---|
| 1:0.5 | 60° | 29° | 40° | 1:3 | 18°25′ | 25° | 35° |
| 1:1 | 45° | 28° | 37° | 1:4 | 14°03′ | 25° | 36° |
| 1:1.5 | 33°41′ | 26° | 35° | 1:5 | 11°19′ | 25° | 37° |
| 1:2 | 26°34′ | 25° | 35° | — | — | — | — |

36°法：为简化计算，圆心辅助线可通过路基边缘 $E$ 点或荷载当量高度边缘 $E$ 点作一水平线，顺时针转动36°得一射线，该射线即为圆心辅助线，如图5-7所示。

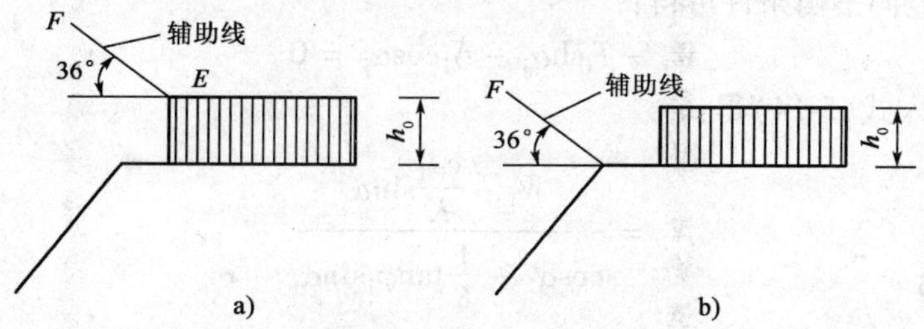


图5-7　36°法绘辅助线图

a）考虑车辆荷载时；b）不计车辆荷载时

在上述两种方法中，36°法较简便，但精度比4.5$H$法差。对于1∶1～1∶1.75的边坡及滑动面通过坡脚的情况，两种方法均可使用。以上两种方法可不计车辆荷载换算的土层厚度，所得结果出入不大，从而使计算简化。

⑦注意事项。

a. 在进行计算时，要求依图确定 $R$、$\alpha_i$、$x_i$，其中 $R$、$x_i$ 是直接由图上量取，但 $\alpha_i$ 不宜用圆规丈量，需通过 $\alpha_i=\arcsin x_i/R$ 求得。

b. 作图要严格按比例，一般采用1∶50的比例尺寸。

c. 当滑动面画入基底以下时，土条量 $Q_i$ 应按基底线分上、下两部分计算。

2）毕肖普（Bishop）法

《公路路基设计规范》（JTG D30—2004）中指出：路堤的堤身稳定性、路堤和地基的整体稳定性宜采用简化的毕肖普（Bishop）法进行分析计算。

由于条分法忽略了土条间力的作用，因此对每一土条力的平衡及力矩的平衡是不满足的，只满足了整个土体的力矩平衡。由此求得的安全系数偏低10%～20%，误差随破裂面圆心角和孔隙压力的增大而增大。

为克服条分法的不足，毕肖普考虑了土条间力的作用，提出了相应的稳定系数计算公式。

如图5-8所示的土坡，土条 $i$ 上的作用力有5个为未知，在求解时需补充两个假设条件：忽略土条间竖向剪力 $X_i$ 及 $X_{i+1}$ 的作用；对滑动面上的切向力 $T_i$ 的大小作出规定。

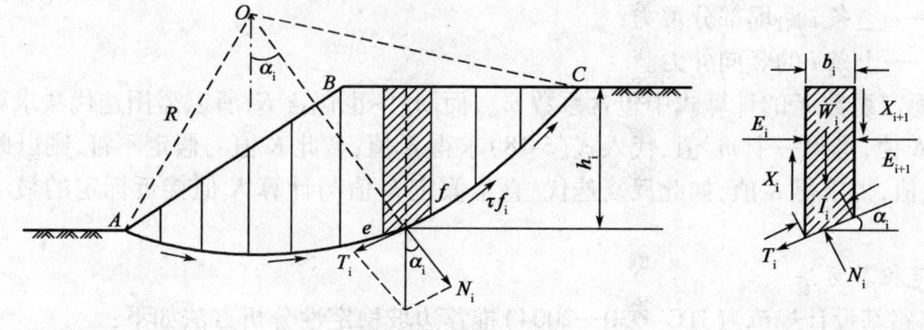


图5-8　毕肖普（Bishop）计算图示

若土坡稳定系数为 $K$，则土条 $i$ 滑动面上的抗剪强度只发挥了一部分，假设滑动面上抗剪强度与切向力相平衡，即：

$$T_i = \frac{1}{K}(N_i \tan\varphi_i + c_i l_i) \tag{5-13}$$

根据土条 $i$ 的竖向平衡条件可得：

$$W_i - T_i \text{sh}\alpha_i - N_i \cos\alpha_i = 0 \tag{5-14}$$

将式(5-13)代入式(5-14)得：

$$N_i = \frac{W_i - \frac{c_i l_i}{K}\sin\alpha}{\cos\alpha_i + \frac{1}{K}\tan\varphi_i \sin\alpha_i} \tag{5-15}$$

由前述圆弧法边坡稳定系数含义及 $b_i = l_i \cos\alpha_i$，得：

$$K = \frac{\sum\limits_{i=1}^{n} \frac{W_i \tan\alpha_i + c_i b_i}{\cos\alpha_i + \frac{1}{K}\tan\varphi_i \sin\alpha_i}}{\sum\limits_{i=1}^{n} W_i \sin\alpha_i} \tag{5-16}$$

取

$$m_{ai} = \cos\alpha_i + \frac{1}{K}\tan\varphi_i \sin\alpha_i \tag{5-17}$$

则：

$$K = \frac{\sum\limits_{i=1}^{n} \frac{1}{m_{ai}}(W_i \tan\varphi_i + c_i b_i)}{\sum\limits_{i=1}^{n} W_i \sin\alpha_i} \tag{5-18}$$

式中：$l_i$——土条 $i$ 的滑弧长(m)；

$b_i$——土条 $i$ 的宽度(m)；

$W_i$——土条 $i$ 的竖向力(kN)，包括土条自重及竖向外力，按以下方法计算：

(1)当土条滑弧位于地基中时：

$$W_i = UW_{di} + W_{ti} + Q_i$$

(2)当土条滑弧位于路堤中时：

$$W_i = W_{ti} + Q_i$$

式中：$W_{di}$——土条 $i$ 地基部分重力；

$U$——地基平均固结度；

$W_{ti}$——土条 $i$ 路堤部分重力；

$Q_i$——土条 $i$ 的竖向外力。

由于稳定系数 $K$ 的计算式中包含系数 $m_{ai}$，而 $m_{ai}$ 中也包含 $K$，所以需用迭代法求解。即先假定一个 $K$ 值，求得一个 $m_{ai}$ 值，代入式(5-18)求得 $K$ 值，若此 $K$ 值与假定不符，则以此 $K$ 值重新计算 $m_{ai}$ 值，再求得 $K$ 值，如此反复迭代，直至假定 $K$ 值与计算 $K$ 值接近标定的最小值或相等为止。

*4.规范推荐方法*

《公路路基设计规范》(JTG D30—2004)推荐边坡稳定性分析方法如下：

1)边坡路堤与陡坡路堤

路堤的堤身稳定性采用简化的毕肖普法，安全系数 $K \geqslant 1.35$；路堤和地基的整体稳定性采用简化的毕肖普法，安全系数 $K$ 根据不同的地基条件按规范规定取值；路堤沿斜坡地基或软弱层滑动的稳定性采用不平衡推力法，安全系数 $K \geqslant 1.30$。

2)方高边坡

规模较大的碎裂结构岩质边坡和土质边坡宜采用简化的毕肖普法;可能产生直线破坏的边坡宜采用平面滑动面法;可能产生折线形破坏的边坡宜采用不平衡推力法;各种情况的安全系数 $K$ 根据不同的公路等级及工况按规范规定取值。对于结构复杂的岩质边坡和破坏机制复杂的边坡宜综合采用赤平投影法、数值分析法、实体比例投影法、楔形滑动面法等进行分析。

当路基稳定性不满足要求时,应采取相应的稳定措施。一般可从路基断面形式选择、路堤填料选择、基底处理方法、边坡防护与加固措施等方面考虑。

## 四、陡坡路堤稳定性分析方法

1.陡坡路堤

填筑在原地面的横坡陡于1∶2.5(土质基底)或陡于1∶2(不易风化的岩石基底)或不稳固山坡上的路堤称为陡坡路堤。陡坡路堤除保证边坡稳定外,还要分析路堤沿地面陡坡下滑的整体稳定性。

陡坡路堤产生下滑的原因是地面横坡较陡、基底土层软弱、强度不均匀,以及地面水或地下水的共同作用,使路堤下滑力增大,导致接触面或软弱面上土体的抗剪强度显著降低。

陡坡路堤的滑动面,可能发生在如图5-9所示的几种位置。

稳定性验算时所采用的数据,按相关规范规定的试验方法及条件试验获得。当滑动面上、下层土的性质不一致时,一般取两者当中较小的一组。设计时应估计未来可能发生的情况,对各个可能的危险滑动面分别计算。

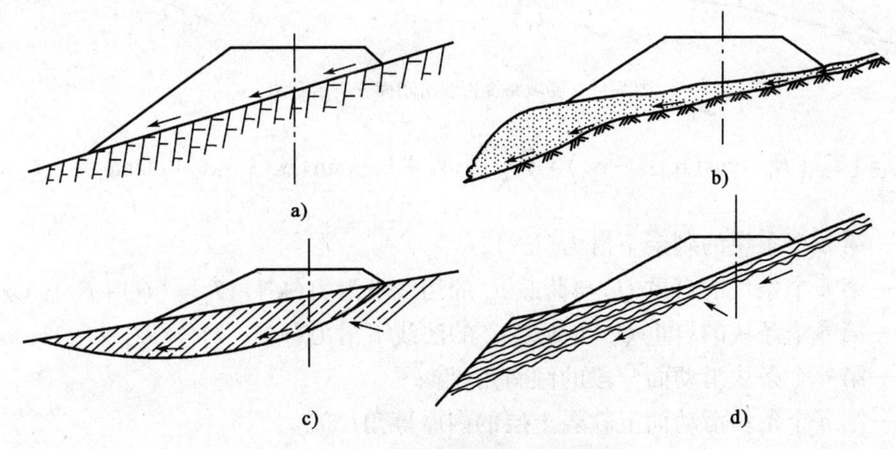

图5-9　陡坡路堤可能的滑动面

2.陡坡路堤稳定性分析

陡坡路堤整体下滑时,若滑动面为圆弧面,可按前述圆弧法进行计算分析;若滑动面为直线或折线,分析计算仍用平衡原理在滑动面上的极限平衡条件,但稳定性的表达式不同,稳定指标为剩余下滑力 $E$。

剩余下滑力 $E$ 是指滑动面上土体的下滑力 $T$ 与抗滑力 $R$ 之间的差值,并考虑安全系数 $K$ ($K \geqslant 1.30$),按式(5-19)计算:

$$E = T - \frac{R}{K} \tag{5-19}$$

1）直线滑动面陡坡路堤稳定性验算

如图 5-10 所示，滑动面为单一坡度的倾斜面。滑动面以上土体的剩余下滑力如下：

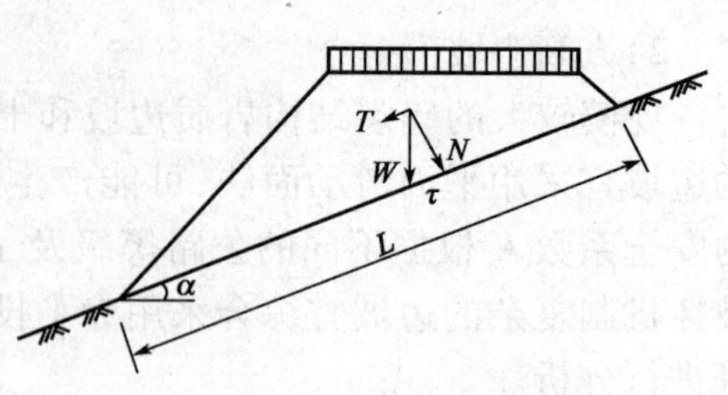

图 5-10　陡坡路堤单坡直线滑动面

$$E = T - \frac{R}{K} = Q\sin\alpha - \frac{1}{K}(Q\cos\alpha\tan\varphi + cL) \quad (5\text{-}20)$$

式中：$E$——剩余下滑力（kN）；

$T$——切向力（kN），$T = Q\sin\alpha$；

$N$——法向力（kN），$N = Q\cos\alpha$；

$Q$——滑动面上部土体自重加换算土层重（kN）；

$c$——滑动面上软弱土体的黏聚力（kPa）；

$L$——滑动面长度（m）；

$\alpha$——滑动面相对水平面倾斜角（°）。

2）折线滑动面陡坡路堤稳定性验算

当滑动面为多个坡度的折线倾斜面时，如图 5-11 所示，可将滑动面上土体按折线段垂直划分为若干土块，自上而下依次计算各块的剩余下滑力，根据最后一个土块剩余下滑力的正负值判断路基的整体稳定性。

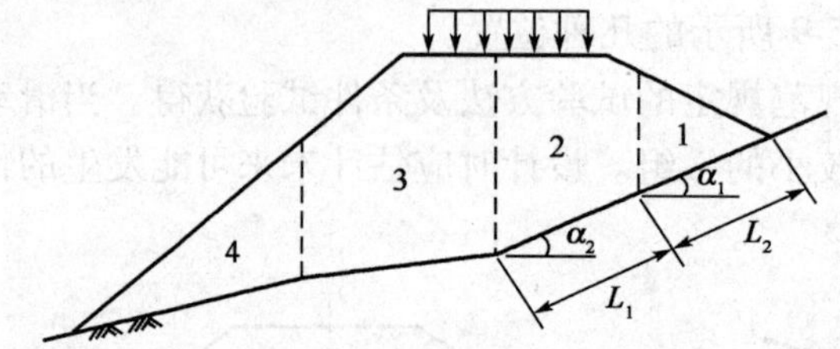

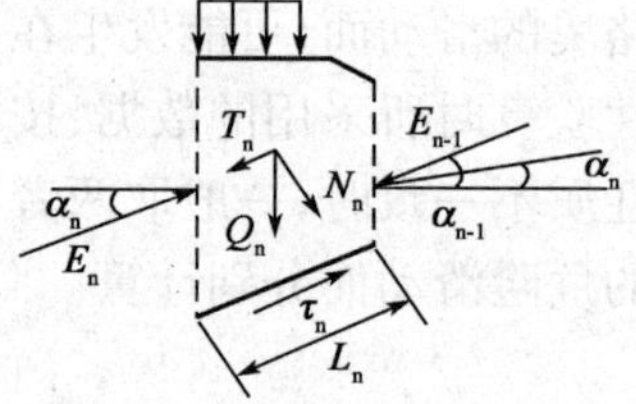

图 5-11　陡坡路堤折线滑动面分析示意图

$$E_n = [T_n + E_{n-1}\cos(\alpha_{n-1} - \alpha_n)] - \frac{1}{K}\{[N_n + E_{n-1}\sin(\alpha_{n-1} - \alpha_n)]\tan\varphi_n + c_n L_n\} \quad (5\text{-}21)$$

式中：$E_n$——第 $n$ 个条块的剩余下滑力（kN）；

$T_n$——第 $n$ 个条块的自重 $Q_n$ 与荷载 $p_n$ 的切线下滑力（kN），$T_n = (Q_n + P_n)\sin\alpha_n$；

$N_n$——第 $n$ 个条块的自重 $Q_n$ 与荷载 $p_n$ 的法线下滑力（kN），$T_n = (Q_n + P_n)\cos\alpha_n$；

$\alpha_n$——第 $n$ 个条块滑动面分段的倾斜角（°）；

$\varphi_n$——第 $n$ 个条块滑动面上软弱土层的内摩擦角（°）；

$c_n$——第 $n$ 个条块滑动面上软弱土层的黏聚力（kPa）；

$L_n$——第 $n$ 个条块滑动面分段的长度（m）；

$E_{n-1}$——上一个（第 $n-1$）条块传递而来的剩余下滑力（kN）；

$\alpha_{n-1}$——上一个（第 $n-1$）条块滑动面分段的倾斜角（°）。

计算时，若第 $i$ 块的 $E_i \leqslant 0$，说明无剩余下滑力向下一块传递，故不计入下一块土体。当最后一块的剩余下滑力 $E_n \leqslant 0$，说明路堤稳定；反之，则应采取稳定或加固措施予以处理。

上述各种稳定性验算方法，对土条间的作用力分别进行了不同的假设，由此得到的分析结果（安全系数）亦有差异。一般情况下，圆弧条分法完全忽略了土条间的力，得到的安全系数值最小；陡坡路堤折线法涉及了土条间的侧向力，其安全系数较大。

## 完成工作任务

1. 任务

(1)分析砂土路基的稳定性。

(2)分析高路基滑动面上的稳定系数,并分析稳定性。

2. 基本资料

(1)图5-12为一路堤横断面,已知填料为砂性土,重度 $\gamma = 18.6\text{kN/m}^3$,内摩擦角 $\varphi = 35°$,黏聚力 $c = 0.8\text{kPa}$。

(2)图5-13为一高路堤横断面,其填土重度 $\gamma = 18.1\text{kN/m}^3$,内摩擦角 $\varphi = 28°$,黏聚力 $c = 1.5\text{kPa}$,$R = 45\text{m}$,$\theta = 80°$,其他条件如图5-13所示,已知滑动土各分条的面积分别为:$A_1 = 15\text{m}^2$,$A_2 = 15\text{m}^2$,$A_3 = 15\text{m}^2$,$A_4 = 15\text{m}^2$。

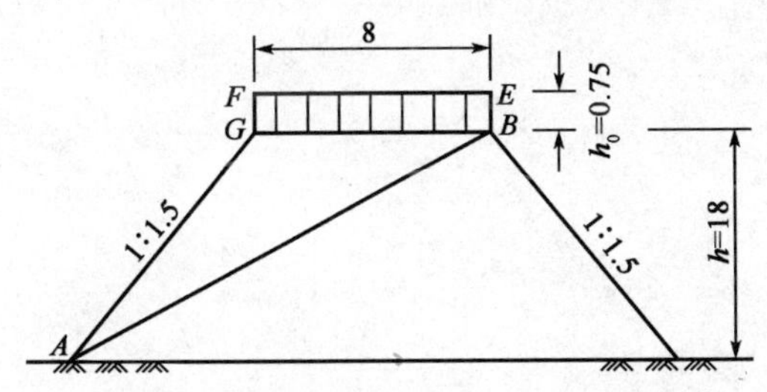

图5-12　路堤横断面示意图(尺寸单位:m)

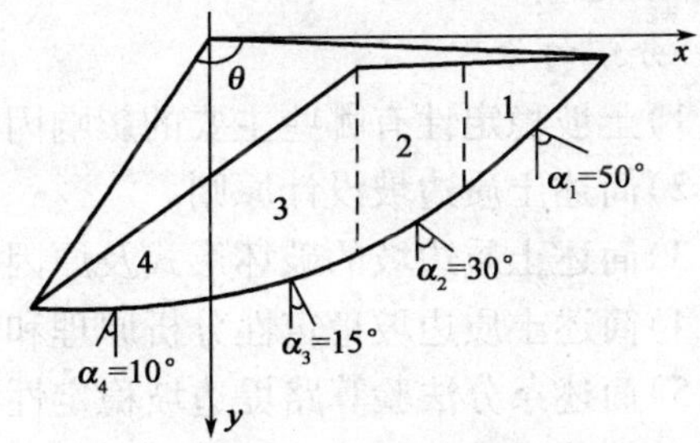

图5-13　高路堤横断面示意图

3. 要求

(1)分析图5-12的路堤边坡是否会沿滑动面 $AB$ 产生滑动。

(2)计算图5-13高路基的滑动面稳定系数 $K_0$。

(3)以组为单位,各组员独立完成上述任务,并上交计算结果,供教师批阅。

4. 案例分析

**【案例5-1】** 某路堑挖深 $H = 6.0\text{m}$,由土工试验并考虑最不利季节影响得出 $\varphi = 25°$,$c = 14.7\text{kPa}$,$\gamma = 17.64\text{kN/m}^3$,试设计该路堑边坡的坡度值。

**解**:拟用直线单坡,并令 $K_{\min} = 1.25$ 得:

$$a = 2c/\gamma h = (2 \times 14.7)/(17.64 \times 6.0) = 0.2778,\ f = \tan25° = 0.4663$$

代入式(5-8)得:

$$1.25 = (2 \times 0.2778 + 0.4663)\cot\theta + 2 \times \sqrt{0.2778 \times (0.4663 + 0.2778)\csc\theta}$$

简化,并整理得:$\sin^2\theta - 2.19\sin\theta - 0.21 = 0.1$

解方程得:$\sin^2\theta = 0.955$,$\theta = 73°$,$\cot\theta = 0.3$

因此,边坡坡度可采用1:0.3。

**【案例5-2】** 某陡坡路堤,其横断面如图5-14所示。已知填料重度为 $\gamma = 18.7\text{kN/m}^3$,内摩擦角 $\varphi = 20°52'$,不计黏聚力 $c$,车辆荷载换算高度 $h_0 = 0.93$。若要求安全系数 $K = 1.30$,试验算该路堤是否稳定。

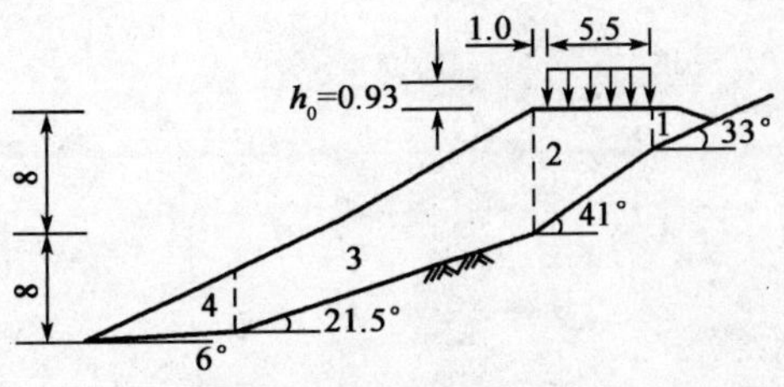

图5-14　折线法验算边坡稳定性(尺寸单位:m)

**解**:根据路堤边坡和堤底原地面形状,将路堤划分为4块。按式(5-21)计算各块土体剩余下滑力,计算过程如表5-3所示。

**按折线法验算边坡稳定性计算表**　　表5-3

| 土块号 | 面积 $A_i$ ($m^2$) | $Q_i=\gamma A_i$ (kN/m) | $\alpha_i$ (°) | $\alpha_{i-1}-\alpha_i$ (°) | $Q_i\sin\alpha_i$ (kN/m) | $Q_i\cos\alpha_i\tan\varphi$ / $K$ (kN/m) | $E_{i-1}\cos(\alpha_{i-1}-\alpha_i)$ (kN/m) | $E_{i-1}\cos(\alpha_{i-1}-\alpha_i)\tan\varphi$ (kN/m) | $E_i$ (kN/m) |
|---|---|---|---|---|---|---|---|---|---|
| 1 | 3.18 | 59.47 | 33 | — | 32.39 | 14.62 | — | — | 17.77 |
| 2 | 31.9+5.11 | 692.18 | 41 | −8 | 454.11 | 153.18 | 17.60 | −0.72 | 319.25 |
| 3 | 105.58 | 1 974.35 | 21.5 | 19.5 | 732.60 | 538.65 | 300.94 | 31.25 | 454.64 |
| 4 | 14.82 | 277.13 | 6 | 15.5 | 28.97 | 80.82 | 438.10 | 35.62 | 350.63 |

由计算结果可知,最后一块土体的剩余下滑力 $E_4=350.63\text{kN}>0$,路堤不稳定,故需采取措施加以处理。

5.分组讨论

(1)土坡稳定性有哪些主要的影响因素?

(2)简述土质边坡设计原则。

(3)简述土质边坡的破坏形式及原因。

(4)简述土质边坡稳定性分析原理和方法。

(5)简述条分法验算路堤边坡稳定性的步骤。

(6)简述陡坡路堤稳定性分析的方法和步骤。

6.考核评价

(1)学生自评:由教师根据该项目中的知识和技能出5个测试题目,学生完成自我测试并填写本任务的自评表(评价表参见附录)。

(2)小组评价:以小组为单位完成分组讨论题目,做答案演示,并完成小组测评表(评价表参见附录)。

(3)教师评价:由教师综合学生自评、小组评价以及任务完成情况对学生进行评价(评价表参见附录)。

# 项目六　软弱土地基的处理

## 学习目标

1. 了解软弱地基的类型和特性；
2. 知道软弱地基处理的方法；
3. 熟悉各种软弱地基处理设计方案和施工工艺；
4. 根据相关知识完成课后自测；
5. 正确完成××高速路软土地基处理的设计方案。

## 任务描述

在这一项目中，首先学习软弱地基的类型和特性，然后学习各种软弱地基处理的设计方案和施工工艺，最后完成××高速路软土地基处理的设计方案。

## 学习引导

本任务沿着以下脉络进行学习：

1. 任务布置(××高速路软土地基处理的方案设计要素，提出完成任务的内容与要求)；
2. 课堂教学(学习软弱地基的类型和特性，以及各种软弱地基处理的设计方案和施工工艺)；
3. 课后思考与总结(完成分组讨论题目并做答案演示)；
4. 上交成果，《××高速路软土地基处理的设计方案》；
5. 学生自测与自评；
6. 小组各组员成果相互检查与组长对组员的考核；
7. 教师考核。

## 学习相关知识

### 一、软弱地基和不良特性

1. 地基处理的目的和意义

当天然地基不能满足建筑物对地基的要求时，需要对天然地基进行处理，形成人工地基，以满足建筑物对地基的要求，保证其安全与正常使用。地基处理的目的主要是解决以下几个方面的问题：

1)强度与稳定性问题

当地基的抗剪强度不足以支承上部荷载时，地基就会产生局部剪切或整体滑动破坏，从而影响建筑物的使用。

2）压缩及不均匀沉降问题

当地基在上部荷载作用下，产生沉降或不均匀沉降时，将会导致整体倾斜、墙体开裂、基础断裂等事故。

3）地基渗漏与溶蚀

在水利工程、基坑工程中当水力坡降超过允许值时，会发生水土流失、管涌、潜蚀、流沙等，地基溶蚀会使地面坍陷，造成事故。

4）地基振动液化与振沉

在强烈地震、机器、车辆、爆破等动力荷载作用下，会使松散细砂和粉土产生液化，使地基丧失承载力。

建筑物的天然地基如存在以上问题之一或其中几个情况时，必须进行地基处理，以满足工程的安全和正常使用。地基处理是否得当，关系到整个工程的质量、安全、工程投资和进度。地基处理要求做到技术先进、经济合理、安全适用、确保工程质量。

2. 软弱土的种类和性质

软弱土是指淤泥、淤泥质土和部分冲填土、杂填土及其他高压缩性土。

1）淤泥与淤泥质土

淤泥是在静水或缓慢的流水环境中沉积，并经生物化学作用形成的；天然含水率大于液限（$w > w_L$），天然孔隙比 $1.0 \leqslant e < 1.5$ 的黏性土或粉土为淤泥质土；工程中统称为软土。

淤泥和淤泥质土具有如下工程特征：

（1）含水率较高，孔隙比较大。

（2）压缩性较高。一般压缩系数为 $0.5 \sim 2.0\text{MPa}^{-1}$，个别达到 $4.5\text{MPa}^{-1}$，且其压缩性随液限的增大而增加。

（3）强度低。地基承载力一般为 50～80kPa。

（4）渗透性差。软土渗透系数小，在自重作用下完全固结所需时间长。

（5）具有显著的结构性。软土一旦受到扰动，其絮状结构就受到破坏，强度显著降低，属高灵敏度土。

软土具有流变性，当受到荷载作用时，在不排水条件下，抗剪强度可逐渐衰减。在排水条件下，当土中孔隙水压力完全消散后，基础可能继续下沉。淤泥和淤泥质土广泛分布在我国的上海、天津、宁波、温州、连云港、福州、厦门、广州等东南沿海地区及部分内陆地区，在施工时，地基的变形和稳定是工程主要解决的问题。如不作处理，软土地基将不能承受荷载较大的建筑物。

2）冲填土

冲填土是在整治和疏通江河时，由水力冲填泥沙而在江河两岸形成的沉积土，其成分和分布规律与冲填的固体颗粒和水力条件密切相关，若冲填物以粉土、黏土为主，则属于欠固结的软弱土，容易产生液化现象。而以中砂粒以上的粗颗粒为主，则不属于软弱土。由于水力的分选，在冲填入口处土颗粒较粗，出口处土颗粒逐渐变细，因此造成地基土的不均匀。

3）杂填土

杂填土是由人类活动产生的建筑垃圾、工业废料和生活垃圾堆填而形成的。其成分复杂，均匀性差，结构松散，强度低，压缩性高。杂填土的性质随堆填的龄期而变化，其承载力一般随堆填时间的增长而增高，某些杂填土内含有腐殖质和亲水、水溶性物质。

其主要特性：强度低、压缩性高和均匀性差。当土内含有腐殖质及亲水和水溶性物质时，会给地基带来更大的沉降和浸水湿陷。

4)其他高压缩性土

饱和松散的细沙(包括部分粉土)也属于软弱地基范畴。在动力荷载重复作用下,基坑开挖时会产生管漏。液化的原因是由于砂土受到振动后趋于密实,导致土体中孔隙水压力骤然上升,相应土粒间的有效应力减小,从而降低了土的抗剪强度。

对软弱地基进行勘察时,应查明软弱土层的均匀性、组成、分布范围和土质情况。对冲填土应了解排水固结条件;对杂填土应查明堆载历史,掌握其特性,以保证工程质量。

3. 软弱土地基的处理方法及分类

根据地基处理方法的原理,常用软弱土地基的处理方法见表6-1。由于各种地基处理方法具有不同的适用范围和优缺点,具体选用时应结合场地的工程地质条件、地基处理的要求和施工条件,经综合分析比较,选择经济合理的处理方法。同时,还需注意环境保护,避免对地面及地下水体产生污染以及振动噪声对周围环境产生不良影响等。

**软弱土地基的处理方法** 表6-1

| 编号 | 分　类 | 处理方法 | 原理及作用 | 适用范围 |
|---|---|---|---|---|
| 1 | 碾压及夯实 | 重锤夯实,机械碾压,振动压实,强夯(动力固结) | 利用压实原理,通过机械碾压夯击,把表层地基土压实;强夯则利用强大的夯击能,在地基中产生强烈的冲击波和动应力,迫使土动力固结密实 | 适用于碎石土、砂土、粉土、低饱和度的黏性土、杂填土等,对饱和黏性土应慎重采用 |
| 2 | 换土垫层 | 砂石垫层,素土垫层,灰土垫层,矿渣垫层 | 以砂石、素土、灰土和矿渣等强度较高的材料,置换地基表层软弱土,提高持力层的承载力,扩散应力,减小沉降量 | 适用于处理暗沟、暗塘等软弱土地基 |
| 3 | 排水固结 | 天然地基预压,砂井预压,塑料排水带预压,真空预压,降水预压 | 在地基中增设竖向排水体,加速地基的固结和强度增长,提高地基的稳定性;加速沉降发展,使基础沉降提前完成 | 适用于处理饱和软弱土层;对于渗透性极低的泥炭土,必须慎重对待 |
| 4 | 振密挤密 | 振冲挤密,灰土挤密桩,砂桩,石灰桩,爆破挤密 | 采用一定的技术措施,通过振动或挤密,使土体的孔隙减少,强度提高;必要时,在振动挤密的过程中,回填砂、砾石、灰土、素土等,与地基土组成复合地基,从而提高地基的承载力,减少沉降量 | 适用于处理松砂、粉土、杂填土及湿陷性黄土 |
| 5 | 置换及拌入 | 振冲置换,深层搅拌,高压喷射注浆,石灰桩等 | 采用专门的技术措施,以砂、碎石等置换软弱土地基中部分软弱土,或在部分软弱土地基中掺入水泥、石灰或砂浆等形成加固体,与未处理部分的土组成复合地基,从而提高地基承载力,减少沉降量 | 黏性土、冲填土、粉砂、细砂等。振冲置换法对于不排水抗剪强度 $\tau_f$ < 20kPa 时慎用 |
| 6 | 加筋 | 土工合成材料加筋,锚固,树根桩,加筋土 | 在地基或土体中埋设强度较大的土工合成材料、钢片等加筋材料,使地基或土体能承受抗拉力,防止断裂,保持整体性,提高刚度,改变地基土体的应力场和应变场,从而提高地基的承载力,改善变形特性 | 软弱土地基、填土及陡坡填土、砂土 |
| 7 | 其他 | 灌浆,冻结,托换技术,纠偏技术 | 通过独特的技术措施处理软弱土地基 | 根据实际情况确定 |

## 二、软弱地基处理方法

### 1. 碾压法与夯实法

碾压与夯实是修路、筑堤、加固地基表层最常用的简易处理方法。通过夯锤或机械的夯击或碾压，使填土或地基表层疏松土的孔隙体积减小，密实度提高，从而降低土的压缩性，提高其抗剪强度和承载力。目前常用的方法有：机械碾压、振动压实、重锤夯实，以及20世纪70年代发展起来的强夯法等。

1）机械碾压法

机械碾压法是利用压路机、羊足碾、平碾、振动碾等碾压机械将地基土压实的方法。该法需按计划与次序往复碾压，分层铺土和压实。要求土料处于最优含水率，压实质量则由压实系数来控制。

该法适用于：地下水位以上大面积填土；含水率较低的素填土或杂填土。

2）振动压实法

振动压实法是用振动压实机在地基表层施加振动，将浅层松散土振实的方法。

振动压实的效果取决于振动力的大小、填土的成分和振动时间。一般来说，振动时间越长，效果越好。但振动超过一定时间后振实效果将趋于稳定。因此，在施工前应进行试振，找出振实稳定所需要的时间。振实时应从基础边缘外放0.6m左右，先振基槽两边，后振中间。振实有效深度可达1.5m。如地下水位过高，则会影响振实质量。此外，为避免振动对周围建筑物的影响，要求振源与建筑物的距离应大于3m。

该法适用于：处理砂土和由炉灰、炉渣、碎砖等组成的杂填土地基。

3）重锤夯实法

重锤夯实法是利用起重机械将夯锤提到一定高度后，让锤自由落下，重复夯击以加固地基的方法。对于湿陷性黄土，重锤夯实可减少表层土的湿陷性；对于杂填土，则可减少其不均匀性。

重锤通常由钢筋混凝土制成，为截头圆锥体，锤重一般不小于15kN，锤底直径为0.7～1.5m，落距2.5～4.5m。有效夯实深度约为锤底直径。

重锤夯实法的效果与锤重、锤底直径、夯击遍数、落距、土的种类、含水率等有密切关系，应当根据设计的夯实密度及影响深度，通过现场试夯确定有关参数。当地下水位离地表很近或软弱土层埋置很浅时，重锤夯实可能产生“橡皮土”的不良效果。

该法适用于：处理距离地下水位0.8m以上稍湿的杂填土、黏性土、湿陷性黄土和分层填土等地基，但在有效夯实深度内存在软黏土层时不宜采用。

4）强夯法

强夯法是用起重机械将重锤（一般为80～300kN）从6～30m高处下落，以强大的冲击能强制压实加固地基深层的密实方法。该法可提高地基承载力，降低其压缩性，减轻甚至消除砂土振动的液化危害，消除湿陷性黄土的湿陷性等。一般地基土强度可提高2～5倍，压缩性可降低2～10倍，加固影响深度可达6～10m。

（1）加固机理。强夯法的加固机理与重锤夯实法有本质的区别。强夯法是将势能转化为夯击能，在地基中产生强大的动应力和冲击波，进而对土体产生以下作用：

①压密作用。土中孔隙体积被压缩。

②液化作用。导致土体内孔隙水压力骤然上升，当与上覆压力相等时，土体即产生液化，

丧失强度，土粒重新自由排列（土体只是局部液化）。

③固结作用。

④时效作用。

对多孔隙、粗颗粒、非饱和土，为动力密实机理。即强大的冲击能，强制超压密地基，使土中气相体积大幅度减小。

对细粒饱和土，为动力固结机理。即强大的冲击能与冲击波，破坏土的结构，使土体局部液化并产生许多裂隙，作为孔隙水的排水通道，使土体固结；土体触变恢复压密土体。

（2）适用范围。该法适用于：碎石土、砂土、建筑垃圾、低饱和度的粉土、黏性土、素填土、杂填土和湿陷性黄土等地基，也可用于防止粉土及粉砂的液化；对于淤泥与饱和软黏土，如采取一定措施，也可以采用。但强夯不得用于不允许对工程周围建筑物和设备有一定振动影响的地基加固，必要时，应采取防震、隔振措施。

（3）施工技术参数。应用强夯法加固软弱地基，一定要根据现场的地质条件和工程的使用要求，正确选用各项技术参数。

①单位夯击能。锤重与落距的乘积称为夯击能。强夯的单位夯击能（指单位面积上所施加的总夯击能），应根据地基土类别、结构类型、荷载大小和需处理深度等综合考虑，并通过现场试夯确定。一般对粗颗粒土可取 1 000 ~ 3 000kN/m$^2$；细颗粒土可取 1 500 ~ 4 000kN /m$^2$。

②夯击点布置及间距。夯击点布置根据基础的形式和加固要求而定，对于大面积地基一般采用等边三角形、等腰三角形或正方形；对于条形基础夯点可成行布置；对于独立柱基础可按柱网设置采取单点或成组布置，在基础下面必须布置夯点。

夯击点间距通常可取夯锤直径的 3 倍，一般第一遍夯击点间距为 5 ~ 9m，以后可适当减小。对处理深度较大或单击夯击能较大的工程，第一遍夯击点间距宜适当增大。

③单点夯击击数与夯击遍数。单点夯击击数指单个夯点一次连续夯击的次数，对整个场地完成全部夯击点称为一遍。单点夯击击数应按现场试夯得到的夯击击数和夯沉量关系曲线确定，且应同时满足：

a. 最后两击的平均夯沉量不大于 50mm，当单击夯击能量较大时不大于 100mm。

b. 夯坑周围地面不应发生过大隆起。

c. 不因夯坑过深而发生起锤困难。每夯击点的夯击数一般为 3 ~ 10 击。

夯击遍数应根据地基土的性质确定，一般可取 2 ~ 3 遍，最后再以低能量（如前几遍能量的 1/4 ~ 1/5，击数为 2 ~ 4 击）满夯一遍，以加固前几遍之间的松土和被振松的表层土。

d. 两遍间隔时间。两遍夯击之间的时间间隔，取决于土中超静孔隙水压力的消散快慢，一般两遍之间间隔 1 ~ 4 周。对渗透性较差的黏性土不少于 3 周；若无地下水或地下水在 -5m以下，或含水率较低的碎石类土，或透水性强的砂性土，间隔时间可取 1 ~ 2 天，甚至不需间隔时间，夯完一遍后，将土推平，连续夯击。

e. 处理范围。强夯处理范围应大于建筑物基础范围，每边超出基础外缘的宽度宜为设计处理深度的 1/2 ~ 2/3，并不小于 3m。

f. 加固影响深度。强夯法的有效加固深度 $H$（m）与夯击能的关系，可按下列经验公式估算，即：

$$H = \alpha\sqrt{\frac{Wh}{10}} \tag{6-1}$$

式中：$W$——夯锤重(kN)；

$h$——落距(m)；

$\alpha$——折减系数，黏性土取0.5；砂性土取0.7；黄土取0.35～0.50。

《建筑地基处理技术规范》(JGJ 79—2002)规定，有效加固深度应根据现场试夯或当地经验确定，在缺少试验资料或经验时，可按规范取值。

2. 换土垫层法

1)原理及适用范围

换土垫层法是将处于浅层的软弱土挖去或部分挖去，分层回填强度较高的砂、碎石或灰土以及其他性能稳定、无侵蚀性的材料，经夯实或压实后作为地基持力层。当建筑物荷载不大，软弱土层厚度较小时，采用换土垫层法能取得较好的效果。常用的垫层有：砂垫层、砂卵石垫层、碎石垫层、灰土或素土垫层、煤渣垫层、矿渣垫层等。

换土垫层法的作用主要体现在以下几个方面：

(1)提高浅层地基承载力。以抗剪强度较高的砂或其他填筑材料置换基础下软弱的土层，提高浅层地基承载力，避免地基破坏。

(2)减少地基沉降量。一般浅层地基的沉降量占总沉降量比例较大。如以密实砂或其他填筑材料代替上层软弱土层，就可以减少这部分的沉降量。由于砂层或其他垫层对应力的扩散作用，使作用在下卧层土上的压力较小，这样也会相应减少下卧层土的沉降量。

(3)加速软弱土层的排水固结。砂垫层和砂石垫层等垫层材料透水性强，软弱土层受压后，垫层可作为良好的排水面，使基础下面的孔隙水压力迅速消散，加速垫层下软弱土层的固结，提高其强度。

(4)防止冻胀。粗颗粒的垫层材料孔隙大，不易产生毛细现象，因此可以防止寒冷地区土中结冰所造成的冻胀。

在各类工程中，垫层所起的主要作用有时也是不同的，如房屋建筑物基础下的砂垫层主要起换土的作用；而在路堤及土坝等工程中，砂垫层往往以排水固结为主要作用。

换土垫层法适用于：淤泥、淤泥质土、湿陷性黄土、膨胀土、素填土、杂填土、季节性冻土地基以及暗沟、暗塘等的浅层处理。常用于处理多层或底层建筑的条形基础、独立基础以及基槽开挖后局部具有软弱土层的地基。此时换土的宽度和深度有限，既经济又安全。但砂垫层不宜用于处理湿陷性黄土地基，因为砂垫层较大的透水性反而易引起土的湿陷。

2)垫层的设计要点

垫层的设计不但要满足建筑物对地基变形及稳定的要求，而且应符合经济合理的原则。其设计内容主要是确定断面的合理厚度和宽度。对于垫层，既要有足够的厚度来置换可能被剪切破坏的软弱土层，又要有足够的宽度以防止垫层向两侧挤出。对于有排水要求的垫层来说，还需形成一个排水面，促进软弱土层的固结，提高其强度，以满足上部荷载的要求。

(1)垫层厚度的确定。垫层厚度应根据垫层底面处下卧层的承载力确定，如图6-1所示。即作用在垫层底面处土的自重应力与附加应力之和不大于软弱下卧层土的承载力的特征值。可按项目三中介绍的地基承载力确定方法来确定软弱下卧层土的承载力的特征值。

垫层的厚度一般不小于0.5m，否则换土垫层作用不明显。但也不宜大于3m。

垫层底面处的附加应力可按下式计算，即：

$$p_{0k} + p_{gk} \leqslant \gamma_R [f_a] \tag{6-2}$$

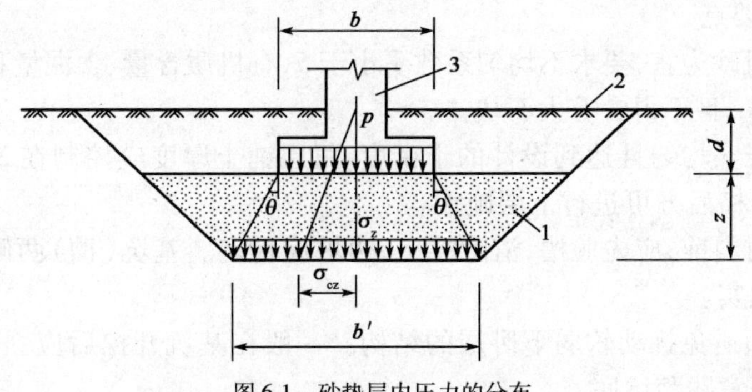


图 6-1　砂垫层内压力的分布

1-砂垫层;2-回填土;3-基础

条形基础：
$$p_{0k}=\frac{b(p'_{0k}-p'_{gk})}{b+2z\tan\theta} \tag{6-3}$$

矩形基础：
$$p_{0k}+=\frac{bl(p'_{0k}-p'_{gk})}{(b+2z\tan\theta)(l+2z\tan\theta)} \tag{6-4}$$

式中：$p_{0k}$——垫层底面处的附加压应力(kPa)；

$p_{gk}$——垫层底面处土的自重压应力(kPa)；

$[f_a]$——垫层底面处地基的承载力容许值(kPa)；

$b$——矩形基础或条形基础底面的宽度(m)；

$l$——矩形基础底面的长度(m)；

$p'_{0k}$——基础底面处的压应力(kPa)；

$p'_{gk}$——基础底面处土的自重压应力(kPa)；

$z$——基础底面下垫层的厚度(m)；

$\theta$——垫层的压力扩散角，可按表 6-2 采用。

垫层的承载力也可通过现场试验确定，一般工程如无试验资料可按《建筑地基处理技术规范》(JGJ 79—2002)选用。

**垫层压力扩散角 $\theta$**　　表 6-2

| $z/b$ | 换填材料 | | |
|---|---|---|---|
| | 中砂、粗砂、砾砂、碎石土、石屑 | 粉质黏土和粉土($8<I_P<14$) | 灰土 |
| <0.25 | 0 | 0 | 30 |
| 0.25 | 20 | 6 | |
| ≥0.50 | 30 | 23 | |

注：当 $0.25<z/b<0.50$ 时，$\theta$ 值可内插求得。

(2)垫层宽度的确定。垫层宽度 $b'$需满足两方面要求：一是满足应力扩散的要求；二是防止垫层向两边挤动。通常可按当地经验确定或按下式计算：

$$b'\geqslant b+2z\tan\theta \tag{6-5}$$

式中：$b'$——垫层底面宽度(m)；

$z$——基础底面下垫层的厚度(m)；

$\theta$——垫层的压力扩散角，可按表 6-2 采用；当 $z/b<0.25$ 时，按表中 $z/b=0.25$ 取值。

整片垫层的宽度可根据施工要求适当加宽。垫层底宽确定后，再根据开挖基坑所要求的坡度放坡，即得垫层的设计断面。

3)垫层的施工要点

(1)砂料以中粗砂为宜,要求不均匀系数不小于5,有机质含量、含泥量和水稳定性不良的物质均不宜超过3%,且不得含有大石块。

(2)填料分层压实均匀且达到设计的干密度,每层铺土厚度应控制在200~300mm,密实度逐层进行检验,合格后方可进行上层施工。

(3)铺筑垫层材料前,应先验槽,清除浮土,边坡应稳定。基坑(槽)两侧附近如有低于地基的洞穴等,应先填实。

(4)施工时必须避免扰动软弱下卧层的结构。一般在基坑开挖后应立即回填垫层,不可曝露过久、浸水或任意践踏坑底。

(5)当采用碎石垫层时,应先铺一层150~200mm厚的砂垫层作为底面,以免坑底软弱土发生局部破坏。

(6)垫层底面宜铺设在同一标高上,若深度不同,地基土面应挖成踏步或斜坡搭接,各层错开0.5~1.0m,搭接处应注意捣实,施工应按先深后浅的顺序进行。

3. 排水固结法

1)加固原理及适用范围

排水固结法又称预压法,它是在建筑物建造之前,先在天然地基中设置砂井等竖向排水体,然后加载预压,使土体中的孔隙水排出,逐渐固结,地基发生沉降,同时强度得以逐步提高。

排水固结法通常由排水系统和加压系统两部分组成,如图6-2所示。

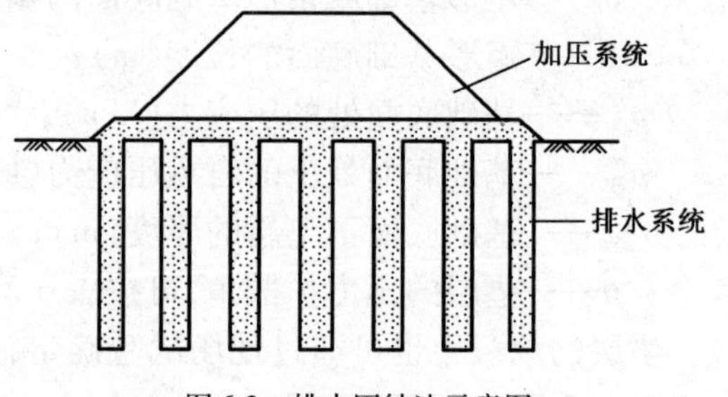

图6-2　排水固结法示意图

加压系统有堆载预压和真空预压两种;排水系统有普通砂井、袋装砂井和塑料排水带等。根据固结理论,黏性土固结所需时间与排水距离的平方成正比,因此加速土层固结最有效的方法是增加土层的排水途径,缩短排水距离。排水系统就是为此目的而设置的。

排水固结法适用于:淤泥、淤泥质土和冲填土等饱和黏性土的地基处理。

2)砂井堆载预压法

(1)砂井的设计要求。砂井的构造要求包括砂井的直径、间距、深度、平面布置等。

①砂井的直径和间距。砂井的直径和间距由黏性土层的固结特性和施工期限确定。砂井的直径不宜过大或过小,过大不经济,过小施工易造成灌砂率不足、缩颈或砂井不连续等质量问题,常用直径为300~400mm。砂井的间距通常为砂井直径的6~9倍,一般不应小于1.5m。

②砂井深度。砂井深度的选择与土层分布、地基中附加应力的大小、施工期限和条件等因素有关。当软黏土层不厚,底部有透水层时,砂井应尽可能穿透软黏土层;当软黏土层较厚,但间有砂层或砂透镜体时,砂井应尽可能打至砂层或透镜体;当软黏土层很厚,其中又无透水层时,可按地基的稳定性及建筑物变形要求处理的深度来确定。以地基抗滑稳定性控制的工程,如路堤、土坝、岸坡、堆料场等,砂井长度应通过稳定分析确定,且至少应超过最危险滑动面2m。以沉降控制的工程,如压缩土层厚度不大,砂井易贯穿,压缩土层深厚,则砂井深度应根据在限定的预压时间内应消除的变形量确定。

③砂井的布置和范围。砂井常按梅花形和正方形布置。由于梅花形排列较正方形紧凑和有效,故应用较多。砂井的布置范围应稍大于建筑物基础范围,扩大的范围可由基础轮廓线向

外增 2 ~4m。

④砂垫层。在砂井顶面应铺设排水砂垫层,以连通各个砂井形成通畅的排水面,将水排到场地以外。砂垫层厚度一般为 0.3 ~0.5m,水下施工时,砂垫层厚度一般为 1m 左右。为节省砂子,也可采用连通砂井的纵横砂沟代替整片砂垫层,砂沟的高度一般为 0.5 ~1.0m,砂沟宽度取砂井直径的 2 倍。

⑤砂井和砂垫层的材料。砂井和砂垫层的砂料宜采用中粗砂,砂井砂料含泥量应小于 3%,砂垫层砂料含泥量应小于 5%。砂垫层的干密度应大于 $15kN/m^3$。

(2)竖向排水体的施工。

①普通砂井成孔方法有沉管法和水冲法。袋装砂井和塑料板排水带的施工应采用专用施工设备,如塑料板排水带插带机、单孔简易插带机等。

②砂井的灌砂量。按井孔体积和砂在中密状态下的干密度计算,实际灌砂量不得小于计算值的 95%。

③袋装砂井的质量。袋装砂井应用干砂灌实,袋口扎紧;底部置于设计深度,顶面高出孔口 200mm,并便埋入砂垫层中。袋装砂井施工用钢管的内径宜略大于砂井直径,以减小施工过程中对地基土的扰动。

④施工偏差。袋装砂井或排水塑料带施工要求:平面井距偏差应不大于井径;垂直度偏差宜小于 1.5%。

⑤质量控制。施工期间应进行现场测试,包括:边桩水平位移观测、地面沉降观测、孔隙水压力观测。其中,边桩位移速率应控制在 3 ~5mm/d,以保证地基的稳定性,确定安全的加荷速率;沉降速率不宜超过 10mm/d。

3)真空预压法

真空预压法是先在需加固的软土地基表面铺设一层透水砂垫层或砂砾层,再在其上覆盖一层不透气的塑料薄膜或橡胶布,四周密封,与大气隔绝,在砂垫层内埋设渗水管道,然后与真空泵连通进行抽气,使透水材料保持较高的真空度,在土的孔隙水中产生负的孔隙水压力,将土中孔隙水和空气逐渐吸出,从而使土体固结。对于渗透系数小的软黏土,为加速孔隙水的排出,也可在加固部位设置砂井、袋装砂井或塑料排水带等竖向排水系统。

真空预压法具有如下特点:

(1)不需要大量堆载,节省运输和造价。

(2)无需分期加荷,工期短,效果好。

(3)无噪声、无振动、无污染。

真空预压法的实质是利用大气压差作为预压荷载,其成功的关键在于能否形成负压区,需要薄膜不漏气,四周地基浅层土体不漏气,这些在施工过程中应特别给予重视。

真空预压法适用于:饱和均质黏性土及含薄层砂夹层的黏性土,特别适用于新吹填土、超软黏性土地基的加固。

4.挤密法

挤密法是指在软弱土层中以振动或冲击的方式成孔,从侧向将土挤密,再将碎石、砂、灰土、石灰或炉渣等填料充填密实成柔性的桩体,并与原地基形成一种复合型地基,从而改善地基的工程性能。

1)灰土桩地基

灰土挤密桩是利用锤击将钢管打入土中侧向挤密成孔,将管拔出后,在桩孔中分层回填

2∶8或3∶7灰土夯实而成,与桩间土共同组成复合地基以承受上部荷载。

(1)特点及适用范围。

灰土挤密桩与其他地基处理方法比较,有以下特点:灰土挤密桩成桩时为横向挤密,同样能达到所要求加密处理后的最大干密度指标,可消除地基土的湿陷性,提高承载力,降低压缩性;与换土垫层相比,不需大量开挖回填,可节省土方开挖和回填土方工程量,工期可缩短50%以上;处理深度较大,可达12~15m;可就地取材,应用廉价材料,降低2/3的工程造价;机具简单,施工方便,工效高。适于加固地下水位以上、天然含水率为12%~25%、厚度为5~15m的新填土、杂填土、湿陷性黄土以及含水率较大的软弱地基。当地基土含水率大于23%及其饱和度大于0.65时,打管成孔质量不好,且易对邻近已回填的桩体造成破坏,拔管后容易缩颈,遇此情况不宜采用灰土挤密桩。

灰土强度较高,桩身强度大于周围地基土,可以分担较大部分荷载,使桩间土承受的应力减小,而到深度2~4m以下则与土桩地基相似。一般情况下,如为了消除地基湿陷性或提高地基的承载力或水稳性,降低压缩性,宜选用灰土桩。

(2)桩的构造和布置。

①桩孔直径:根据工程量、挤密效果、施工设备、成孔方法及经济等情况而定,一般选用300~600mm。

②桩长:根据土质情况、桩处理地基的深度、工程要求和成孔设备等因素确定,一般为5~15m。

③桩距和排距:桩孔一般按等边三角形布置,其间距和排距由设计确定。

④处理宽度:处理地基的宽度一般大于基础的宽度,由设计确定。

⑤地基的承载力和压缩模量:灰土挤密桩处理地基的承载力标准值,应由设计通过原位测试或结合当地经验确定。

灰土挤密桩地基的压缩模量应通过试验或结合本地区的经验确定。

2)砂石桩地基

砂桩和砂石桩统称砂石桩,是指用振动、冲击或水冲等方式在软弱地基中成孔后,再将砂或砂卵石(砾石、碎石)挤压入土孔中,形成大直径的由砂或砂卵石(碎石)构成的密实桩体,它是处理软弱地基的一种常用的方法。

这种方法经济、简单且有效。对于松砂地基,可通过挤压、振动等作用,使地基达到密实,从而增加地基承载力,降低孔隙比,减少建筑物沉降,提高砂基抵抗震动液化的能力;用于处理软黏土地基,可起到置换和排水砂井的作用,加速土的固结,形成置换桩与固结后软黏土的复合地基,显著提高地基抗剪强度;而且,这种桩施工机具常规,操作工艺简单,可节省水泥、钢材,就地使用廉价地方材料,速度快,工程成本低,故应用较为广泛。适用于挤密松散砂土、素填土和杂填土等地基,对建在饱和黏性土地基上主要不以变形控制的工程,也可采用砂石桩进行置换处理。

砂石桩的一般构造要求与布置如下。

(1)桩的直径:根据土质类别、成孔机具设备条件和工程情况等而定,一般为30cm,最大为50~80cm,对于饱和黏性土地基宜选用较大的直径。

(2)桩的长度:当地基中的松散土层厚度不大时,可穿透整个松散土层;当厚度较大时,应根据建筑物地基的允许变形值和不小于最危险滑动面的深度来确定;对于液化砂层,桩长应穿透可液化层。

(3)桩的布置和桩距：桩的平面布置宜采用等边三角形或正方形。桩距应通过现场试验确定，但不宜大于砂石桩直径的4倍。

(4)处理宽度：挤密地基的宽度应超出基础的宽度，每边放宽不应少于1~3排；当砂石桩用于防止砂层液化时，每边放宽不宜小于处理深度的1/2，并且不应小于5m。当可液化层上覆盖有厚度大于3m的非液化层时，每边放宽不宜小于液化层厚度的1/2，并且不应小于3m。

(5)垫层：在砂石桩顶面应铺设30~50cm厚的砂或砂砾石（碎石）垫层，满布于基底并予以压实，以起扩散应力和排水作用。

3)水泥粉煤灰碎石桩地基

水泥粉煤灰碎石桩，简称CFG桩，是近几年发展起来处理软弱地基的一种新方法。它是在碎石桩的基础上掺入适量石屑、粉煤灰和少量水泥，加水拌和后制成具有一定强度的桩体。其集料仍为碎石，掺入石屑可改善颗粒级配；掺入粉煤灰可改善混合料的和易性，并利用其活性减少水泥用量；掺入少量水泥使其具有一定黏结强度。它不同于碎石桩，碎石桩是由松散的碎石组成，在荷载作用下将会产生鼓胀变形，当桩周土为强度较低的软黏土时，故桩体易产生鼓胀破坏；并且碎石桩仅在上部约3倍桩径长度的范围内传递荷载，超过此长度，即使增加桩长，承载力提高也并不显著，故此碎石桩加固黏性土地基，承载力提高幅度不大（20%~60%）。而CFG桩是一种低强度混凝土桩，可充分利用桩间土的承载力，共同作用，并可传递荷载到深层地基中去，具有较好的技术性能和经济效果。

CFG桩的特点是：改变桩长、桩径、桩距等设计参数，可使承载力在较大范围内调整；有较高的承载力，承载力提高幅度在250%~300%，对软土地基的承载力提高更大；沉降量小，变形稳定快，如将CFG桩落在较硬的土层上，可较严格地控制地基沉降量（在10mm以内）；工艺性好，由于大量采用粉煤灰，故桩体材料具有良好的流动性与和易性，灌注方便，易于控制施工质量；可节约大量水泥、钢材，利用工业废料，消耗大量粉煤灰，降低工程费用，与预制钢筋混凝土桩加固相比，可节省投资30%~40%。

CFG桩适于多层和高层建筑地基，如砂土、粉土、松散填土、粉质黏土、黏土、淤泥质黏土等的处理。

(1)桩径：根据振动沉桩机的管径大小而定，一般为350~400mm。

(2)桩距：根据土质、布桩形式、场地情况，可按表6-3选用。

(3)桩长：根据需挤密加固深度而定，一般为6~12m。

桩距选用表　　表6-3

| 土质<br>桩距<br>布桩形式 | 挤密性好的土，如砂土、粉土、松散填土等 | 可挤密性土，如粉质黏土、非饱和黏土等 | 不可挤密性土，如饱和黏土、淤泥质土等 |
|---|---|---|---|
| 单、双排布桩的条形基础 | $(3\sim5)d$ | $(3.5\sim5)d$ | $(4\sim5)d$ |
| 含9根以下的独立基础 | $(3\sim6)d$ | $(3.5\sim6)d$ | $(4\sim6)d$ |
| 满堂布桩 | $(4\sim6)d$ | $(4\sim6)d$ | $(4.5\sim7)d$ |

注：$d$——桩径，以成桩后桩的实际桩径为准。

5.振冲法

振冲法是利用一个振冲器，借助于高压水流边振边冲，使松砂地基变密；或在黏性土地基中成孔，在孔中填入碎石制成一根根的桩体，这样的桩体和原来的土构成比原来抗剪强度高和压缩性小的复合地基。

1)加固机理

振冲法按加固机理和效果的不同,分为振冲置换法和振冲密实法两类。振冲置换法是在地基土中借助振冲器成孔,振密填料置换,制造一群以碎石、砂砾等散粒材料组成的桩体,与原地基土一起构成复合地基,使其排水性能得到很大改善,有利加速土层固结,使承载力提高,沉降量减少,故又称振冲置换碎石桩法。振冲密实法主要是利用振动和压力水使砂层液化,砂颗粒相互挤密,重新排列,孔隙减少,从而提高砂层的承载力和抗液化能力,故又称振冲挤密砂桩法。这种桩根据砂土性质的不同,又可分为加填料和不加填料两种。

振冲法加固地基的特点是:技术可靠,机具设备简单,操作技术易于掌握,施工简便;可节省三材,因地制宜,就地取材,采用碎石、卵石、砂、矿渣等作为填料;加固速度快,节约投资,碎石桩具有良好的透水性,加速地基固结,地基承载力可提高1.2~1.35倍。

2)适用范围

振冲置换法适用于:处理不排水抗剪强度不小于20kPa的黏性土、粉土、饱和黄土和人工填土等地基,如果桩周土的强度过低,则难以形成桩体。

振冲密实法适用于:处理松散砂土和粉土等地基,不加填料的振冲密实法仅适用于处理黏粒含量小于10%的粗砂、中砂地基。

振冲法不适用于在地下水位较高、土质松散易塌方和含有大块石等障碍物的土层中使用。

国内应用振冲法加固地基的深度一般为14m,最深达18m,置换率一般在10%~30%,每米桩的填料量为0.3~0.7$m^3$,直径为0.7~1.2m。

3)设计要求

(1)处理范围。应根据建筑物的重要性和场地条件确定,通常大于基底面积。采用振冲密实法处理时基础外缘每边放宽不少于5m。振冲置换法的要求是一般地基,在基础外缘宜扩大1~2排桩;对可液化地基,在基础外缘应扩大2~4排桩。

(2)桩位布置。对大面积满堂处理,宜采用等边三角形布置;对独立或条形基础,宜采用正方形、矩形或等腰三角形布置。

(3)桩的间距。

①振冲置换法桩距可用1.5~2.5m,当荷载大或原土强度低时,宜取较小的间距;反之,宜取较振冲置换法大的间距。对桩端未达相对硬层的短桩,宜取小间距。

②振冲密实法振冲点间距与土的颗粒组成、要求达到的密实程度、地下水位、振冲器功率、水量等有关,应通过现场试验确定,可取1.8~2.5m。

(4)桩长确定。

①振冲置换法桩长:当相对硬层的埋藏深度不大时,应按相对硬层埋藏深度确定;否则,应按建筑物地基的变形允许值确定,但桩长不宜小于4m。在可液化的地基中,桩长应按要求的抗震处理深度确定。

②振冲密实法的振冲深度:当可液化土层不厚时,应穿过可液化土层;否则,应按要求的抗震处理深度确定。

(5)填入材料。

①振冲置换法可用含泥量不大的碎石、卵石、角砾、圆砾等硬质材料。常用碎石的粒径为20~50mm,材料的最大粒径不宜大于80mm。

②振冲密实法宜用碎石、卵石、角砾、圆砾、砾砂、粗砂、中砂等硬质材料。

(6)桩径与填料量。

①振冲置换法桩径常为0.8~1.2m,可按每根桩所用的填料量计算。

②振冲密实法每一振冲点所需的填料量，随地基土要求达到的密实程度和振冲点间距而定，应通过现场试验确定。

6. 高压喷射注浆法

高压喷射注浆法和深层搅拌法均是利用特制的机具向土层中喷射浆液或拌入粉剂，与破坏的土混合或拌和，从而使地基土固化，达到加固的目的。

高压喷射注浆法是利用钻机把带有特殊喷嘴的注浆管钻进至土层的预定位置后，用高压脉冲泵（工作压力在20MPa以上），将水泥浆液通过钻杆下端的喷射装置，向四周以高速水平喷入土体，借助液体的冲击力切削土层，使喷流射程内土体遭受破坏，土体与水泥浆充分搅拌混合，胶结硬化后形成加固体，从而使地基得到加固。

加固体的形状与注浆管的提升速度和喷射流方向有关。一般分为旋转喷射（简称旋喷）、定向喷射（简称定喷）和摆动喷射（简称摆喷）三种注浆形式。旋喷时，喷嘴边喷射边旋转和提升，可形成圆柱状加固体（称为旋喷桩）。定喷时，喷射方向固定不变，喷嘴边喷射边提升，可形成墙板状加固体，用于基坑防渗和稳定边坡等工程。摆喷时，喷嘴边喷射边摆动一定角度和提升，可形成扇形状加固体，通常用于托换工程。

1）高压喷射法的施工机具

主要由钻机和高压发生设备两部分组成。高压发生设备为高压泥浆泵和高压水泵，另外还有空气压缩机、泥浆搅拌机等。旋喷桩施工工艺如图6-3所示。

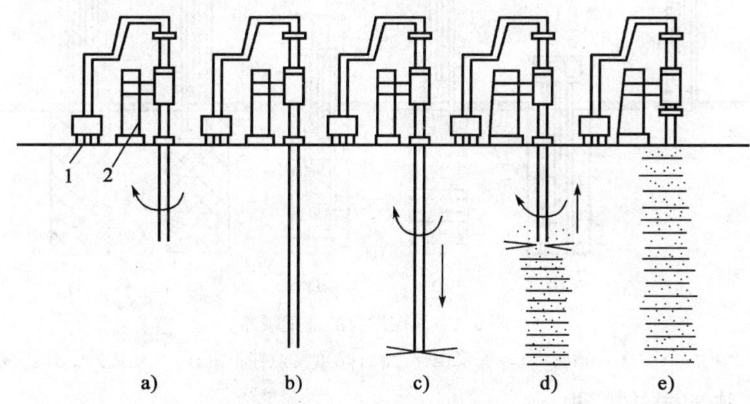


图6-3　旋喷法的施工顺序

a）开始钻进；b）钻进结束；c）高压旋喷开始；d）边旋转边提升；e）喷射完毕、桩体形成

1-高压发生设备；2-钻机

2）高压喷射法的种类

高压喷射注浆法的旋喷管分单管，二重管、三重管三种。

单管法只喷射水泥浆，可形成直径为0.6～1.2m的圆柱形加固体。二重管法则为同轴复合喷射高压水泥浆和压缩空气两种介质，可形成直径为0.8～1.6m的桩体。三重管法则为同轴复合喷射高压水、压缩空气和水泥浆液三种介质，形成的桩径可达1.2～2.2m。

3）高压喷射注浆法的特点

（1）能够比较均匀地加固透水性很小的细粒土，作为复合地基可提高其承载力，降低压缩性。

（2）施工设备简单、灵活，能在室内或洞内净高很小的条件下对土层深部进行加固。

（3）能控制加固体形状，制成连续墙可防止渗透和流沙。

(4)不污染环境,无公害。

高压喷射注浆法加固后的地基承载力,一般可按复合地基或桩基考虑。由于加固后的桩柱直径上下不一致,且强度不均匀,若单纯按桩基考虑则不安全,在条件许可的情况下,尽可能用现场荷载试验来确定地基承载力。

4)高压喷射注浆法的适用范围

高压喷射注浆法适用于处理淤泥、淤泥质土、黏性土、粉土、砂土、湿陷性黄土、碎石土以及人工填土等地基的加固。但对含有较多大粒块石、坚硬黏性土、大量植物根茎或含过多有机质的土及地下水流过大、喷射浆液无法在注浆管周围凝聚的情况下,不宜采用。

高压喷射注浆法可用于既有建筑和新建筑的地基处理、深基坑侧壁挡土或挡水、基坑底部加固防止管涌与隆起、坝的加固与防水帷幕等工程。

7.深层搅拌法

深层搅拌法是利用水泥、石灰等材料作固化剂(浆液或粉体)的主剂,通过特制的深层搅拌机械,在地基深处就地将软土和固化剂强制拌和,使软土硬结成具有整体性、水稳定性和较高强度的水泥加固体,与天然地基形成复合地基(图6-4)。

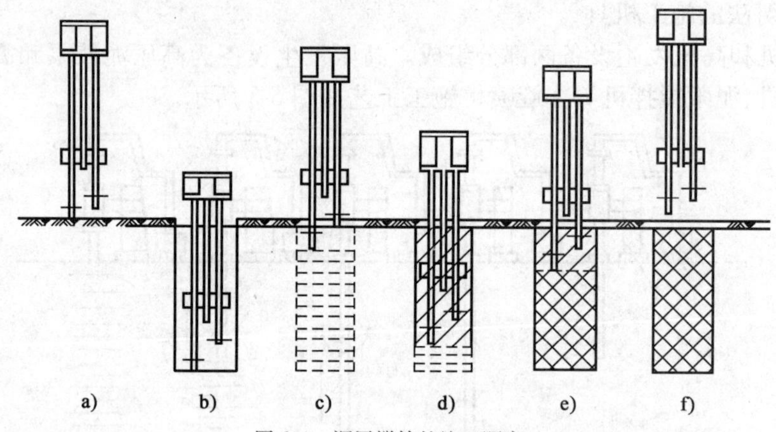


图6-4 深层搅拌的施工顺序

a)定位下沉;b)沉入到底部;c)喷浆搅拌上升;d)重复搅拌下沉;e)重复搅拌上升;f)完毕

1)深层搅拌法加固的原理

深层搅拌法采用水泥或石灰作为固化剂时,各自的加固原理、设计方法、施工技术均不相同。以水泥系深层搅拌法为例,其加固的基本原理是基于水泥加固土的物理化学反应过程,它与混凝土的硬化机理有所不同。混凝土的硬化主要是水泥在粗集料中进行水解和水化作用,所以硬结速度较快。而在水泥加固土中,由于水泥掺量很小(仅占被加固土质量的7%~15%),水泥的水解和水化反应完全是在具有一定活性的黏性土介质中进行的,所以硬化速度缓慢且作用复杂。

2)深层搅拌法的特点

(1)深层搅拌法将固化剂直接与原有土体搅拌混合,没有成孔过程,对孔壁无横向挤压,故对邻近建筑物不产生有害影响。

(2)经过处理后的土体重度基本不变,不会由于自重应力增加而导致软弱下卧层的附加变形。

(3)与旋喷桩相比,水泥用量大为减少,造价低、工期短。

(4)施工时无振动、无噪声、无污染。

3)桩平面布置

深层搅拌桩平面布置可根据上部建筑对变形的要求,采用柱状、壁状、格栅状、块状等处理形式。可只在基础范围内布桩。柱状处理可采用正方形或等边三角形布桩形式。

8.深层搅拌法适用范围

深层搅拌法适用于加固较深较厚的淤泥、淤泥质土、粉土和含水率较高且地基承载力特征值不大于120kPa的黏性土地基。对超软土的效果更为显著。

深层搅拌法多用于墙下条形基础,大面积堆料厂房基础、深基坑开挖时防止坑壁及边坡塌滑、坑底隆起等以及做地下防渗墙等工程。

加固体可根据需要做成柱状、壁状和块状三种形式。柱状是每隔一定的距离打设一根搅拌桩,适用于单独基础和条形、筏形基础下的地基加固;壁状是将相邻搅拌桩部分重叠搭接而成,适用于深基坑开挖时的软土边坡加固以及多层砌体结构房屋条形基础下的加固;块状是将多根搅拌桩纵横相互重叠搭接而成,适用于上部结构荷载大而对不均匀沉降控制严格的建筑物地基加固和防止深基坑隆起及封底使用。

## 三、地基处理施工注意事项

地基处理是一门技术性和实践性都很强的应用性学科,在具体工程设计和施工中应遵循以下原则:

(1)针对地质条件和工程特点选用合适的地基处理方法。初选几种可行性方案,根据工程结构类型和使用要求,结合土质条件、地下水及环境情况、处理要求、材料来源、机具设备等综合考虑,对每一项具体工程都要进行具体细致地分析,选择最佳方案。

(2)对已选定的技术方案进行现场试验。选择有代表性的场地进行现场试验和必要的测试,检验处理结果,必要时修改技术方案。

(3)施工前进行技术交底和监测工作。地基处理施工前,对施工人员进行技术交底,讲明方法原理、技术标准、操作规程,加强管理、严格计量、尽力减少人为因素的影响。在施工过程中,重视地基处理的工程经验,有计划地进行监测工作,根据监测数据指导下一阶段的施工,应有专人负责,保证质量。

(4)处理效果检验。地基处理施工完毕后,按一定的间隔时间,采用多种手段检验地基处理效果。

## 四、地基处理技术的发展

近年来地基处理的新方法和新工艺层出不穷,世界各地因地制宜发展了许多新的地基处理方法,主要的发展方向在以下几个方面。

1.添掺外加剂方面

以前的地基处理方法大多从机械设备着手,建立某种工法,而从材料入手提高地基处理质量和效果的较少。高性能土壤固化剂和土壤混合后,与高含水率和富含有机质的淤泥发生一系列物理化学反应,形成相互连接的网状结构,从而提高固化土的强度,减少地基变形。通过室内试验和现场试验证明,用高性能土壤固化剂进行地基处理特别是对软弱地基的处理十分有效,比普通水泥加固效果要好得多,此项技术已在国外被普遍应用并已有很成熟的研究机构和公司,但在国内尚属起步阶段。

2. 综合应用水平方面

重视多种地基处理方法的综合应用可取得较好的社会经济效益。

真空预压法与高压喷射注浆法结合可使真空预压应用于水平渗透性较大的土层，而高压喷射注浆法与灌浆相结合可使纠偏加固技术提高到一个新的水平。

单用动力固结法（俗称强夯法）处理饱和软黏土地基时极易产生“橡皮土”现象，难以达到预期效果。为此，岩土工程界将强夯法和排水固结法结合起来，开创了“动力排水固结法”这项新技术。

3. 可持续发展方面

我国《建筑地基处理技术规范》（JGJ 79—2002）已经将粉煤灰正式列为换填垫层法可采用的一种垫层材料。

渣土桩又称“孔内深层夯扩挤密桩”，是一种新型地基处理方法，其充分利用建筑垃圾，变废为宝，施工现场干净无污染。

地基处理技术还被用于防止有害物渗出液污染地下水以及防止其他已被污染区域地下水的流动造成污染扩散。近期出现的处理新技术是让被污染的地下水通过含有将地下水中有害物变性、吸收及降解的铁屑或碳颗粒的活性截水墙 PRB 使地下水得到净化。

4. 我国地基处理技术发展状况

我国地基处理技术发展很快，但还需在以下方面进一步研究：

（1）发展现场监测技术的研究。

（2）发展测试技术的研究。

（3）促进地基处理理论方面的进一步发展。

（4）完善工法的质量检验手段。

（5）发展地基处理新技术，提高地基处理技术的综合应用水平的研究。

（6）因地制宜合理选用处理方法，正确评价各种地基处理方法的适用性。

（7）研制新机械新材料，提高施工工艺，实现信息化施工的研究。

（8）深化施工管理体制改革，重视专业施工队伍建设。

## 完成工作任务

1. 任务

（1）对××高速路路基提出两种加固方法，并说明其加固原理、特点以及达到的效果，对其中一种加固方案进行简单设计。

（2）写一篇论述软弱地基处理的论文。

2. 基本资料

某拟建场地的地层情况及物理力学性质指标如表 6-4 所示，现要求填筑 7m 高的路堤，填料重度 $\gamma = 19\text{kN/m}^3$。

**某拟建场地的地层情况及物理力学指标** 表 6-4

| 序号 | 土层名称 | 厚度（m） | 含水率（%） | 孔隙比 | $I_P$ | 压缩模量（MPa） | $c$（kPa） | $\varphi$（°） | 允许承载力（kPa） |
|---|---|---|---|---|---|---|---|---|---|
| 1 | 黏土 | 2.0 | 35 | 0.95 | 15 | 4.0 | 10 | 15 | 90 |
| 2 | 淤泥 | 15.0 | 64 | 1.65 | 18 | 1.8 | 9 | 6 | 50 |

续上表

| 序号 | 土层名称 | 厚度（m） | 含水率（%） | 孔隙比 | $I_P$ | 压缩模量（MPa） | c（kPa） | φ（°） | 允许承载力（kPa） |
|---|---|---|---|---|---|---|---|---|---|
| 3 | 粉质黏土 | 6.0 | 30 | 0.8 | 10 | 8.0 | 10 | 20 | 120 |
| 4 | 砂质粉土 | 5.0 | 30 | 0.7 | 5 | 10.0 | 8 | 25 | 160 |

(1)请提出两个可选择的处理方案并要求说明其加固原理、特点以及达到的效果。

(2)对其中一种地基处理方法进行简单设计。

3.案例分析

**【案例6-1】**

1)工程概况

本工程是深港西部通道深圳侧接线工程中Ⅳ标段地道地基处理工程；主要是对规划中的地铁二号线与侧接线交汇处的软弱地基进行处理。处理的方法是采用袖阀式劈裂注浆；处理范围在东滨路中部，共分两段，第一段范围为：ZXK2+940~ZXK3+015；第二段范围为：ZXK3+090~ZXK3+340。注浆处理深度在地表下9~15m范围内，标高为-3.6~-10.5m；注浆处理厚度第一段及第二段的ZK3+090~ZK3+240为4.1m；第二段的ZK3+240~ZK3+340为6.1m。总注浆工作量约38 000m，钻孔工程量约84 000m。注浆处理段的地层岩性主要为淤泥、淤泥质亚黏土及淤泥质砾砂层。

2)注浆钻孔的设计

(1)注浆孔间距为1.2~1.5m，排距1.04m，呈梅花形布置。

(2)注浆孔厚度为地道底板以下4.1~6.1m。

3)注浆工艺与参数

(1)注浆钻孔直径为110mm，垂直度偏差小于1%。

(2)注浆管采用硬质塑料管，管外径50mm，承压大于3.0MPa。

(3)注浆管上出浆孔间距为330mm，孔径5mm，袖阀为胶套管覆盖出浆口。

(4)按每米注浆加固长度控制注浆量，注浆量按水泥用量150kg/m控制。

(5)注浆水泥为42.5级普通硅酸盐水泥。

(6)注浆浆液水灰比为0.45~1。

(7)注浆分4次进行，每次间隔时间不小于12h。

4)注浆工艺流程

(1)根据施工图进行钻孔到位。

(2)通过钻杆向钻孔内注入封壳料。

(3)插入塑料袖阀管。

(4)封壳料凝固达到一定强度后，自下而上分段注浆，注浆采用双向密封注浆芯管，分段长与袖阀间距相适应。

(5)分段注浆完成后，用清水清洗注浆管，以备下次注浆使用。

5)注浆加固技术要求

(1)淤泥层注浆28d后，平均标贯击数大于3击，静力触探端阻力增大50%以上，换算承载力标准值大于150kPa。

(2)淤泥质亚黏土注浆28d后，平均标贯击数大于5击，静力探端阻力增大50%以上，换算承载力标准值大于150kPa。

(3)淤泥质砾砂层注浆28d后,平均标贯数大于10击,换算承载力标准值大于200kPa。

**【案例6-2】**

1)工程概况

深圳会议展览中心位于深圳市中心区南端,主体东西长540m,南北长280m,高60m,有会议厅、展览厅、地下车库等相应配套用房。高填土区域地基加固处理工程是该整体工程中的分项工程。工程部位主要是会议展览中心施工平面各区地下室工程侧墙和两条贯穿地下隧道两侧与基坑开挖时形成的边坡间的回填土区域范围。标高在-0.15m以下,最宽处约13m,最窄处约1m,最深处约12m,回填土土质类别为砾质黏土。由于回填土压实度未达到设计要求,普遍较松散,因此需对该区域填土进行地基加固处理,以满足设计和施工要求。

2)高填土区域地基加固处理方案论证

根据以往的施工经验,结合本工程特点,从以下几个方面来分析、比较、论证地基加固处理的方案。

(1)高填土区域地基现状和测定参数。

高填土区域两侧及底部均为基础混凝土结构和喷锚混凝土结构。回填土成分主要为砾质黏性土。由深圳市建筑质量检测中心提供的《回填土标准贯入检测报告》及《压实度(环刀法)试验报告》中的数据可知,标贯击数平均值$N<10$的有7点,占试验的43.75%,$N>10$的有9个点,其中最大平均值只有13.3,且有18个点展位标贯击数≤4。压实度≤90%的试验点有59点,为试验点总数的48%。以上数据说明高填土区域普遍较松散,密实不均。

(2)高填土区域地基加固处理的目标。

地基加固处理的目标是通过加固处理施工来减少地基土中的孔隙,降低孔隙率,提高地基土的密实度和承载力,使地基土的残余沉降符合设计和验收的要求。其质量要求为:

①地基加固处理后,在正常使用荷载作用下的地基残余沉降量不大于20mm。

②路槽顶面回弹模量大于或等于15MPa。

③地基加固处理完成后,交工面地基承载力的标准值不小于160kPa。

(3)高填土区域地基加固处理方案。

根据招标文件中提出的高填土区域地基加固处理施工技术要求和范围,可采用劈裂注浆法或砂石挤密桩法。

劈裂注浆法施工的原理是通过压力泵将水泥浆液压入地基土,使浆液充填于土层裂隙中,经一定时间后与土质凝结成团块状。该方法施工工艺先进,能同时在多个作业面施工,可根据施工需要进行二次或多次注浆,保证注浆施工质量。特别是工程量大且工期紧的工程更适宜采用此施工方法。

该施工方法的设备轻,占用地面积和空间小,能够较好地避开地面和空中障碍物对施工的影响。本工程的施工范围内,已有建筑物和空中管线、网架较多,大型机械施工或多或少会受到影响,甚至影响整个工程的工期。因此,采用注浆施工方法更适宜本工程。

砂石挤密桩的施工原理是靠大型机械成管后,再压入砂石成桩,靠砂石成桩后挤压桩固土而使其密实提高。

挤密砂桩是一种比较成熟的地基处理方法,对于软弱土层的处理效果较好。但是,本工程属于新填土区域,填土的均匀性较差,而本工程的重要性和地基处理的要求较高。根据目前的填土检测资料,填土密实度的分散性大,极不均匀,且无明显的区域规律。因此,若采用挤密砂桩,理论上讲应根据实际的填土情况采用不同的砂桩设计参数(如桩距、桩径),才能达到设计要求,保证完工后不会出现局部的塌陷、开裂和过大的不均匀沉降。但实际上,这是几乎不可能办到的。因此,本工程采用砂石挤密桩,在质量的可靠性和安全性方面是有隐患的,而注浆却可以避免这些问题。

4. 分组讨论

(1)什么是软弱地基？软弱土的种类有哪些？地基处理需解决哪几个问题？

(2)常用地基处理方法有哪些？各适用什么情况？

(3)试述重锤夯实法和强夯法的区别。

(4)挤密法和振冲法有什么不同？

(5)试用图阐明砂垫层的设计原理,它是如何达到处理软弱地基土的要求的？如何选用理想的垫层材料？如何确定垫层的厚度与宽度？

(6)试说明砂桩、振冲桩对不同土质的加固机理和设计方法,以及它们的适用条件和范围。

(7)使用砂井、袋装砂井和塑料排水板式的区别是什么？

(8)简述各种搅拌(桩)法各自的适用条件、加固机理及其优缺点。

(9)目前国内地基处理的新方法和新工艺的发展趋势有哪些？

(10)地基处理施工有哪些注意事项？

5. 考核评价

(1)学生自评:由教师根据该项目中的知识和技能出5个测试题目,学生完成自我测试并填写本任务的自评表(评价表参见附录)。

(2)小组评价:以小组为单位完成分组讨论题目和工作任务,做答案演示,并完成小组测评表(评价表参见附录)。

(3)教师评价:由教师综合学生自评、小组评价以及任务完成情况对学生进行评价(评价表参见附录)。

# 附　录

## 学习效果评价反馈(参考模板)

**1. 学生自评**

每位学生在每个学习或工作任务完成后,根据学习目标,由教师或学生自己给出5个自测题目,学生完成自测题目后自己给出分数,并上交表1。

**学 生 自 评 表**　　表1

<table>
<tr><td>班级</td><td></td><td>学号</td><td></td><td>姓名</td><td></td><td>组号</td><td></td></tr>
<tr><td>任务名称：</td><td colspan="7"></td></tr>
<tr><td>学习目标：</td><td colspan="7"></td></tr>
<tr><td>题目1</td><td colspan="7"></td></tr>
<tr><td>题目2</td><td colspan="7"></td></tr>
<tr><td>题目3</td><td colspan="7"></td></tr>
<tr><td>题目4</td><td colspan="7"></td></tr>
<tr><td>题目5</td><td colspan="7"></td></tr>
<tr><td colspan="2">自我测试成绩合计</td><td colspan="6"></td></tr>
<tr><td>任务<br>学习<br>自我<br>评价</td><td colspan="3">满意之处</td><td colspan="4">不足之处</td></tr>
<tr><td>时间</td><td colspan="2"></td><td>地点</td><td colspan="4"></td></tr>
</table>

注:每道测试题目10分,成绩合计为平均值。

2. 学习小组评价

主讲教师根据班级人数、学生学习情况等因素合理分组，然后以学习小组为单位，布置题目的相关任务，组长组织组员完成任务，提交成果并进行演示，按表2的要求，完成小组评价。

学习小组评价表　　表2

| 组号 | | 成员： | | | |
|---|---|---|---|---|---|
| 任务名称： | | | | | |
| 完成内容 | | 评价依据 | | 分值 | 得分 |
| 任务完成思路 | | | | 10 | |
| 任务完成过程 | | | | 20 | |
| 任务完成质量 | | | | 10 | |
| 任务演示质量 | | | | 20 | |
| 组内成员的学习态度 | | | | 10 | |
| 教师综合评价 | | | | 30 | |
| 合计 | | | | 100 | |
| 成绩评定 | | 总成绩<br>（各项得分之和÷10） | | | |
| 时间 | | 地点 | | 组长签名 | |

3. 任课教师评价

主讲教师根据小组任务完成质量、演示效果、学习态度、沟通合作等多方面综合评价，完成教师对学生的评价，并填写表3。

教师对学生的学习效果评价表　　表3

| 班级 | | 学号 | | 综合成绩 | | |
|---|---|---|---|---|---|---|
| 组号 | | 组长 | | | | |

任务名称：

| 评价内容 | 评价依据 | 分数 | 得分 |
|---|---|---|---|
| 学习态度情况 | 小组成员上课纪律、学习主动性等评价 | 20 | |
| 学习自测情况 | 自测成果的正确性与准确性、完成成果的质量、上交资料的规范程度等评价 | 20 | |
| 小组成果报告情况 | 任务完成的准确性和完善性 | 20 | |
| 成果演示情况 | 学生参与讨论时发表的观点、在成果中采纳的情况等评价 | 20 | |
| 小组成员协作情况 | 小组成员参与任务完成评价，组长组织完成任务的能力情况 | 10 | |
| 学生独立解决问题能力 | 主要对学生的创新思维能力、组织能力、学生在遇到问题时的判断能力等评价 | 10 | |

| 教师签名 | | 日期 | | 合计 | |
|---|---|---|---|---|---|

# 参 考 文 献


[1] 高大钊.土力学与基础工程[M].北京:中国建筑工业出版社,1999.

[2] 钱家欢.土力学[M].南京:河海大学出版社,1988.

[3] 陈希哲.土力学地基基础[M].北京:清华大学出版社,2002.

[4] 顾晓鲁,钱鸿缙,刘惠珊,等.地基与基础[M].2版.北京:中国建筑工业出版社,1993.

[5] 陈仲颐,周景星,王洪瑾.土力学[M].北京:清华大学出版社,1997.

[6] 杨位.地基及基础[M].3版.北京:中国建筑工业出版社,1998.

[7] 黄文熙.土的工程性质[M].北京:水利电力出版社,1984.

[8] 陈跃庆.地基与基础工程施工技术[M].北京:机械工业出版社,2003.

[9] 武汉水利电力学院.土力学及岩石力学[M].北京:水利电力出版社,1979.

[10] 陈书申,陈晓平.土力学与地基基础[M].2版.武汉:武汉工业大学出版社,2003.

[11] 华南理工大学.地基及基础[M].2版.北京:中国建筑工业出版社,2001.

[12] 工程地质手册编写委员会.工程地质手册[G].2版.北京:中国建筑工业出版社,1998.

[13] 中华人民共和国国家标准.GB 50007—2002 建筑地基基础设计规范[S].北京:中国建筑工业出版社,2002.

[14] 中华人民共和国行业标准.JTG D63—2007 公路桥涵地基与基础设计规范[S].北京:人民交通出版社,2007.

[15] 中华人民共和国行业标准.JTJ E40—2007 公路土工试验规程[S].北京:人民交通出版社,2007.

[16] 中华人民共和国行业标准.JTG D60—2004 公路桥涵设计通用规范[S].北京:人民交通出版社,2008.

[17] 中华人民共和国行业标准.JTG D30—2004 公路路基设计规范[S].北京:人民交通出版社,2008.

[18] 中华人民共和国行业标准.JTG/T B02-01—2008 公路桥梁抗震设计细则[S].北京:人民交通出版社,2008.

[19] 中华人民共和国国家标准.GB 50021—2001 岩土工程勘察规范[S].北京:中国建筑工业出版社,2001.

# 参考文献


[1] [illegible]
[2] [illegible]
[3] [illegible]
[4] [illegible]
[5] [illegible]
[6] [illegible]
[7] [illegible]
[8] [illegible]
[9] [illegible]
[10] [illegible]
[11] [illegible]
[12] [illegible]
[13] [illegible]
[14] [illegible]
[15] [illegible]
[16] [illegible]
[17] [illegible]
[18] [illegible]
[19] [illegible]